普通高等教育"十四五"土建类专业系列教材

工程测量

（第2版）

主　编　撒利伟

副主编　孟鲁闽　王　磊

西安交通大学出版社
XI'AN JIAOTONG UNIVERSITY PRESS

内容提要

本书为高等学校土建类专业技术基础课教材。全书共 16 章,主要内容包括:工程测量的基本概念、基本理论、基本工作和常用测量仪器的构造与使用方法,测量误差的基本知识,小区域控制测量的外业工作和成果处理,GPS 的工作原理及使用,地形图的基本知识和大比例尺地形图的测绘方法,大比例尺地形图在工程中的应用,测设的基本工作,建筑工程、道桥工程、管道工程中的测量工作以及建筑变形测量。

本书注重内容的系统性,便于教学,可作为普通高校、继续教育院校和高职学校土木工程、工程管理、交通工程、给排水工程等各专业学生的教学用书。本书内容实践性较强,结合工程实例,介绍了各种工种的测量工作,可供土建类各专业有关工程技术人员参考。

图书在版编目(CIP)数据

工程测量/撒利伟主编. —2 版. —西安:西安
交通大学出版社,2013.7(2024.7 重印)
ISBN 978 - 7 - 5605 - 5475 - 4

Ⅰ.①工… Ⅱ.①撒… Ⅲ.①工程测量-高等学校-
教材 Ⅳ.①TB22

中国版本图书馆 CIP 数据核字(2013)第 180620 号

书 名	工程测量
主 编	撒利伟
责任编辑	祝翠华
出版发行	西安交通大学出版社
	(西安市兴庆南路 1 号 邮政编码 710048)
网 址	http://www.xjtupress.com
电 话	(029)82668357 82667874(市场营销中心)
	(029)82668315(总编办)
传 真	(029)82668280
印 刷	陕西龙山海天艺术印务有限公司
开 本	787mm×1092mm 1/16 印张 19.5 插页 1 页 字数 470 千字
版次印次	2010 年 12 月第 1 版 2013 年 8 月第 2 版 2024 年 7 月第 14 次印刷
书 号	ISBN 978 - 7 - 5605 - 5475 - 4
定 价	35.80 元

如发现印装质量问题,请与本社市场营销中心联系。
订购热线:(029)82665248 (029)82667874
投稿热线:(029)82668133 (029)82664840
读者信箱:xj_rwjg@126.com

前　言

　　工程测量作为土建类各专业的技术基础课，在工程建设中发挥着举足轻重的作用。随着测量新技术、先进仪器设备在工程中的广泛应用，为工程建设提供了更加完善的保障和技术支持，这就要求工程技术人员需要掌握更多、更全面的测量技术。本书正是为了适应不同专业对测量技术的需要和高等学校专业改革的要求，根据不同专业领域对测量技术的要求，总结多年来的教学经验而编写的。

　　本书旨在使学生在掌握工程测量的基本理论、基本方法的同时，更加注重创新能力、实践能力的培养。按照不同专业的培养目标和教学大纲要求，本书力求做到实用性、先进性，保留了传统的测量理论和方法，对一些已淘汰的测量方法进行了删减，增加了对一些先进测量仪器及其应用的介绍内容。作为教材，本书在内容上力求做到完整、系统，突出各章节特点，以便于老师组织教学。本书在编写时理论与实践相结合，由浅入深、突出重点，前半部分介绍测量的基本理论、基本方法，后半部分结合不同专业的特点和工程实例，介绍了测量技术在土木、道桥、管道等工程中的应用。因此，本书可供土建类不同专业学生教学选用，也可作为土建类各专业有关工程技术人员的参考用书。

　　本书由西安建筑科技大学撒利伟任主编，西安科技大学孟鲁闽、西安工业大学王磊任副主编。具体的编写人员及编写分工如下：西安建筑科技大学撒利伟（第 1、5、13、14 章）、王相东（第 4 章）、李凤霞（第 8 章）、冯晓刚（第 12 章）、杨鑫（第 15、16 章），西安工业大学王晓乾（第 2章）、王磊（第 6、9 章），西安科技大学张静（第 3、10、11 章）、孟鲁闽（第 7 章）。

　　本书在编写过程中参阅了大量的文献资料，在此谨向有关作者致以衷心的感谢。本书在编写过程中得到了西安建筑科技大学建筑勘测研究所的大力支持和西安科技大学、西安工业大学等兄弟院校的帮助，在此一并致谢。

　　由于编者的水平所限，书中难免出现谬误、纰漏，恳请读者不吝指正。

编者

2013 年 5 月

目 录

第1章 绪论

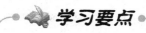
学习要点

1.工程测量的任务
2.测量工作的基准面
3.确定地面点位的要素
4.测量工作的基本内容和程序

1.1 工程测量的任务及作用

测量学是一门获取反映地球形状、地球重力场、地球上自然和社会要素的位置、形状、空间关系、区域空间结构的数据的学科。根据研究范围、对象和手段不同,测量学形成了许多分支学科:研究地球形状、大小和重力场及其变化,通过建立区域和全球三维控制网、重力网以及利用卫星测量,甚长基线干涉测量等方法测定地球各种动态的理论和技术的大地测量学;研究地球表面较小区域内测量工作的基本理论和方法的普通测量学,研究利用光学摄影像片或电磁波传感器获取目标物的几何和物理信息,用以测定目标物的形状、大小、空间位置,判释其性质及相互关系,并用图形、图像和数字形式表达的理论和技术的学科,属于摄影测量与遥感学的范畴。工程测量学是研究工程建设和自然资源开发中各个阶段进行的控制测量、地形测绘、施工放样、变形监测及建立相应信息系统的理论和技术的学科。

测量学在国民经济建设各个领域的应用非常广泛,诸如资源调查、能源开发、城乡规划、环境保护、灾害预报和治理、航天技术、科学实验、国防建设等方面都需要应用测绘科学技术。即使在国家的各级管理工作中,测绘资料也是必不可少的基础信息。

工程测量是一门结合工程建设,研究测定地面(包括空中、地下)点位理论和方法的学科,它包括在工程建设勘测、设计、施工和管理阶段所进行的各种测量工作。它是直接为各项建设项目的勘测、设计、施工、安装、竣工、监测以及运营管理等一系列工程工序服务的。没有测量工作为工程建设提供可靠的数据、资料,并及时与之密切配合,任何工程建设都无法顺利进行。

工程测量的任务包括测定、测设和变形观测三个方面。测定是指使用测量仪器和工具,通过测量和计算得到地面的点位数据,或把地球表面的地形绘成地形图。在勘测设计阶段,例如城镇规划、厂址选择、管道和交通线路选线以及建(构)筑物的总平面设计和竖向设计等方面都需要以地形资料为基础,因此需要测绘各种比例尺的地形图。工程竣工后,为了验收工程和以后的维修管理,还需要测绘竣工图。

测设是把图纸上设计好的建(构)筑物的位置,用一定的测量仪器和方法在实地标定出来,作为施工的依据。在施工阶段,需要将设计的建(构)筑物的平面位置和高程,按设计要求以一定的精度测设于实地,便于进行后续施工,并在施工过程中进行一系列的测量工作,以衔接和指导各工序间的施工。

变形观测则是利用专用的仪器和方法对变形体的变形现象进行持续观测、对变形体变形形态进行分析和变形体变形的发展态势进行预测等各项工作。对于一些有特殊要求的大型建(构)筑物,如大坝、桥梁、高层建筑物、边坡、隧道和地铁等,为了监测它受各种应力作用下施工和运营的安全稳定性,以及检验其设计理论和施工质量,需要进行变形观测。

工程测量作为一门应用学科,直接服务于各类工程建设。土建类专业的学生,通过本课程的学习,应掌握普通测量学的基本知识和基础理论;能正确使用土木工程中常用的测量仪器;了解大比例尺地形图的成图原理和方法;在工程设计和施工中,具备正确使用地形图和有关测绘资料的能力及进行一般工程施工测量的能力;了解建(构)筑物变形观测的原理和方法,以便灵活运用所学测量知识更好地为其专业工作服务。

1.2　测量学的发展

测量学的发展与社会生产和其他相关科学的发展密切相关。早在几千年前,由于生活和生产的需要,中国、埃及、希腊等国家的人民就发明创造了简单的测量工具。我国是世界文明古国,测量学的历史可以追溯到四千多年前,远在上古时期夏禹治水时,为了在黄河两岸治理洪水平整土地,就开始运用一些测量知识和简单的测量工具。春秋时期,管仲就已收集了早期地图 27 幅。战国时期就有用磁石制成的世界上最早的定向工具——司南。公元前 350 年左右,甘德和石申曾合作编绘了世界上第一个星表——《甘石星表》。到了秦代,为了战争和运输的需要,修筑灵渠,将长江水系和珠江水系连接起来,那时就使用了"水平尺"。长沙马王堆汉墓出土的《驻军图》,比例尺约为 1∶25000,图中描述位置之准确,与当地的地形基本吻合,它是迄今为止我国发现最早的地图。汉代张衡发明了"浑天仪"和"地动仪",是世界上最早的天球仪和地震仪。西晋的斐秀提出了制图的六条原则,即"制图六体",并奠定了中国古代制图的理论基础;他还主持编制了中国全国大地图《地形方丈图》,以及反映晋十六州的郡国县邑、山川原泽、境界和地名沿革的大型地图集《禹贡地域图》、《海内华夷图》和《地形方丈图》。但这些图已经失传,宋代根据这些图绘制成《华夷图》和《禹迹图》,并将它们刻在古碑上,现保存在西安的碑林。唐代的僧一行主持测量了从河南滑县经浚仪、扶沟到上蔡的子午线长度,并用日圭和太阳影确定纬度,这是我国历史上第一次应用弧度测量的方法测定地球的形状和大小,也是世界上最早的子午线长度测量。元代在郭守敬的倡导下进行了天文测量,且完成了全国的 27 个观测点。清代初年,对全国进行了大地测量并完成了《皇舆全图》。北洋军阀和民国时期,测绘科学有了一定的发展,在 1911 年成立了测量局,有些省还建立了测绘学校。

17 世纪初,由于望远镜的发明,随后被应用到测量仪器上,使测绘科学在欧洲得到较大发展。1617 年荷兰人斯纳留斯首次进行了三角测量。1683 年法国进行了弧度测量,证明地球是一个两极略扁的旋转椭球体。1794年德国数学家高斯提出了最小二乘法理论,以及随后提出的横圆柱投影理论,对测绘科学理论的发展起到了重要的推动作用。20世纪初随着飞机的出现和摄影测量理论的发展,产生了航空摄影测量,给测绘科学又一次带来了巨大的变革。

20世纪50年代,随着电子技术、信息论、光波技术、空间技术、电子计算机等技术的迅速发展,使测绘科学的理论、方法和测量仪器都有了很大的改进和提高。电磁波测距仪的诞生,使测距工作发生了根本性的变化。自动安平水准仪的出现,标志着水准测量自动化的开始。电子经纬仪、全站仪、电子水准仪等测量仪器的相继问世,实现了外业观测、记录自动化和数据传输、存储、处理,测量内、外业一体化。使测量工作不再是繁重的体力劳动,逐步向数字化、自动化、标准化发展。

1957年第一颗人造地球卫星的发射,使测绘工作有了新的飞跃,开辟了卫星大地测量学这一新领域。70年代,出现了全球定位系统(GPS),它能使精密控制测量精度达到厘米级。GPS定位以其全球、全天候、快速、高精度和无需建立高大测量标志的优点,被广泛应用于大地测量、工程测量、地形测量及其他导航、定位。

新中国成立60多年来,我国的测绘事业也进入了一个新的发展阶段:成立了测绘管理部门和研究机构;组建了多所专门培养测绘技术人才的大、中专院校;建立和统一了全国坐标系统和高程系统;建立了遍布全国的大地控制网、国家水准网、基本重力网和卫星多普勒网;完成了国家大地网、水准网的整体平差和国家基本地形图的测绘工作。测绘仪器制造方面,从无到有,现在我们国家已经能制造从普通光学仪器到电子水准仪、全站仪、GPS接收机等各种先进测量仪器。

近年来,随着空间科学、信息科学的发展,测量的手段已由常规的大地测量发展到卫星大地测量、由航空摄影测量发展到利用遥感技术进行测量、由静态测量发展到动态实时测量、由普通测量发展到利用三维激光扫描技术测量。目前,广大测绘科技工作致力于将全球定位系统(GPS)、遥感(RS)和地理信息系统(GIS)三者结合,将获取的影像建立地理信息空间数据库,利用地理信息系统的强大功能,进行空间数据的获取、存储、显示、编辑、处理、分析、输出和应用。3S(GPS、RS、GIS)技术和数字化测绘技术以及测绘新仪器的广泛应用,使测绘技术趋向自动化、智能化、数字化、实时化和集成化,在国民经济建设乃至人民日常生活当中,起到越来越重要的作用。

1.3 地面点位的确定

测量工作的实质是确定地面点的位置,即在选定的基准面上建立坐标系,通过测定地面点之间的相对位置关系来确定地面点位坐标。

➤ 1.3.1 基准面

测量工作是在地球表面进行的,用作测量的基准面应满足形状和大小既与地球比较吻合,又便于研究的要求。

地球的自然表面既有高山、丘陵,又有盆地、平原和海洋等,高低起伏,很不规则。最高的珠穆朗玛峰高出海水面8844.43 m,最低的马里亚纳海沟低于海水面11022 m,但是这样的起伏相对于平均半径6371 km的地球而言还是微不足道的。而且,地球表面约71%是海洋,因此,人们把被处于静止状态的平均海水面延伸穿过陆地、岛屿所包围的形体假想为地球的形状。

水在静止时的表面称为水准面。地球上任一质点都受到地球及其他天体的引力和地球自转所产生的惯性离心力的作用,这两个力的合力称为重力,重力方向线称为铅垂线,它是测量工作的基准线。水准面同样受到地球重力的作用,是一个处处与重力方向垂直的连续曲面,并且是一个重力等位面,即物体沿该面运动时,重力不做功(如水在这个面上是不会流动的)。而水平面则是与水准面相切的平面。由于水面高低时刻在发生变化,因此水准面有无数多个。其中由静止的平均海水面并向大陆、岛屿延伸所形成的封闭曲面称为大地水准面(见图1-1)。大地水准面是测量工作的基准面。由大地水准面所包围的地球形体称为大地体。

大地体与地球的自然形体是比较接近的,但是由于地球内部质量分布不均匀,致使铅垂线方向产生不规则变化,因此,大地水准面也是一个复杂的曲面,在这样一个复杂的曲面上进行数据处理是不可能的。为了研究方便,通常用一个非常接近大地体,并且可以用数学式表示的几何体来代替地球的形体,即地球椭球(见图1-2)。地球椭球是一个椭圆绕其短轴旋转而形成的椭球体,因此地球椭球又称为旋转椭球。其参数方程为

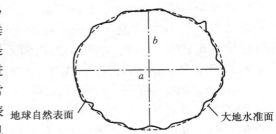

图 1-1 大地水准面

$$\frac{x^2}{a^2} + \frac{y^2}{a^2} + \frac{z^2}{b^2} = 1 \qquad (1-1)$$

式中:a 为椭球体的长半轴;b 为椭球体的短半轴。

椭球体的扁率 f 为

$$f = \frac{a-b}{a} \qquad (1-2)$$

2000 国家大地坐标系采用的地球椭球参数如下:

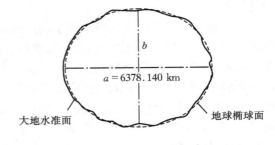

图 1-2 地球椭球面

长半轴	$a = 6378137$ m
扁率	$f = 1/298.257222101$
地心引力常数	$GM = 3.986004418 \times 1014$ m^3/s^2
自转角速度	$\omega = 7.292115 \times 10^{-5}$ rad/s

由于地球椭球的扁率很小,当测区面积不大时,可以把地球椭球近似作为圆球看待,其半径为 6371 km。

▶ 1.3.2　确定地面点位的方法

在测量工作中,地面点的空间位置需要用三个量来表示,即将地面点沿铅垂线方向投影到地球椭球面(或水平面)上,用地面点投影位置在地球椭球面上的坐标(两个量)和地面点到大地水准面的铅垂距离(高程)来表示地面点的空间位置。

1. 地面点在投影面上的坐标

（1）大地坐标

当研究地面区域较大或整个地球的测量工作时，必须考虑地球曲率的影响，则需要建立地球椭球面的大地坐标系（也称为地理坐标系）。用大地经度 L 和大地纬度 B 表示地面点在地球椭球面上的位置，即大地坐标，如图1-3所示。

我国自 2008 年 7 月 1 日起启用 2000 国家大地坐标系，2000 国家大地坐标系是全球地心坐标系在我国的具体体现，其原点为包括海洋和大气的整个地球的质量中心。

（2）平面直角坐标

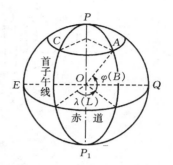

图1-3　大地坐标系

大地坐标表示的是地面点的球面坐标，而大比例尺地形图的测绘和工程设计都是在平面上进行的，为此，需要将地球椭球面上的地理坐标转化为平面直角坐标。用某种投影条件将投影球面上的地理坐标点投影到平面直角坐标系内，这种投影称为地图投影。地图投影的方法较多，我国多采用的是高斯投影方法。

① 高斯平面直角坐标系。

利用高斯投影法建立的平面直角坐标系，称为高斯平面直角坐标系。在面积较大的区域内确定点的平面位置，一般采用高斯平面直角坐标。

高斯投影法是将地球按一定的经度差划分成若干带，位于各带中央的子午线，称为中央子午线，如图1-4所示。然后设想将椭圆柱面（投影面）紧套在地球外面，使椭圆柱的中心轴线位于赤道面内并过地球椭球的球心，地球椭球上某带的中央子午线与椭圆柱面相切，如图1-5(a)所示。在保证投影前后等角的条件下，将该带上的图形投影到椭圆柱面上。再将椭圆柱面沿母线剪开并展开成平面，便得到该带的平面投影，如图1-5(b)所示。

图1-4　高斯投影分带

显然，高斯投影带的中央子午线和赤道的平面投影是两条直线，并且仍是相互垂直关系。距中央子午线越远的部分，其长度变形越大，两侧对称。为了控制投影变形的程度，保证测量精度，通常按经度差 6°划分投影带，即从首子午线（通过英国格林尼治天文台的 0°经线）起，每隔经度 6°划分一带，称为 6°带，将整个地球椭球划分成 60 个带。带号从首子午线起自西向东依次为 1，2，3，…，60。将每 6°带依次独立投影到平面上。那么，各带中央子午线的经度 L_0 可按式（1-3）计算。

$$L_0 = 6°N - 3° \tag{1-3}$$

式中：N 为 6°带的带号。

以中央子午线的投影为纵轴，规定为 x 轴，向北为正；赤道的投影为横轴，则为 y 轴，向东为正；两坐标轴的交点为坐标原点 O，则构成了每带独立的高斯平面直角坐标系。如图1-6(a)所示。

地面点的平面位置，可用高斯平面直角坐标 x、y 来表示，如图1-6(a)所示，A 点坐标 $x_A = +136780$ m，$y_A = -72440$ m，该坐标值为坐标自然值。我国位于北半球，x 坐标均为正

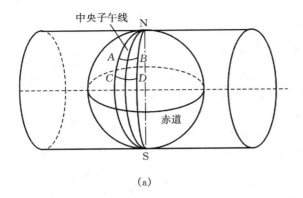

(a)

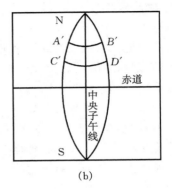

(b)

图 1-5　高斯投影

值,y 坐标则有正有负,为了使 y 坐标不出现负值,将坐标纵轴向西移 500 km,如图 1-6(b)所示。A 点横坐标则变为 $y_A = 500000 - 72440 = 427560$(m)。为了标明地面点所属的投影带,还规定在横坐标值前冠以投影带带号。这样,地面点的坐标就由原坐标自然值变为坐标通用值。例如 A 点位于第 21带,则其坐标通用值则为:$y_A = 21427560$ m。

　　为了满足大比例尺地形图测绘和精密测量的需要,要求投影变形更小时,可采用 3°带投影。如图 1-7 所示,3°带是从东经 1°30′开始,每隔经度差 3°划分一带,将整个地球椭球划分成 120 个带。每一带按前面所叙方法,建立各自的高斯平面直角坐标系。各带中央子午线的经度 L'_0,可按式(1-4)计算。

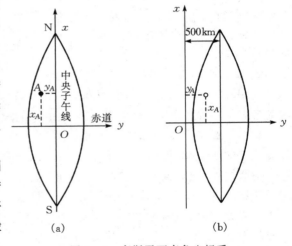

(a)　　　　　　　(b)

图 1-6　高斯平面直角坐标系

$$L'_0 = 3°n \tag{1-4}$$

式中:n 为 3°带的带号。

　　② 独立平面直角坐标系。

　　地球椭球面虽然是曲面,但当测量区域较小时,可以用与测区中心点相切的水平面来代替曲面,地面点沿铅垂线方向投影到水平面上,用平面直角坐标表示其投影位置,如图 1-8 所示。在这个平面上独立建立的测区平面直角坐标系,称为独立平面直角坐标系。在局部区域内独立确定点的平面位置时,可以采用独立平面直角坐标。

　　在独立平面直角坐标系中,规定南北方向为纵坐标轴,记作 x 轴,向北为正;以东西方向为横坐标轴,记作 y 轴,向东为正;坐标系象限按顺时针方向编号,如图 1-9 所示。其目的是便于将数学中的三角函数公式直接应用到测量计算中,而不需作任何变更。为使测区内各点的 x、y 坐标均为正值,坐标原点一般选在测区的西南角。

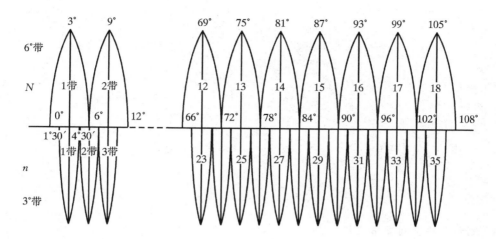

图 1-7 六度、三度分带

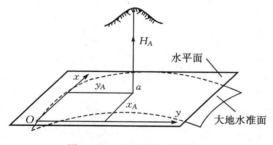

图 1-8 地面点位的确定

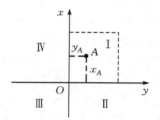

图 1-9 独立平面直角坐标系

2. 地面点的高程

(1) 绝对高程

地面点到大地水准面的铅垂距离,称为该点的绝对高程,简称高程,也叫海拔。如图 1-10 所示,H_A、H_B 分别表示地面点 A、B 的绝对高程。由于海水面受潮汐影响,大地水准面是一个动态的曲面。我国在山东青岛市大港 1 号码头西端设立验潮站,长期观测黄海海水面的高低变化,取其平均值作为我国大地水准面的位置,并在青岛市观象山建立永久的国家水准原点。根据验潮站 1952—1979 年获取的潮位资料,经多次严格的测量计算,确定出平均海水面,将它作为我国高程基准,依此测得国家水准原点的高程为 72.260 米。这就是我国目前采用的"1985 年高程基准"。

(2) 假定高程

对于一些引用绝对高程比较困难的地区或不需引用绝对高程的工程,也可以采用任意假定一个水准面作为高程起算面,即假定高程系统。地面点到某一假定水准面的铅垂距离,称为该点的假定高程,也叫相对高程。如图 1-10 所示,A、B 两点的相对高程分别为 H'_A、H'_B。

(3) 高差

地面两点间的高程之差,称为高差。故 A、B 两点的高差可写为

$$h_{AB} = H_B - H_A = H'_B - H'_A \tag{1-5}$$

由上式可知,两点之间的高差与高程的起算面无关。

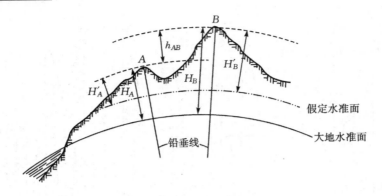

图 1-10　地面点高程

3. 地面点的空间直角坐标

随着空间技术的发展,全球定位系统(GPS)卫星测量应用领域非常广泛。GPS 卫星测量获得的是地心空间三维直角坐标,属于 WGS-84 世界大地坐标系(World Geodetic System,1984), 它是一种国际上采用的地心坐标系。坐标原点为地球质心,其地心空间直角坐标系的 Z 轴指向国际时间局(BIH,Bureau International de I'Heure) 1984.0 定义的协议地极(Conventional Terrestrial Pole,CTP)方向,x 轴指向 BIH1984.0 的协议子午面和 CTP 赤道的交点,y 轴与 z 轴、x 轴垂直构成右手坐标系,称为 1984 年世界大地坐标系, 如图 1-11 所示。

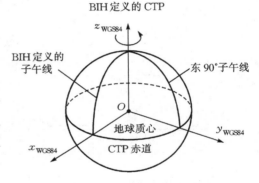

图 1-11　空间直角坐标系

由于地球自转轴在地球内部随着时间而发生位置变化,称为极移现象。国际时间局定期向外公布地极的瞬间位置。WGS-84 世界大地坐标系就是以国际时间局 1984 年首次公布的瞬时地极(BIH 1984.0)作为基准建立的坐标系统。WGS-84 坐标系这是一个国际协议地球参考系统(ITRS,International Agreements Terrestrial Reference System),是目前国际上统一采用的大地坐标系。

我国的 1980 年、2000 年国家大地坐标系、城市坐标系以及土木工程中采用的独立平面直角坐标系与 WGS-84 世界大地坐标系之间是可以相互转换的。

▷ 1.3.3　确定地面点位的要素

地面点的位置通常是用平面坐标和高程表示的,那么,要确定地面点的位置需要测量哪些要素呢?

如图 1-12 所示,A、B 为两地面点,D_{OA}、D_{AB} 分别为 OA 和 AB 的水平距离;α 为直线 OA 与坐标纵轴北方向所夹的水平角(即直线 OA 的坐标方位角);β 为直线 OA 与直线 AB 所夹的水平角。根据三角函数关系不难看出,A、B 的直角坐标为

$$x_A = D_{OA} \cos\alpha$$
$$y_A = D_{OA} \sin\alpha \qquad (1-6)$$

根据 A 点的平面位置和直线 AO 的方向,也可以用测定的水平角 β 和水平距离 D_{AB},来表示 B 点相对于 A 点的平面位置。

当然,B 点的直角坐标也可以通过测定 D_{AB} 和 β,根据 A 点的直角坐标求得。

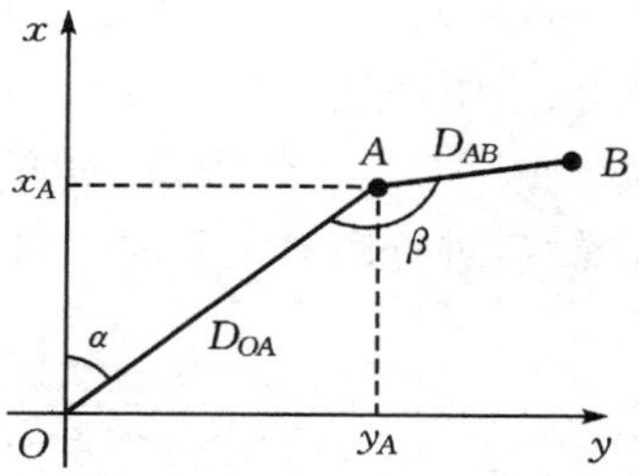

根据式(1-5)可知

$$H_B = H_A + h_{AB} \qquad (1-7)$$

地面点的高程则可通过测定该点与另一已知高程的地面点的高差求得。

由此可见,距离、水平角(方向)和高差是确定地面点位置的三个基本要素。

图 1-12 确定地面点的要素

1.4 用水平面代替水准面的影响

水准面是一个不规则的曲面,在这样的曲面上进行测量计算和绘图很不方便。因此,通常用水平面来代替水准面。但是,水平面代替水准面必然会对测量和绘图工作带来一定的影响,而且范围越大,其影响也就越大。为保证测量工作的精度,下面来讨论用水平面来代替水准面对测量工作的影响程度。

▷ 1.4.1 对距离的影响

如图 1-13 所示,地面上 A、B 两点在大地水准面上的投影分别为 a 点和 b 点,用过 a 点的水平面代替大地水准面,则 B 点在水平面上的投影为 b'。A、B 两点在水准面上的距离为 D,在水平面上的距离为 D',二者之差 ΔD,即是用水平面代替水准面对距离的影响。近似地把大地水准面视为半径为 R 的球面,则

$$\Delta D = D' - D = R(\tan\theta - \theta) \qquad (1-8)$$

将 $\tan\theta$ 按照泰勒级数展开,则

$$\tan\theta = \theta + \frac{1}{3}\theta^3 + \frac{2}{15}\theta^5 + \cdots$$

由于地球半径 R 相对于两点之间的距离 D 大得多,θ 角很小,故只取前两项代入式(1-8),得

$$\Delta D = R\left(\theta + \frac{1}{3}\theta^3 - \theta\right)$$

因 $\theta = \dfrac{D}{R}$,故

$$\Delta D = \frac{D^3}{3R^2} \qquad (1-9)$$

其相对误差

$$K = \frac{\Delta D}{D} = \frac{D^2}{3R^2} \qquad (1-10)$$

取地球半径 $R = 6371$ km,并以不同的距离值代入式

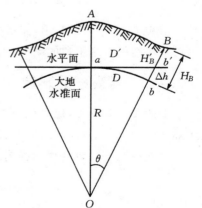

图 1-13 用水平面代替水准面
对距离和高程的影响

(1-9)和式(1-10)，则可求出距离误差 ΔD 和相对误差 K，如表 1-1 所示。由表中数据可以看出，当距离为 10 km 时，用水平面代替水准面引起的距离影响为 8 mm，相对误差为 1：1220000，如此小的误差，对最精密的距离测量来说都是允许的。因此，在半径为 10 km 的圆范围内，进行距离测量时，可以用水平面代替水准面，而不必考虑地球曲率对距离的影响。

表 1-1　水平面代替水准面的距离误差和相对误差

距离 D/km	距离误差 ΔD/mm	相对误差 K
10	8	1：1220000
20	128	1：200000
50	1026	1：49000

▶ 1.4.2　对水平角的影响

由球面三角学可知，同一空间多边形在球面上投影的内角和，比在水平面上投影的内角和大一个球面角超值 ε。

$$\varepsilon = \frac{P}{R^2} \cdot \rho'' \tag{1-11}$$

式中：ε 为球面角超值；P 为球面多边形的面积(km^2)；R 为球面半径(km)；ρ'' 为一弧度的秒值，$\rho'' = 206265''$。

取地球半径 $R = 6371$ km，并以大地水准面上不同的球面面积值代入式(1-11)，可求出球面角超值，即水平面代替水准面的影响，如表 1-2 所示。

表 1-2　水平面代替水准面的水平角误差

球面多边形面积 P/km^2	球面角超值 ε/$''$
10	0.05
50	0.25
100	0.51
300	1.52

由表 1-2 中可以看出，面积在 100 km^2 范围内进行一般测量工作时，可不必考虑用水平面代替水准面对水平角的影响。

▶ 1.4.3　对高程的影响

如图 1-13 所示，地面点 B 的高程 H_B 为 B 到大地水准面的铅垂距离 Bb，用水平面代替水准面作为基准面，B 点的高程 H'_B 则为 B 到水平面的铅垂距离 Bb'，二者的差值 Δh，即为用水平面代替水准面对高程的影响。由图中可以得出

$$(R + \Delta h)^2 = R^2 + D'^2 \tag{1-12}$$

$$\Delta h = \frac{D'^2}{2R + \Delta h} \tag{1-13}$$

由于水准面上的距离 D 与水平面上的距离 D' 相差很小，上式中，用 D 代替 D'，且 Δh 相对于 $2R$ 可忽略不计，则

$$\Delta h = \frac{D^2}{2R}$$

$$(1-14)$$

以不同的距离值代入式(1-14),可求出相应的高程误差 Δh,如表1-3所示。

表1-3 水平面代替水准面的高程误差

D/km	0.1	0.2	0.5	1	2	3	4	5
Δh/mm	0.8	3.1	20	78	314	706	1256	1962

由表1-3中可以看出,用水平面代替水准面,对高程的影响是很大的,距离为200 m,高差误差就达到3.1 mm。因此,在进行高程测量时,即使距离很短,也应考虑地球曲率对高程的影响。

1.5 测量工作概述

1.5.1 测量工作的实质

地球表面的形态复杂多样,通常将其分为两大类,一类是自然形成或人工建造的固定地物,如河流、湖泊、道路和建筑物等。另一类是高低起伏的自然地貌,如山峰、洼地和陡崖等。地形图测绘就是把这些地物、地貌,根据其实际位置和大小按照一定的比例尺测绘到图纸上。这些地物、地貌形状和分布虽不规则,但它们的形状和大小都是由一些特征点的位置决定的,这些特征点称为碎部点。地形图测绘实质上就是测定这些碎部点的平面位置和高程,用一定的符号在图纸上表示出来。

施工测设是把图纸上设计好的建筑物或构筑物的特征点(通常是轴线交点)位置,在地面上确定出来,依据这些点进行施工。

因此,测量工作的实质就是确定地面点的位置。

1.5.2 测量工作的方法和程序

测量工作的程序通常是:首先进行控制测量,如图1-14所示,在测区范围内布设一些控制点 A、B、C、D、E、F,并构成控制网,用较精确的仪器和方法测定出相邻控制点的水平距离及相邻控制边所夹的水平角,根据已知控制边的方向(坐标方位角),计算出各个控制点的坐标。测定相邻控制点间的高差,根据一个已知高程的控制点,依次求出其他各控制点的高程。然后进行碎部测量,以控制点为基准,测定各控制点和控制边与其附近碎部点之间的水平距离、水平角和高差,确定各碎部点的平面位置和高程。将碎部点按其位置展绘出来,并用规定的符号表示,从而绘出这一测区的地形图,并能保证必要的精度。这种"从整体到局部,先控制后碎部"的方法是组织测量工作应遵循的基本原则。显然这种组织测量工作的方法可以减小误差的积累,保证测图精度的一致。而且当测区较大时,在控制测量的基础上可安排多个作业组同时碎部测量,分幅测绘,以加快测图进度。

从上述组织测量工作的方法可知,如果控制测量出现错误,以此为基础的碎部测量必然出现错误。因此,组织测量工作还必须遵循"前一步测量工作未作检核不进行下一步测量工作"的原则,以防止错漏发生,保证测量成果的正确性。

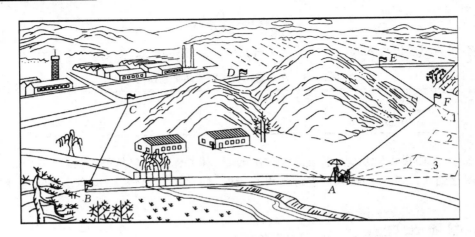

图 1-14　测量工作的程序

　　施工测设和变形观测同样也必须遵循上述组织测量工作的程序和原则,首先在施工场地上布设控制点,进行控制测量测定控制点位置,见图 1-14。根据控制点 A 的坐标和高程、AB 直线的坐标方位角以及测设点的设计坐标和高程,计算出测设数据(距离、水平角和高差),然后在控制点 A 上安置仪器,在实地标定出待建建筑物 3 的位置。变形观测则是根据控制点定期测定监测点的位置,进而计算出监测点的位置变化,即变形量。

　　综上所述,无论控制测量还是碎部测量、施工测设和变形观测,其实质都是确定地面点的位置,但控制测量是碎部测量、施工测设和变形观测的基础工作。地面点的位置是用距离、水平角和高差确定的,因此,高程测量、角度测量和距离测量是测量工作的基本内容,也是测量的基本工作,而观测、计算和绘图则是进行测量工作所必须掌握的基本技能。

思考与练习

　　1.工程测量的任务是什么,它包括哪些内容?

　　2.何谓大地水准面? 它在测量工作中起何作用?

　　3.测量工作中所用的平面直角坐标系与数学上平面直角坐标系有何不同?

　　4.高斯平面直角坐标系是怎样建立的?

　　5.某点的大地经度为 $118°40'$,试计算它所在的六度带和三度带的带号及其中央子午线的经度。

　　6.何谓绝对高程和相对高程? 两点间的高差如何计算?

　　7.用水平面代替水准面对测量有什么影响?

　　8.确定地面点的基本要素有哪些? 测量的基本工作有哪些?

　　9.测量工作应遵循的原则是什么? 遵循该原则有什么优点?

第2章 水准测量

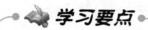

学习要点

1. 水准测量原理
2. 微倾式水准仪的使用,一般水准测量的外业
3. 三、四等水准测量的观测和计算
4. 水准测量的成果计算
5. 微倾式水准仪的检验与校正
6. 水准测量的误差来源及注意事项

测量地面点高程的工作,称为高程测量。高程是确定地面点位置的要素之一。高程测量根据所使用的仪器和施测方法的不同,主要有水准测量、三角高程测量、GPS 测量和气压高程测量等。水准测量是高程测量的基本方法,由于其精度较高,在国家高程控制测量、工程勘测、施工测量与变形监测中被广泛采用。

2.1 水准测量原理

水准测量是利用能够提供水平视线的仪器——水准仪,同时借助水准尺,测定地面上两点之间的高差,再由已知点的高程推算未知点高程的一种测定高程的方法。

见图 2-1,已知 A 点的高程 H_A,欲求 B 点的高程 H_B,在 A、B 两点间安置水准仪,分别读取竖立在 A、B 两点上的水准尺读数 a 和 b,由几何原理可知 A、B 两点间的高差为

$$h_{AB} = a - b \qquad (2-1)$$

测量工作一般是由已知点向未知点方向进行的,即图 2-1 中,由已知点 A 向待求点 B 进行,则称 A 点为后视点,其上水准尺的读数 a 为后视读数;B 点为前视点,其上水准尺的读数 b 为前视读数。a、b 的真实意义分别为水平视线到后视点 A 和前视点 B 的高度。由此就有,两点之间的高差等于后视读数减去前视读数。

由图 2-1 和式(2-1)不难看出:当 $a > b$ 时,$h_{AB} > 0$,B 点比 A 点高;$a < b$ 时,$h_{AB} < 0$,B 点比 A 点低;$a = b$ 时,$h_{AB} = 0$,B 点与 A 点同高。

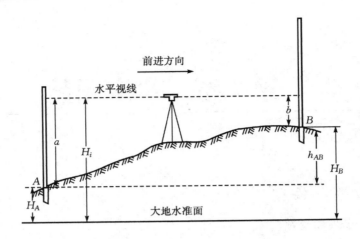

图 2-1　水准测量原理

由图 2-1 可知，B 点的高程为

$$H_B = H_A + h_{AB} = H_A + (a - b) \tag{2-2}$$

按上式直接利用高差 h_{AB} 计算 B 点高程，称为高差法。

从图 2-1 中可以看出，$H_A + a$ 为视线高程 H_i，则式（2-2）还可写为

$$H_B = H_i - b \tag{2-3}$$

在实际工程测量中，当安置一次水准仪需测定多个前视点高程时，一般可以先计算出水准仪的视线高程 H_i，再由视线高程 H_i 推算出 B 点的高程 H_B。按式（2-1）利用仪器视线高程 H_i 计算 B 点高程的方法通常称为仪高法。

2.2　水准测量的仪器和工具

水准测量所使用的仪器为水准仪，辅助工具有水准尺和尺垫。水准仪按其精度可分为 DS05、DS1、DS3、DS10 等四个等级，其中 DS05 和 DS1 用于精密水准测量，DS3 和 DS10 用于普通水准测量；D、S 分别是"大地测量"和"水准仪"汉语拼音的首字母，数字 0.5、1、3、10 表示该仪器进行水准测量的每千米往返测量高差中数的中误差，以毫米计，如 DS3 的数字 3 表示该型号仪器进行水准测量每千米往返测高差精度可达 ±3 mm；按结构特征分为微倾式水准仪和自动安平式水准仪；按构造特征分为光学水准仪和电子水准仪。目前工程中广泛使用 DS3 微倾式水准仪，因此本节重点介绍 DS3 微倾式水准仪。

▷ 2.2.1　DS3 级微倾式水准仪的构造

根据水准测量原理中水准仪的作用，微倾式水准仪由望远镜、水准器和基座三个主要部分组成，其构造如图 2-2 所示。

1. 望远镜

望远镜由物镜、对光透镜、十字丝分划板和目镜四个主要部分组成，如图 2-3(a) 所示。

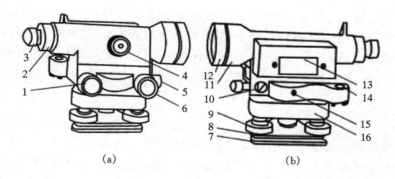

(a)　　　　　　　　　　　　(b)

图 2-2　DS3 微倾式水准仪

1—微倾螺旋；2—分划板护罩；3—目镜；4—物镜对光螺旋；5—制动螺旋；
6—微动螺旋；7—底板；8—三角压板；9—脚螺旋；10—弹簧帽；11—望远镜；
12—物镜；13—管水准器；14—圆水准器；15—连接小螺丝；16—轴座

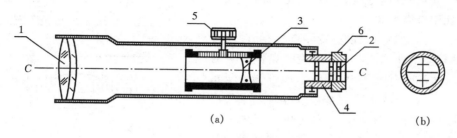

(a)　　　　　　　　　　　　　　　(b)

图 2-3　望远镜

1—物镜；2—目镜；3—对光凹透镜；4—十字丝分划板；5—物镜调焦螺旋；6—目镜调焦螺旋

　　物镜和目镜多采用复合透镜组。根据几何光学原理，目标经过物镜，在十字丝分划板附近成一倒立实像，经调节对光透镜可使该倒立实像清晰且恰好落在十字丝分划板平面上，再经过目镜，将倒立的实像和十字丝同时放大，倒立的实像变为倒立放大的虚像，如图 2-4 所示。望远镜的放大率是望远镜光学性能的技术指标，DS3 型水准仪的放大率一般为 28 倍。

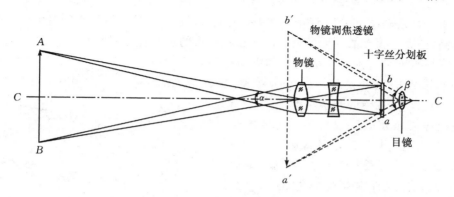

图 2-4　望远镜成像原理

十字丝是用以瞄准目标和读数的装置,其形式如图 2－3(b)所示。十字丝分划板上刻有两条互相垂直的长丝,竖直的丝称为竖丝,较长的横丝称为中丝,其交叉点和物镜光心的连线,称为望远镜的视准轴(图 2－3 中的 CC),延长视准轴并使其水平,就是水准测量中所需的水平视线,水准测量时的前视读数、后视读数就是视准轴水平时前视尺、后视尺成像在十字丝交叉点处的读数。

2. 水准器

水准器是水准测量时用来判断水准仪状态是否调整正确的重要部件。微倾式水准仪通常装有管水准器和圆水准器两种,圆水准器用来指示水准仪竖轴是否竖直;管水准器用来指示视准轴是否水平。

(1)管水准器

管水准器又称水准管,如图 2－5 所示,管水准器内壁纵向呈圆弧形,管内注入加热酒精和乙醚混合液,加热融封,冷却后形成气泡。由于气泡较轻,总处于最高位置。

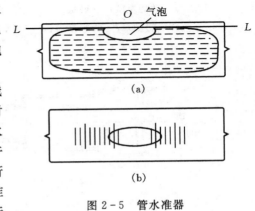

图 2－5 管水准器

过水准管圆弧中心(水准管零点)的纵向切线称为水准管轴(LL)。当气泡两端以圆弧中点对称时,称为水准管气泡居中,表示水准管轴处于水平位置。水准仪上的水准管是以水准管轴平行于望远镜视准轴的关系与望远镜连在一起的。所以,当水准管气泡居中时,表示水准仪望远镜视准轴为一水平视线,此状态下的水准仪就可以进行水准测量了。

水准管圆弧 2 mm 弧长所对的圆心角 τ 称为水准管的分划值。

$$\tau'' = \frac{2}{R}\rho'' \tag{2-4}$$

式中:R 为圆弧半径;$\rho'' = \frac{360°}{2\pi} = 57.3° = 3434' = 206265''$

水准管分划值是衡量水准仪精度的又一技术指标。水准管的圆弧半径越大,分划值越小,灵敏度越高,即整平仪器的精度越高。DS3 型水准仪的水准管分划值不大于 $20''/2$ mm。

为了提高水准管气泡居中的精度和方便观察,水准仪在水准管的上方安装一组符合棱镜,如图 2－6所示,利用符合棱镜的光学特点,使水准管气泡两端的像通过直角棱镜反映在望远镜旁的符合气泡观察窗中,当两端半边气泡的像吻合,气泡居中,即视准轴线为水平视线;若呈错开的像,则表示气泡不居中,也就是说视准轴线未达水平,这时应转动微倾螺旋,使气泡半像吻合,即视准轴线为水平视线。

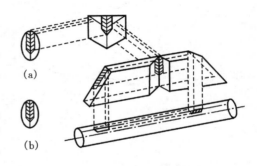

图 2－6 管水准器与符合棱镜

（2）圆水准器

如图 2-7 所示，圆水准器顶面内壁为球面，其中间有分划圈，圈的中心为圆水准器的零点。通过零点的球面法线称为圆水准器轴($L'L'$)。圆水准器按照圆水准轴平行于仪器竖轴的要求安装在托板上，所以当圆水准器中的气泡居中时，圆水准轴处于竖直位置，表示仪器的竖轴已处于竖直位置。圆水准器分划值一般为 $8' \sim 10'/2$ mm。由于圆水准器的精度较低，因此仅用于水准仪的粗略整平。

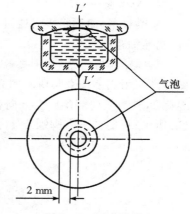

图 2-7　圆水准器

3. 基座

基座主要由底板、三角压板、脚螺旋和轴座组成，如图 2-2 所示，其作用是通过仪器的竖轴插入轴座来支撑仪器的上部，并通过连接螺旋将底板与三脚架连接。

▷ 2.2.2　水准尺和尺垫

水准尺和尺垫是水准测量所必需的工具。

水准尺是水准测量时使用的标尺，通常用优质干燥的木材、玻璃钢、铝合金等材料制成，要求尺长稳定，不易变形，刻划准确。常用的水准尺有双面直尺和塔尺两种，如图 2-8 所示。

双面水准尺是在尺子的两面均有刻画，一面为红白相间称为红面，另一面黑白相间称为黑面，见图 2-8(a)。按其长度分为 2 m 和 3 m 两种，两根尺为一对。一对尺子的黑面均由零开始注记，红面底部起始读数分别为 4.687 m 和 4.787 m。双面水准尺多用于三等、四等水准测量。

塔尺多用于等外水准测量，见图 2-8(b)。它有两节或三节套接，尺底部为零点，尺面基本刻划为 1 cm 或 0.5 cm，黑白格相间，每整米和分米处均有注记。

尺垫是在水准测量时转点处，用于放置水准尺的工具，以保证同一转点在作为后一测站的前视点和前一测站的后视点时，水准尺的底面为同一高程面。尺垫是用生铁铸成的，一般为三角形，如图 2-9 所示，下部有三个支脚，上部中央有一凸起的半球体，半球体顶点作为竖立水准尺和标志转点之用。

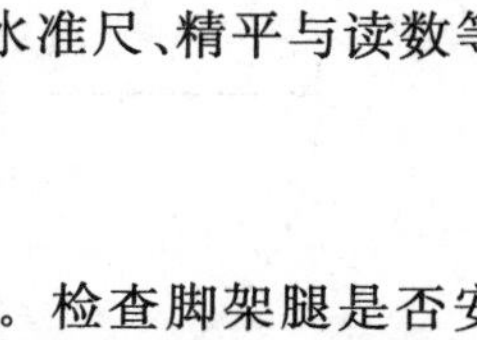

（a）直尺　　（b）塔尺

图 2-8　水准尺

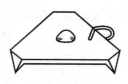

图 2-9　尺垫

▷ 2.2.3　微倾式水准仪的使用

进行水准测量时，在两点间安置水准仪，其使用包括粗略整平、瞄准水准尺、精平与读数等操作步骤。

1. 安置仪器

将三脚架打开，调节好架腿长短，使其高度适合观测，架头大致水平。检查脚架腿是否安置稳固，脚架伸缩螺旋是否拧紧，然后将水准仪置于三脚架上用连接螺旋将仪器牢固地连接在三脚架上。

2. 粗略整平

粗略整平(简称粗平),通过调节脚螺旋,使圆水准器的气泡居中,从而使水准仪的竖轴竖直,视准轴粗略水平。

具体操作方法是:如图 2-10(a)所示,气泡不居中而偏到脚螺旋 1 一侧,表明脚螺旋 1 一侧偏高。用双手按牵头所示的方向同时对向旋转脚螺旋 1 和 2,即升高脚螺旋 2,同时减低脚螺旋 1,气泡便向脚螺旋 2 方向移动,直至移动到脚螺旋 1、2 连线的垂直平分线上,如图 2-10(b)所示;再旋转升高脚螺旋 3,使气泡沿着脚螺旋 1、2 连线的垂直平分线移至居中位置。

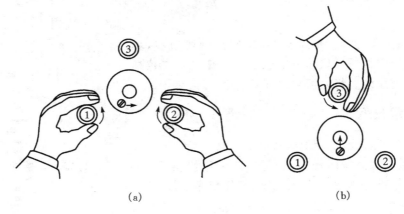

(a)   (b)

图 2-10　粗略整平

3. 瞄准水准尺

首先松开制动螺旋,将望远镜对着较明亮背景,转动目镜对光螺旋,进行目镜对光,使十字丝清晰。转动望远镜,利用望远镜镜筒上的缺口和准星瞄准水准尺,使水准尺呈像在望远镜内,拧紧制动螺旋;转动物镜的对光螺旋,使水准尺的成像清晰;再转动微动螺旋,使十字丝的竖丝对准水准尺,如图 2-11 所示。

若调节过程中对光不好,水准尺的成像平面和十字丝分划板就会不重合。当眼睛在目镜端上下微动时,十字丝与水准尺影像出现相对错动,这种现象称为视差,如图 2-12 所示。视差的存在会影响到读数的正确性,必须予以消除或减弱。消除或减弱视差的方法是转动目镜对光螺旋使十字丝成像清晰,再转动物镜对光螺旋使水准尺成像清晰。

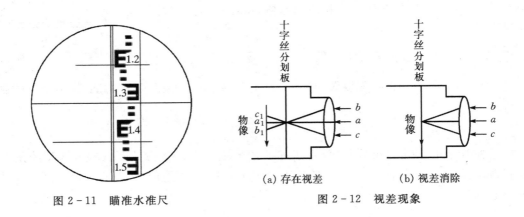

图 2-11　瞄准水准尺

(a) 存在视差　　　　(b) 视差消除

图 2-12　视差现象

4. 精平与读数

精平是通过调节微倾螺旋,使望远镜旁的符合气泡观察窗中气泡两端半边的像吻合,表示此时水准仪的视准轴已精确水平。然后应立即用十字丝的中丝在水准尺上读数。由于水准尺在望远镜内呈的是倒像,因此读数时应由上向下读,即由小到大读,直读到厘米,估读到毫米。在图 2－11 中,从望远镜中的读数为 1.355 m。注意读数后,再检查符合气泡影像是否符合,否则应仔细调节微倾螺旋使气泡符合,再进行读数,以保证读数为视线水平时的读数。

2.3 自动安平水准仪、精密水准仪和电子水准仪简介

▶ 2.3.1 自动安平水准仪

微倾式水准仪在每次读数之前均要进行精平的操作,即要通过观察符合水准器内气泡符合情况,调节微倾螺旋,使水准管气泡居中,从而使视准轴水平,观测过程耗时且不便。而自动安平水准仪可以不用微倾螺旋和符合水准器,只用脚螺旋和圆水准器进行粗平,借助安平补偿器自动地把视准轴置平,然后就可利用十字丝进行读数,从而加快了水准测量的速度。图 2－13 是我国生产的 DZS3－1 型自动安平水准仪。

图 2－13 自动安平水准仪

1. 自动安平水准仪的原理

如图 2－14(a)所示,当望远镜视准轴倾斜了一个小角度 α 时,由水准尺上的 α_0 点过物镜光心 O 所形成的水平线,不再通过十字丝中心 Z,而在距 Z 为 l 的 A 点处,显然

$$l = f\alpha \tag{2-5}$$

式中:f 为物镜的等效焦距;α 为视准轴倾斜的小角。

在图 2－14(a)中,若在距十字丝分划板 S 处,安装一个补偿器 K,使水平光线偏转 β 角,以通过十字丝中心 Z,则

$$l = S\beta \tag{2-6}$$

故有 $$f\alpha = S\beta \qquad\qquad (2-7)$$

也就是说,式(2-7)的条件若能得到保证,虽然视准轴有微小倾斜,但十字丝中心 Z 仍能读出视线水平时的读数 a,从而达到自动补偿的目的。

还有另外一种补偿方式,如图 2-14(b)所示,借助补偿器 K 将 Z 移至 A 处,这时视准轴所截取尺上的读数仍为 a_0。这种补偿器是将十字丝分划板悬吊起来,借助重力,在仪器微倾的情况下,十字丝分划板回到原来的位置,安平的条件仍为式(2-7)。

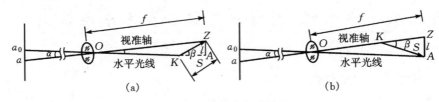

图 2-14 自动安平原理

自动安平补偿器的种类很多,但一般都是采用吊挂光学零件的方法,借助重力的作用达到视线自动补偿的目的。

2. 自动安平水准仪的使用

使用自动安平水准仪进行测量时,首先调节脚螺旋使圆水准器气泡居中(即仪器粗平),然后即可用望远镜瞄准水准尺,读取十字丝中丝在水准尺上的数,就是视准轴线水平时的读数。较普通微倾式水准仪,自动安平水准仪不需要进行"精平"。

水准测量时,首先要检查补偿器是否起作用,检查有两种形式,一种是利用揿钮,按下揿钮可将补偿器轻轻触动,待补偿器稳定后,看读数是否有变化,如无变化,说明补偿器正常。另一种是没有揿钮装置,可稍微转动一下脚螺旋,如尺上读数没有变化,说明补偿器起作用,仪器正常,否则应进行检查修理。

▷ 2.3.2 精密水准仪

精密水准仪主要用于国家一、二等水准测量和精密工程测量(精密施工测量和建筑物变形观测等)。DS05 和 DS1 型水准仪属于精密水准仪。

1. 精密水准仪

精密水准仪的构造与 DS3 水准仪构造基本相同,由望远镜和基座三部分组成。其不同点是:水准管分划值较小,一般为 $10''/2$ mm;望远镜放大率较大,一般不小于 40 倍;精密水准仪设有光学测微器,从测微尺上可读取 0.1 mm 或 0.05 mm。

精密水准仪的望远镜中平行玻璃板测微装置如图 2-15 所示。当转动测微螺旋时将带动平行玻璃板转动,水准尺的成像也随着移动,测微轮转动一周,水准尺上的成像移动 10 mm 或 5 mm,测微轮带动望远镜内的测微尺。测微尺共 100 格,相当于水准尺上的 10 mm 或 5 mm,故测微尺每格为 0.1 mm 或 0.05 mm,即精密水准仪可直接读数达到 0.1 mm 或 0.05 mm。

2. 精密水准尺

精密水准仪配有一对受温度影响较小的铟瓦水准尺,一般为木制尺身,在尺身的槽内,引张一根铟瓦合金带,在带上刻有分划,数字注记在木尺上。根据不同的刻划注记方法,精密水准尺分为基辅分划尺和奇偶分划尺两种。

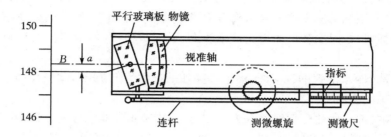

图 2-15　水准仪平行玻璃板测微装置

（1）基辅分划尺

如图 2-16（a）所示，为瑞士产 Wild N3 水准仪所使用的基辅分划尺，其分划值为 1 cm。水准尺全长约 3.2 m，钢瓦合金带尺上有两排分划，右边一排数字注记从 0 cm 至 300 cm，称为基本分划；左边一排数字注记从 300 cm 至 600 cm，称为辅助分划。在尺子同一高度上，基本分划和辅助分划的读数相差一个常数 K（K＝3.01550 m），称为基辅差。

（2）奇偶分划尺

如图 2-16（b）所示，为 DS1 水准仪和 Ni004 水准仪配套使用的精密水准尺，为 0.5 cm 分划，该尺只有基本分划而无辅助分划。左面一排分划为奇数值，右面一排分划为偶数值；右边注记为米数，左边注记为分米数。小三角形表示半分米处，长三角形表示分米的起始线。厘米分划的实际间隔为 5 mm，尺面值为实际长度的 2 倍，所以用该水准尺观测高差时，应除以 2 才是实际高差值。

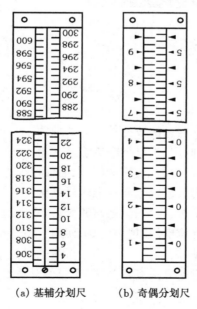

（a）基辅分划尺　　　（b）奇偶分划尺

图 2-16　精密水准尺

3. 精密水准仪的使用

精密水准仪的使用方法与普通水准仪基本相同，其操作同样需要四个步骤：粗平、瞄准、精平和读数。不同的是读数时需要用光学测微器测出不足一个分划的数值,即在仪器精确整平(用微倾螺旋使目镜视场左面的符合水准气泡半像吻合)后,十字丝横丝往往不恰好对准水准尺上某一整分划线,这时要转动测微轮使视线上、下平行移动,使十字丝的楔形丝正好夹住一个整分划线。

图 2-17 是 N3 水准仪的视场图,楔形丝夹住的读数为 1.49 m,测微尺的读数为 6.5 mm,所以全读数为 1.4965 m。

图 2-18 中,被夹住的分划线读数为 1.97 m。视线在对准整分划过程中平移的距离显示在目镜右下方的测微尺读数窗内,读数为 1.50 mm。所以水准尺的全读数为 1.97+0.0015=1.9715 m,而其实际读数是全读数的 1/2,即 0.98575 m。

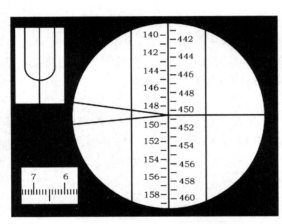

图 2-17 基辅分划尺读数

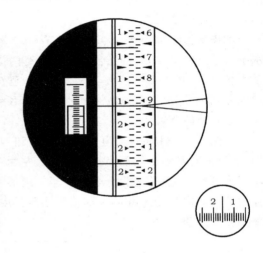

图 2-18 奇偶分划尺读数

▶ 2.3.3 电子水准仪

电子水准仪是能进行水准测量的数据采集与处理的新一代水准仪。这类仪器采用条纹编码水准尺和电子影像处理原理,用 CCD 行阵传感器代替人的肉眼,将望远镜像面上的标尺显像转换成数字信息,可自动进行读数记录。电子水准仪可视为 CCD 相机、自动安平水准仪、微处理器的集成。它和条纹编码尺组成地面水准测量系统。

电子水准仪在人工完成安置、粗平、瞄准与调焦后,自动读取中丝读数与视距,数据直接存储在介质上。电子水准仪具有速度快、精确度高、使用方便、劳动强度低的优点,为水准测量作业的自动化和数字化提供了基础。

电子水准仪数字图像处理的方法有相关法、几何位置测量法、相位法等。下面以相关法为例说明基本原理。

如图 2-19 所示,与电子水准仪配套使用水准尺的分划是条形编码,整个水准尺的条码信号存储在仪器的微处理器内,作为参考信号。瞄准后,仪器的 CCD 传感器采集到中丝所瞄准位置的一组条码信号,作为测量信号。运用相关方法对两组信号进行分析、运算,得出中丝读数和视距,在仪器显示屏上直接显示。

DNA03 电子水准仪(见图 2－20)就是采用相关法实现编码求值。DNA03 电子水准仪利用铟瓦水准尺测量时,每千米往返测量的高差中误差为 0.3 mm,利用普通标尺测量时的高差中误差为 1.0 mm。而进行光学水准测量时的高差中误差为 2.0 mm。测量时,通过键盘面板和有关操作程序使用仪器,使其以中文方式显示测量成果和仪器系统的状态。同时有配合仪器使用的专用数据处理软件,可以对观测成果作内业处理。

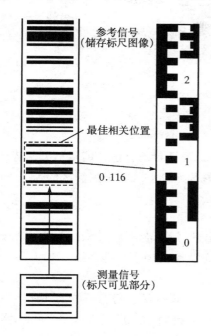

图 2－19　条码尺数字图像处理原理

图 2－20　DNA03 电子水准仪

2.4　水准测量的实施

➢ 2.4.1　水准点

为了统一全国的高程系统和满足各种测量的需要,测绘部门在全国各地埋设很多的固定标志,并用水准测量测定出它们的高程,这些标志称为水准点(bench mark,简记为 BM)。在国家高程系统中,按国家一、二、三、四等水准测量的技术规范测定的水准点分别称为一、二、三、四等水准点。

水准点应设在稳固、便于保存和观测的地点。水准点分为永久性和临时性两种。永久性水准点可采用混凝土制成,顶面嵌入半球形金属标志,如图 2－21(a)所示,金属半球的顶部是水准点的高程位置;在城镇地区,也可以将水准点的金属标志埋入稳定的建筑物的墙脚上,称为墙水准点,如图 2－21(b)所示。临时性的水准点可采用大木桩,桩顶打入半球钉子,如图 2－21(c)所示;也可以在稳固的物体上突出且便于立尺的地方作出标记。水准点设定后要编号,如 1 号水准点可记为 BM_1。

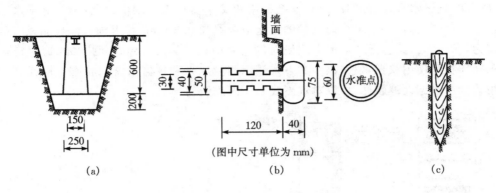

图 2-21 水准点

▷ 2.4.2 水准路线

一般情况下,从已知高程的水准点出发,要用连续水准测量的方法才能测出另一待定水准点的高程,在水准点之间进行水准测量所经过的路线称为水准路线。根据测区的情况不同,水准路线可布设成以下三种基本形式。

(1)闭合水准路线

如图 2-22(a)所示,从已知高程的水准点 BM_I 出发,依次沿各待定高程点 1,2,3,4 进行水准测量,最后又回到原已知水准点 BM_I,这种路线形式称为闭合水准路线。

(2)附合水准路线

如图 2-22(b)所示,从已知高程的水准点 BM_I 出发,依次沿各待定高程点 1,2,3,4 进行水准测量,最后附合到另一个已知高程的水准点 BM_{II},这种路线形式称为附合水准路线。

(3)支水准路线

如图 2-22(a)所示,从已知高程的水准点 BM_I 出发,沿待定高程点 5、6 进行水准测量,既不闭合到原来水准点上,也不附合到另一水准点上,这种路线形式称为支水准路线。

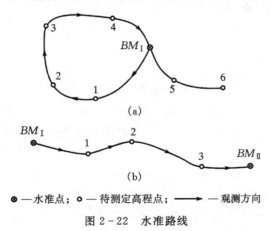

⊗—水准点；○—待测定高程点；——→—观测方向

图 2-22 水准路线

▷ 2.4.3 一般水准测量的外业

水准测量一般是从水准点上开始的。当待测高程的点距水准点较远或者高差较大时,需要连续多次安置仪器,分别测出相邻两点间的高差,最后求其待测点的高程。如图 2 - 23 所示,水准点 BM_A 的高程为 27.354 m,现拟测量水准点 B 的高程,其观测步骤如下。

在距 BM_A 点一定距离处选定转点 1,点号记作 ZD_1;在 BM_A、ZD_1 两点上分别立水准尺。在距点 BM_A 和 ZD_1 大致等距离的 I 处安置水准仪。仪器粗平后,后视 BM_A 点上的水准尺(相对于水准路线前进方向,观测 BM_A 点为后视点,ZD_1 点为前视点),精平后读取读数 1.467 m,记入表 2 - 1 中观测点 BM_A 的后视读数栏内。旋转望远镜照准 ZD_1 的水准尺,精平后读取读数 1.124 m,记入 ZD_1 的前视读数栏内。后视读数减去前视读数得到高差为 +0.343 m,记入高差栏内。此为一个测站上的工作。

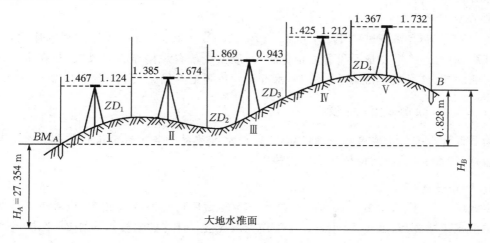

图 2 - 23　水准测量外业

表 2 - 1　水准测量手簿

日期		天气		仪器型号		
观测		记录		检　查		
测站	测点	水准尺读数/m		高差/m	高程/m	备注
		后视(a)	前视(b)			
I	BM_A	1.467		+0.343	27.354	
	ZD_1	1.385	1.124			
II				−0.289		
	ZD_2	1.869	1.674			
III				+0.926		
	ZD_3	1.425	0.943			
IV				+0.213		
	ZD_4	1.367	1.212			
V				−0.365		
	B		1.732		28.182	
计算	$\sum$	7.513	6.685	+0.828		
校核	$\sum a - \sum b = +0.828$			$\sum h = +0.828$		

ZD_1 上的水准尺不动,把 BM_A 点上的水准尺移到选定的 ZD_2 上,仪器安置在 ZD_1 和 ZD_2 之间,同法进行观测和计算,依此测到 B 点。

显然,每安置一次仪器,便可测得一个高差,即

$$h_1 = a_1 - b_1$$
$$h_2 = a_2 - b_2$$
$$\vdots$$
$$h_5 = a_5 - b_5$$

将各式相加得 $\qquad\qquad \sum h = \sum a - \sum b$ $\qquad\qquad\qquad$ (2-8)

则 B 点的高程为 $\qquad\qquad H_B = H_A + \sum h$ $\qquad\qquad\qquad$ (2-9)

由上述可知,在观测过程中,ZD_1,ZD_2,ZD_3,ZD_4 为转点,仅起传递高程的作用,不需计算其高程,故普通水准测量不设置固定标志,一般需要放置尺垫作为立尺之用,在未完成前后两站观测之前,该尺垫不得碰动。注意,水准点和待测定高程点上不应放置尺垫。

▷ 2.4.4　水准测量的检核

为了保证水准测量成果的正确可靠,必须对水准测量的各个环节进行检核。水准测量的检核包括:计算检核、测站检核和成果检核。

1. 计算检核

由式(2-8)可知,A、B 两点间的高差等于各测站所得高差的代数和,也等于后视读数之和减去前视读数之和,因此,可用式(2-8)作为水准测量计算的检核。如表 2-1 中

$$\sum h = +0.828 \text{ m}$$
$$\sum a - \sum b = 7.513 - 6.685 = +0.828 \text{ (m)}$$

表明高差计算的过程正确。

而终点 B 的高程减去 A 点的高程,也应等于 $\sum h$,即在表 2-1 中有

$$H_B - H_A = \sum h$$
$$28.182 - 27.354 = +0.828 \text{ (m)}$$

这说明高程计算也是正确的。

即 $\qquad\qquad\qquad \sum h = \sum a - \sum b = H_B - H_A$

计算检核只能检查数值计算是否正确,并不能检核观测和记录时是否发生了错误。

2. 测站检核

为了保证每个测站所测高差的正确性,需要对每一测站所测高差进行检核。一般要求一个测站至少测两次高差,在两次高差之差满足容许值要求的情况下,求得两次高差的平均值,作为该站的高差值。具体方法有变动仪器高法和双面尺法。

(1)变动仪器高法

在同一测站用两次不同的仪器高度,测得两次高差相互比较进行检核。两次仪器高度变化应大于 10 cm,如两次所测高差之差不超过容许值(如等外水准测量容许值 6 mm),则认为观测合格,并取两次高差平均值作为此测站观测高差结果,否则应进行重测。

(2)双面尺法

仪器高度不变,但两次观测使用前、后视水准尺的黑面和红面进行读数,测得黑面和红面

两次高差相互比较,进行检核。对每个测点同一根水准尺既读黑面又读红面,黑面读数(加常数 K 后)与红面读数之差不超过 3 mm(K＋黑－红≤±3 mm),且两次所测高差之差不超过 5 mm,则取其平均值作为该测站观测高差,否则重测。

3. 成果检核

测站检核只能检核一个测站所测高差是否正确,为了保证所测各待测高程点成果正确,还需将所测水准路线布设成一定的几何路线,进行成果检核。由于几何水准路线上各测段高差代数和存在理论值,各测段实测高差代数和与其理论值之差,称为高差闭合差 f_h。

① 显然,闭合水准路线各测段高差代数和理论值为零,则闭合水准路线高差闭合差 f_h 为

$$f_h = \sum h_{测} \tag{2-10}$$

② 由于附合水准路线起点和终点高程均已知,如图 2-22(b)所示不难看出,附合水准路线各测段高差代数和理论值为按测量方向,起点到终点的高差。则附合水准路线高差闭合差 f_h 为

$$f_h = \sum h_{测} - (H_{终} - H_{起}) \tag{2-11}$$

③ 为了进行成果检核,支水准路线必须进行往、返测量,往、返观测的高差值理论上绝对值相同,符号相反。其高差闭合差 f_h 为

$$f_h = \sum h_{往} + \sum h_{返} \tag{2-12}$$

由于高差闭合差反映了整个水准测量路线的误差积累,因此,成果检核就是用水准测量路线的高差闭合差 f_h 与高差闭合差容许值 $f_{h容}$ 的进行比较。高差闭合差 f_h 小于容许值 $f_{h容}$,即,$|f_h| \leqslant |f_{h容}|$,则成果合格;否则,需检查原因,重新观测。

不同等级的测量,精度要求也不相同。如图根水准测量高差闭合差的容许值规定为

$$\left.\begin{array}{ll}平地 & f_{h容} = \pm 40\sqrt{L}\,\text{mm} \\ 山地 & f_{h容} = \pm 12\sqrt{n}\,\text{mm}\end{array}\right\} \tag{2-13}$$

式中:L 为水准路线长度(km);n 为测站数。

2.5　三、四等水准测量

三、四等水准测量是一种精度较高的水准测量方法。在小区域地形图测绘和施工测量中,多采用三、四等水准测量作为首级高程控制。在进行高程控制测量以前,必须先根据精度的需要,在测区范围内布置一定密度的水准点。水准点标志及标石的埋设也应符合有关规范的要求。

▷ 2.5.1　技术要求

三、四等水准路线的布设,在加密水准点时,多布设为附合水准路线的形式;在独立测区作为首级高程控制时,应布设成闭合水准路线的形式;在特殊情况下,可布设为支水准路线的形式,但应作往返观测或重复观测。三、四等水准测量的主要技术要求见表 2-2 和表 2-3。

表 2 - 2　三、四等水准测量观测技术要求

等级	水准仪的型号	视线长度/m	前后视较差/m	前后视累计差/m	视线离地面最低高度/m	基本分划、辅助分划或黑面、红面读数较差/mm	基本分划、辅助分划或黑面、红面所测高度差较差/mm
三等	DS1	100	3	6	0.3	1.0	1.5
	DS3	75				2.0	3.0
四等	DS3	100	5	10	0.2	3.0	5.0

注:三、四等水准测量采用变动仪器高法观测单面水准尺时,所测两次高差之差应与黑面、红面所测高差之差要求相同。

表 2 - 3　三、四等水准测量路线的技术要求

等级	每千米高差全中误差/mm	路线长度/km	水准仪型号	水准尺	观测次数		往返较差、附合或环线闭合差	
					与已知点联测	附合或环线	平地/mm	山地/mm
三等	6	≤50	DS1	因瓦	往返各一次	往一次	$12\sqrt{L}$	$4\sqrt{n}$
			DS3	双面		往返各一次		
四等	10	≤16	DS3	双面	往返各一次	往一次	$20\sqrt{L}$	$6\sqrt{n}$

注:①结点之间或结点与高级点之间,其路线的长度,不应大于表中规定的 0.7 倍;
　　②L 为往返测段,闭合或附合的水准路线长度,单位为 km;n 为测站数。

▷ 2.5.2　观测方法

依据使用的水准仪型号及水准尺类型,三、四等水准测量的观测方法有所不同。以下介绍用 DS3 型水准仪及双面水准尺在一个测站上的观测步骤。

① 照准后视水准尺黑面,精平后读取下、上丝读数(1)、(2)和中丝读数(3),记入表 2 - 4 中相应栏内。

② 旋转望远镜,照准前视水准尺黑面,精平后读取下、上丝读数(4)、(5)和中丝读数(6),记入表 2 - 4 中相应栏内。

③ 翻转前视水准尺呈红面,读取中丝读数(7),记入表 2 - 4 中相应栏内。

④ 旋转望远镜,翻转后视水准尺呈红面,照准后视水准尺红面,精平后读取中丝读数(8),记入表 2 - 4 中相应栏内。

一个测站上的这种观测顺序简称为"后(黑)—前(黑)—前(红)—后(红)",其优点是可以大大减小仪器下沉等误差的影响。四等水准测量也可采用"后(黑)—后(红)—前(黑)—前(红)"的观测顺序。

表 2－4　三、四等水准测量手簿

测站编号	点号	后尺 下丝 / 上丝 / 后视距/m / 视距差/m	前尺 下丝 / 上丝 / 前视距/m / 累计差/m	方向及尺号	水准尺读数/m 黑面	水准尺读数/m 红面	K＋黑一红/mm	平均高差/m
		(1)	(4)	后 K_2	(3)	(8)	(14)	
		(2)	(5)	前 K_1	(6)	(7)	(13)	(18)
		(9)	(10)	后一前	(15)	(16)	(17)	
		(11)	(12)					
1	BM_1 — TP_1	1.644	2.032	后 4.787	1.363	6.149	＋1	
		1.081	1.458	前 4.687	1.745	6.433	－1	
		56.3	57.4	后一前	－0.382	－0.284	＋2	－0.383
		－1.1	－1.1					
2	TP_1 — TP_2	1.843	1.214	后 4.687	1.629	6.316	0	
		1.416	0.786	前 4.787	1.000	5.788	－1	
		42.7	42.8	后一前	＋0.629	＋0.528	＋1	＋0.628
		－0.1	－1.2					
3	TP_2 — TP_3	1.775	0.911	后 4.787	1.577	6.365	－1	
		1.389	0.527	前 4.687	0.719	5.406	0	
		38.6	38.4	后一前	＋0.858	＋0.959	－1	＋0.858
		＋0.2	－1.0					
4	TP_3 — BM_2	1.917	1.836	后 4.687	1.619	6.305	＋1	
		1.321	1.252	前 4.787	1.544	6.332	－1	
		59.6	58.4	后一前	＋0.075	－0.027	＋2	＋0.074
		＋1.2	＋0.2					
检核计算		$\sum(9)=197.2$		$\sum(3)=6.188$		$\sum(8)=25.135$		
		$\sum(10)=197.0$		$\sum(6)=5.008$		$\sum(7)=23.959$		
		$\sum(9)-\sum(10)=+0.2$		$\sum(15)=+1.180$		$\sum(16)=+1.176$		
		$\sum(9)+\sum(10)=394.2$		$\sum(15)+\sum(16)=+2.356$		$2\sum(18)=+2.356$		

▷ 2.5.3　计算检核

1. 一个测站的计算与检核

（1）视距的计算与检核

根据前、后视尺的上、下丝读数计算前、后视距（9）和（10）。

后视距：$(9)=((1)-(2))\times100$　（应小于 100 m）

前视距：(10)＝((4)－(5))×100　（应小于 100 m）

前、后视距差：(11)＝(9)－(10)。

前、后视距累积差：(12)＝上站(12)＋本站(11)

计算所得的前、后视距差(11)与前、后视距累积差(12)，均必须满足表 2-2 的技术要求，否则重测。即对于三等水准测量，前、后视距差(11)的值不得超过 3 m，前、后视距累积差(12)的值不得超过 6 m；对于四等水准测量前、后视距差(11)的值不得超过 5 m，前、后视距累积差(12)的值不得超过 10 m。

(2) 同一水准尺红、黑面中丝读数差的计算与检核

按同一水准尺黑面中丝读数加红面起始值 K，应等于红面中丝读数，计算其差值，即

前视尺：(13)＝(6)＋K_1－(7)

后视尺：(14)＝(3)＋K_2－(8)

K_1 和 K_2 分别为前视尺和后视尺红面底部的起始读数（尺长数 4.687 m 或 4.787 m）。红、黑面中丝读数之差(13)和(14)的值，对于三等水准测量，不得超过 2 mm；对于四等水准测量，不得超过 3 mm。

(3) 高差的计算与检核

按前、后视水准尺红、黑面中丝读数分别计算一测站的高差。

黑面高差：(15)＝(3)－(6)

红面高差：(16)＝(8)－(7)

红、黑面高差之差：(17)＝(15)－[(16)±0.100]＝(14)－(13)（检核用）

式中 0.100 m 为两水准尺 K_1 与 K_2 的差值。当该站后尺 K 值大于前尺 K 值，取"－"，反之则取"＋"，若 K 值相同，则不考虑此差值。

红、黑面高差之差(17)的值，对于三等水准测量，不得超过 3 mm；对于四等水准测量，不得超过 5 mm。

(4) 计算平均高差

红、黑面高差之差在容许范围内时，取其平均值作为该站的观测高差(18)

$$(18) = \frac{(15) + [(16) \pm 0.100]}{2}$$

一个测站全部记录、计算与校核完成并合格后方可搬站，否则必须重测。

2. 每页计算的校核

(1) 高差部分

红、黑面后视读数的总和减去红、黑面前视读数总和应等于红、黑面高差总和，还应等于高差总和的 2 倍。即

①当测站数为偶数时

$$\sum[(3)+(8)]-\sum[(6)+(7)]=\sum[(3)+(8)]$$
$$=\sum[(15)+(16)]$$
$$=2\sum(18)$$

② 当测站数为奇数时

$$\sum[(3)+(8)]-\sum[(6)+(7)]=\sum[(3)+(8)]$$
$$=\sum[(15)+(16)]$$

$$=2\sum(18)\pm0.100$$

（2）视距部分

本页内后视距总和减去前视距总和应等于本页内的视距累积差。即

$$\sum(9)-\sum(10)=本页末站(12)-前页末站(12)$$

全部后视距总和减去全部前视距总和应等于末站的视距累积差。即

$$\sum(9)-\sum(10)=末站(12)$$

校核无误后，可算出总视距，即水准路线的总长度 L

$$L=\sum(9)+\sum(10)$$

用双面尺法进行三、四等水准测量的记录、计算与检核，见表 2-4。

2.6 水准测量成果的计算

水准测量外业实测工作结束后，先检查记录手簿，再计算各测段的高差，经检核无误后，绘制观测成果略图，进行水准测量的内业工作。受仪器、观测及外界环境等因素的影响，水准测量的观测总会存在有误差。路线总的误差反映在高差闭合差 f_h 的值上。水准测量成果计算的目的就是，按照一定的原则，把高差闭合差 f_h 分配到各测段实测高差中去（在数学意义上消除各段测量误差），得到各段改正后的高差，从而推得未知点的高程。下面分别介绍附合水准路线和闭合水准路线的成果计算过程。

2.6.1 计算步骤

1. 高差闭合差 f_h 的计算

根据不同的路线形式，按式(2-10)、式(2-11)或式(2-12)计算高差闭合差。计算时应注意先确定计算方向，然后将与计算方向不同向测段的高差反符号。

2. 高差闭合差的调整

高差闭合差调整按与各测段测站数（或路线长度）成正比，并反符号进行分配。各测段改正数为

$$V_i=\frac{-f_h}{\sum L}\cdot L_i \text{ 或 } V_i=\frac{-f_h}{\sum n}\cdot n_i \qquad (2-14)$$

式中：L_i 为第 i 测段路线长度；$\sum L$ 为路线总长度；n_i 为第 i 测段测站数；$\sum n$ 为路线总测站数。

改正数总和 $\sum V$ 应等于 $-f_h$，以资检核。

各测段改正后高差为

$$h'_i=h_{i测}+V_i \qquad (2-15)$$

整个路线的改正后高差总和应与理论值相等，以资检核。

3. 高程计算

根据各测段改正后高差，由起点逐点推算出各点高程。最后算得终点的高程应与已知高程相等。否则，说明高程计算有误。

2.6.2　计算实例

例 2.1　在一山地进行水准测量,附合水准路线观测成果如图 2-24 所示,A、B 为两个水准点,其高程分别为 53.647 m、44.834 m。各测段的高差分别为 h_1、h_2、h_3 和 h_4。首先将该次测量的成果填入表 2-5,然后按以下步骤完成内业工作。

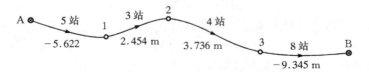

图 2-24　附合水准路线观测成果略图

(1) 高差闭合差的计算

$$f_h = \sum h_{测} - (H_B - H_A) = -8.777 - (44.834 - 53.647) = +0.036 \text{ (m)}$$

根据技术要求,高差闭合差容许值

$$f_{h容} = \pm 12\sqrt{n} = \pm 12\sqrt{20} = \pm 54 \text{ (mm)}$$

$|f_h| < |f_{h容}|$,其精度符合要求。

(2) 高差闭合差的调整

在同一水准路线上,可以认为每一测站的观测条件相同,即各站产生误差的机会相同,所以闭合差的调整可以按照与各测量测站数(或测段距离)成正比、反符号来分配。在本例中,总测站数为 54,则每一测站改正数为

$$-\frac{f_h}{\sum n_i} = -\frac{36}{20} = -1.8 \text{ (mm)}$$

因此,各测段的改正数,按测站数计算,计算结果填入表 2-5 的改正数一栏。一般工程水准测量中改正数保留到毫米即可。改正数总和应与高差闭合差绝对值相等,符号相反,如果改正数之和由于舍位而与闭合差绝对值大小不相等,则可将所差的几个毫米适当分配到各个测段的高差中。

各测段的实测高差加上各测段的改正数,得到改正后的高差;将改正后的高差计算结果填入表 2-5 的改正后的高差一栏。

表 2-5　水准测量成果计算表

测段编号	点名	测站数	实测高差 /m	改正数 /m	改正后高差 /m	高程 /m	备注
1	A	5	−5.622	−0.009	−5.631	53.647	
2	1	3	+2.454	−0.005	+2.449	48.016	
3	2	4	+3.736	−0.007	+3.729	50.465	
	3					54.194	
4	B	8	−9.345	−0.015	−9.360	44.834	
$\sum$		20	−8.777	−0.036	−8.813		
辅助计算	$f_h = +36$ mm,$f_{h容} = \pm 12\sqrt{20} = \pm 54$ mm,$\|f_h\| < \|f_{h容}\|$,$-f_h/n = -1.8$ mm						

（3）各点高程的计算

根据检核过的改正后高差，由起始水准点 A 开始，逐点推算各点的高程，填入表格。如表 2-5 中，待求点 1 的高程等于 A 点高程加上测段 1 改正后的高差。最后计算所得到的 B 点高程应当与水准点 B 的已知高程严格相等（作为计算检核）。否则，高程计算有误。

闭合水准路线的高差闭合差 $f_h = \sum h_{测}$。闭合水准路线高差闭合差的调整方法、容许值的计算，均与附合水准路线相同。

支水准路线一般采用往返观测，其高差闭合差 $f_h = \sum h_{往} + \sum h_{返}$。

当 $|f_h| \leqslant |f_{h容}|$ 时，其改正后的高差为：$h = \dfrac{\sum h_{往} - \sum h_{返}}{2}$。

2.7　微倾式水准仪的检验与校正

2.7.1　微倾式水准仪的主要轴线及应满足的条件

如图 2-25 所示，水准仪的主要轴线有：视准轴 CC、水准管轴 LL、竖轴 VV、圆水准器轴 $L'L'$。

根据水准测量原理，水准仪必须提供一条水平视线，才能正确测得两点间的高差。为此，水准仪的主要轴线应满足一定的几何关系：① 圆水准器轴 $L'L'$ 平行于竖轴 VV。② 十字丝中丝（横丝）垂直于竖轴。③ 视准轴 CC 平行于水准管轴 LL。

当水准仪已粗平，即圆水准器轴处于铅垂位置，若仪器满足关系①时，则竖轴也铅垂。若仪器上部绕竖轴旋转，水准管轴在任何方向上都容易调成水平位置；若此时中丝也处于水平位置，即满足关系②，则中丝在尺上读数才能较精确。水准仪只有满足关系③时，当管水准器的气泡居中，即水准管轴处于水平位置，视准轴才能水平，这是仪器应满足的主要几何关系。

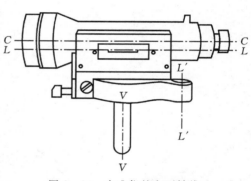

图 2-25　水准仪的主要轴线

2.7.2　水准仪的检验与校正

由于在长期使用中，水准仪受到震动与碰撞，使得出厂时检验与校正好的轴线之间的几何关系发生变化。因此，在进行水准测量之前，应对水准仪进行检验与校正。检验与校正包括以下内容：

1. 圆水准器轴平行于仪器竖轴的检验与校正

（1）检验

安置水准仪后，调节脚螺旋，使圆水准器气泡严格居中，此时圆水准器轴 $L'L'$ 处于竖直位置，见图 2-26(a)。将仪器绕竖轴旋转 $180°$ 后，观察气泡的位置，若气泡仍居中，则表明水准仪圆水准器轴平行于仪器竖轴，见图 2-26(b)；若气泡不居中，则水准仪圆水准器轴与仪器竖轴不平行。一般情况下，若气泡偏出了分划圈，则需要进行校正。

（2）校正

水准仪圆水准器轴与仪器竖轴若不平行，则存在一个夹角 δ，见图 2-27(a)，将仪器绕竖轴旋转 $180°$ 后，圆水准器轴不竖直，偏离竖直位置的角值为 2δ，见图 2-27(b)。校正时，先松开圆水准器下方固定螺丝，再用校正针调整三个校正螺丝（见图 2-28），使气泡退回偏移量的一半，此时，圆水准器轴已平行于竖轴，见图 2-27(c)。再调节脚螺旋使圆水准器气泡居中，则圆水准器轴与竖轴同时铅垂，见图 2-27(d)。校正后，注意拧紧固定螺丝。

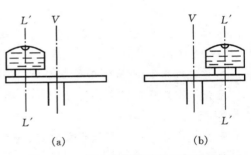

图 2-26　圆水准器轴平行于仪器竖轴

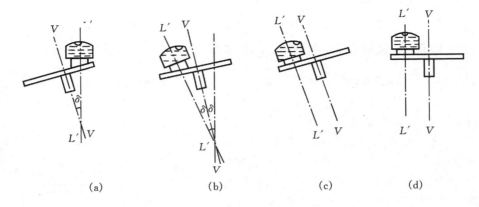

图 2-27　圆水准器轴的校正

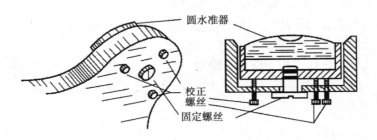

图 2-28　圆水准器的校正螺丝

2. 十字丝中丝（横丝）垂直于仪器竖轴的检验与校正

（1）检验

安置好水准仪，将十字丝中丝的一端瞄准一目标点 M，见图 2-29(a)、(c)。然后固定制动螺旋，转动微动螺旋使望远镜在水平方向缓慢移动，同时在望远镜内观察点目标对中丝的相对运动。目标点由中丝一端移动到另一端，如果未偏离中丝，见图 2-29(b)，表明仪器满足此几何关系。如果目标逐渐偏离中丝，见图 2-29(d)，则水准仪此关系不满足，需要校正。

（2）校正

欲使中丝垂直于竖轴，只需要转动十字丝板的位置，转动量是目标点偏离中丝的距离的二分之一。校正方法因十字丝板装置而异。如图2-29(e)所示的形式,先稍旋松分划板座固定螺丝,再旋转目镜座,使中丝垂直于竖轴,最后旋紧固定螺丝。有的水准仪,需要旋下目镜保护罩,用螺丝刀松开十字丝分划板座的固定螺丝,拨正十字丝分划板座。

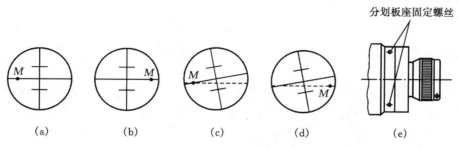

图2-29 十字丝的检验与校正

3. 视准轴平行于水准管轴的检验与校正

(1) 检验

如果视准轴与水准管轴在竖直面内的投影不平行,其夹角用i表示,通常称为i角误差。如图2-30(a)所示,当水准管轴水平时,受i角误差的影响,视准轴向上(或向下)倾斜,此时产生的读数误差为x。x与视线水平长度D成正比。由于i角较小,故

$$x = D \times \frac{i''}{\rho''}$$

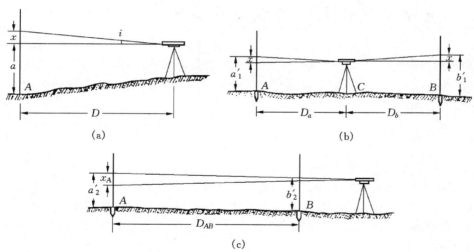

图2-30 视准轴平行于水准管轴的检验

①在较平坦的场地上选择相距约为80 m的A、B两点,在A、B两点放尺垫或打木桩,用皮尺量出AB的中点C,见图2-30(b)。

② 将水准仪安置在C点,测量出A、B两点的高差h_{AB}。由于前、后视距相等,因此i角对前、后视读数产生的误差x相等。因此测量出的高差h_{AB}不受i角误差影响,即$h'_{AB} = a'_1 - b'_1 = (a'_1 - x) - (b'_1 - x)$。为了提高高差$h_{AB}$的准确性,采用变动仪器高法或双面法,测量两次

A、B 两点的高差。当两次高差之差不大于 3 mm 时，取平均值作为 A、B 两点的正确高差 h_{AB}。

③ 将水准仪安置到距一点较近处，如图 2-30(c)所示，仪器与 B 点近尺的视距应稍大于仪器的最短视距。A、B 两尺子读数分别为 a_2'、b_2'，则 $h_{AB}' = a_2' - b_2'$。若 $h_{AB} = h_{AB}'$，则视准轴平行于水准管轴。否则存在 i 角误差，其值为

$$i = \frac{|h_{AB} - h_{AB}'|}{D_{AB}}\rho'' \tag{2-16}$$

按照测量规范要求，DS3 型水准仪 $i > 20''$ 时，必须校正。

(2) 校正

如图 2-30(c)所示，由于与近尺点视距很短，i 角误差对读数 b_2' 影响很小，可以忽略，b_2' 可视为视线水平时正确读数。而仪器距 A 点较远，i 角误差对远尺上读数的影响较大。校正时首先计算视线水平时远尺的正确读数 a_2，即 $a_2 = h_{AB} + b_2'$。然后保持望远镜不动，转动微倾螺旋，使仪器在远尺读数为 a_2。此时视准轴处于水平状态，而水准管气泡必然不居中，再用校正针拨动位于目镜端的水准管上、下两个校正螺丝（见图 2-31），使气泡的两个半影像闭合。校正时，先松开左、右两个螺丝，再松紧上、下螺丝。校正后，必须再进行高差检测，将测得的高差与正确高差比较。

上述每一项检验与校正都要反复进行，直至达到要求为止。

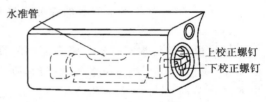

图 2-31　水准管的校正

2.8　水准测量的误差分析及注意事项

水准测量的误差主要来源于仪器结构的不完善（仪器误差）、观测者识别能力有限（观测误差）和外界条件的影响三个方面。观测时应根据误差产生的原因，采取相应的措施，以消除或减弱各种误差的影响。

▷ 2.8.1　仪器误差

1. 仪器校正后的残余误差

在水准测量前，水准仪虽然经过严格的检验与校正，但仍然会存在残余误差。这种误差大多是系统性的，可以在测量中采取一定的方法加以减弱或消除。例如，视准轴与水准管轴不平行的误差，该误差的影响与前、后视距差成正比，观测时使前、后视距相等，便可以消除或减弱此项误差的影响。

2. 水准尺的误差

水准尺的误差包括分划不准确、尺长变化和尺身弯曲等影响，会影响测量的精度。因此，水准尺要经过检验才能使用。此外，由于水准尺长期使用而使底端磨损，或由于水准尺在使用过程中粘上泥土，这些都相当于改变了水准尺的零点位置，称为水准尺的零点差。测量时，可在一测段中将两根水准尺作为后视尺和前视尺交替使用，并使每一测段的测站数为偶数，即可消除水准尺的零点差的影响。

▷ 2.8.2 观测误差

1. 水准管气泡居中误差

视线水平是以气泡居中为根据的。眼睛判断气泡的居中，也会存在误差。气泡居中的精度主要决定于水准管的分划值，一般认为水准管气泡居中的误差约为 0.15 倍的分划值，采用符合水准器观察气泡居中的精度大约是直接观察气泡居中精度的 2 倍。因此，它对读数产生的误差为

$$m_\tau = \pm \frac{0.15\tau''}{2\rho''} \times D \qquad (2-17)$$

式中：τ'' 为水准管分划值；$\rho'' = 206265''$；D 为视距。

因此，为了减小气泡居中误差的影响，应对视距加以限制，观测时应使气泡精确地居中。

2. 读数误差

水准尺上的毫米数都是估读的，估读误差与人眼的分辨能力、望远镜的放大倍数及视线长度有关，通常按下式计算

$$m_V = \frac{60''}{V} \cdot \frac{D}{\rho''} \qquad (2-18)$$

式中：$60''$ 为人眼的极限分辨能力；V 为望远镜的放大倍数；D 为视距。

为了减小读数误差，观测时也应对视距加以限制。

3. 视差影响

当存在视差时，十字丝平面与水准尺影像不重合，眼睛观察的位置不同，读数也不同，会产生读数误差。因此，在观测时应该仔细地进行调焦，严格消除视差。

4. 水准尺倾斜误差

如图 2-32 所示，水准尺倾斜将使尺上读数增大，其误差值为 $l(l-\cos\alpha)$，这种误差随着尺的倾斜角 α 和读数 l 的增大而增大。如水准尺倾斜 3°30′，在水准尺上 1 m 处读数时，就会产生 2 mm 的误差。因此在水准测量时，应保持水准尺竖直。如果尺上配有水准器，则应保持水准器气泡居中。

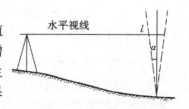

图 2-32　水准尺倾斜误差

▷ 2.8.3 外界条件的影响

1. 仪器下沉

当水准仪安置在松软的地面时，仪器会产生下沉，使视线降低，读数减小，从而引起高差误差。为减小此项误差，应将测站选定在坚实的地面上，并将脚架踏实。此外，每站采用"后、前、前、后"的观测顺序，尽量减少仪器转动的次数，尽可能缩短一个测站的观测时间，都可以减弱此项误差的影响。

2. 尺垫下沉

如果转点选在松软的地面，转移测站时，尺垫会出现下沉现象，使下一站后视读数增大，引起高差误差。因此，转点也应该选在土质坚实处，并将尺垫踩实。此外，采取往、返观测，取成果中数，可减小此项误差的影响。

3. 地球曲率及大气折光的影响

(1) 地球曲率引起的误差

如图 2-33 所示，大地水准面是一个曲面，而水准仪观测时是用一条水平视线来代替本应与大地水准面平行的曲线进行读数，因此会产生由地球曲率所导致的误差影响 C。由第 1 章 1.4 知

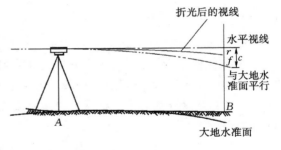

图 2-33　地球曲率及大气折光的影响

$$C = \frac{D^2}{2R} \qquad (2-19)$$

式中：D 为水准仪到水准尺的距离；R 为地球的平均半径 6371 km。

由于地球半径较大，可以认为当水准仪前、后视距相等时，用水平视线代替平行于水准面的曲线，前、后尺读数误差相等。

(2) 大气折光引起的误差

水平视线经过密度不同的空气层被折射后，一般情况下会形成向下弯曲的曲线，它与理论水平线的读数之差就是由大气折光引起的误差 r（见图 2-33）。曲线的曲率半径约为地球半径的 7 倍，故大气折光对水准尺读数产生的影响为

$$r = \frac{D^2}{2 \times 7R} = \frac{D^2}{14R} \qquad (2-20)$$

地球曲率和大气折光引起的误差之和为

$$f = C - r = 0.43 \frac{D^2}{R} \qquad (2-21)$$

由上式可知，如果使前、后视距相等，地球曲率和大气折光的影响 f 值则相等，因此，使前、后视距相等可消除或减弱地球曲率和大气折光的影响。

4. 大气温度和风力的影响

大气温度的变化会引起大气密度的变化，从而引起大气折光的变化。当烈日照射仪器时，会使仪器的各部件因温度的急剧变化而发生变形，从而影响仪器轴线间的几何关系，并且气泡会向着高温方向移动，从而产生气泡居中误差，影响视准轴水平。另外，大风会使水准仪难以置平，使水准尺竖直不稳。

➤ 2.8.4　注意事项

水准测量应按照测量规范要求进行，以减小误差和防止错误发生。另外，通过以上对水准测量误差的分析，在水准测量过程中还应注意以下事项。

① 水准仪和水准尺必须经过检验和校正才能使用。

② 水准仪应安置在坚固的地面上，高度适宜，并尽可能使前、后视距离相等；观测时手不要放在仪器或三脚架上。

③ 水准尺要立直，尺垫要踩实。

④ 读数前要消除视差并使水准气泡影像符合。读数要准确、快速，不可读错；读数后还要检查符合水准气泡影像是否符合。

⑤ 选择在较好的天气情况下进行观测。注意撑伞遮阳，仪器避免烈日暴晒，并且避免在大风天气观测。

思考与练习

1. 简述水准测量的原理。

2. 何为视准轴和水准管轴？圆水准器和管水准器的作用有什么不同？

3. 何为视差？产生视差的原因是什么？如何消除视差？

4. 自动安平水准仪有何特点？

5. 何为水准点？何为转点？在进行水准测量时，转点起什么作用？

6. 水准测量中有哪几种检核？各起什么作用？

7. 已知后视点 A 的高程为 66.456 m，其上水准尺的读数为 1.321 m，前视点 B 上水准尺读数为 1.678 m，问 A、B 两点间的高差 h_{AB} 是多少？B 点的高程是多少？并绘图说明。

8. 已知 A 点的高程为 12.345 m，由 A 至 B 进行水准测量，各测站前、后视读数均标注在图 2-34 中。试计算 B 点的高程。

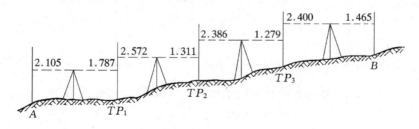

图 2-34

9. 根据表 2-6 中所列为四等水准测量记录，试完成计算与检核工作。

表 2-6

测站编号	点号	后尺 下丝 上丝	前尺 下丝 上丝	方向及尺号	水准尺读数/m		K+黑—红/mm	平均高差/m	备注
		后视距/m	前视距/m		黑面	红面			
		视距差/m	累积差/m						
1	BM_A | TP_1	1.914	2.055	后 105	1.726	6.513			
		1.539	1.678	前 106	1.866	6.554			
				后—前					

续表 2-6

测站编号	点号	后尺 下丝 / 上丝	前尺 下丝 / 上丝	方向及尺号	水准尺读数/m 黑面	水准尺读数/m 红面	K+黑 -红 /mm	平均高差 /m	备注
		后视距/m	前视距/m						
		视距差/m	累积差/m						
2	TP_1	1.965	2.141	后 106	1.832	6.519			
	|	1.700	1.874	前 105	2.007	6.793			
	TP_2			后—前					
3	TP_2	0.099	0.124	后 105	0.064	4.852			
	|	0.030	0.050	前 106	0.087	4.775			
	TP_3			后—前					$K_{105}=$ 4.787
4	TP_3	2.121	2.196	后 106	1.934	6.621			
	|	1.747	1.821	前 105	2.008	6.796			
	TP_4			后—前					$K_{106}=$ 4.687
5	TP_4	1.571	0.739	后 105	1.384	6.171			
	|	1.197	0.363	前 106	0.551	5.239			
	BM_B			后—前					
检核计算									

10. 如图 2-35 所示，为一普通水准测量闭合水准路线观测略图，已知 $H_{BM_A}=20.354$ m，试进行成果计算，求出 1、2、3、4 各点的高程。

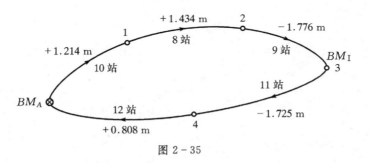

图 2-35

11. 水准仪应当满足的轴线关系有哪些？

12. 为检验水准仪的视准轴是否平行于水准管轴，安置仪器于距 A、B 两点等距处，测得 A、B 两点间的高差为 −0.311 m；仪器搬至前视点 B 点附近，测得 A 尺子读数 a＝1.215 m，B 尺子读数 b＝1.556 m，问：

(1) 视准轴是否平行于水准管轴？

(2) 如不平行，简述如何校正。

第3章　角度测量

学习要点

1. 水平角、竖直角测量原理
2. 测回法观测水平角
3. 竖直角观测
4. 经纬仪的检验与校正
5. 水平角测量的误差来源及注意事项

3.1　角度测量原理

角度是确定地面点位的基本要素之一,角度测量分为水平角测量和竖直角测量。水平角测量用于求算地面点的平面位置;竖直角测量用于测算高差或将地面倾斜距离改化成水平距离。

3.1.1　水平角测量原理

如图 3-1 所示,A、B、C 是地面上的任意三点,方向线 AB 和 AC 在水平面 P 上的投影分别为 ab 和 ac,ab 和 ac 的夹角 β 即为方向线 AB 和 AC 所夹的水平角。因此,空间两方向线所夹的水平角就是两方向线在水平面上的垂直投影线所夹的角度,或者说是过空间两方向线所作的两铅垂面的二面角,如图 3-1 中的 β,水平角的取值范围为 0°~360°。

为测出水平角 β,可以设想在过顶点 A(称为测站点)的铅垂线上水平安置一个带有刻度的圆盘(称为水平度盘),水平度盘圆心与测站点位于同一条铅垂线上。过 AB、AC 的铅垂面在水平度盘上截取的读数分别为 n 和 m,若水平度盘按顺时针注记,则所求水平角 β 为

$$\beta = m - n \tag{3-1}$$

用来测量角度的仪器是经纬仪,根据水平角测量原理,在经纬仪上设置一个带有均匀刻划的水平圆盘,圆盘刻划范围为 0°~360°,将水平度盘圆心与经纬仪的竖轴处于同一铅垂线上。观测水平角时,将仪器安置在水平角顶点的正上方,使水平度盘圆心处在过顶点的铅垂线上,通过装置在经纬仪上的望远镜瞄准目标,提供两条方向线。当望远镜高低变化时,其视准轴在

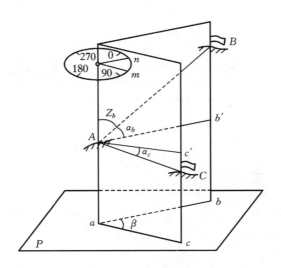

图 3-1　角度测量原理

同一铅垂面内变动,从而提供上述两条方向线在水平度盘上的垂直投影,通过经纬仪中的读数装置读取两投影线在水平度盘上的方向读数,两读数之差即为所测的水平角。

➤ 3.1.2　竖直角测量原理

竖直角是指在同一竖直面内,视线与水平线的夹角。如图 3-2 所示,竖直角有仰角和俯角之分,视线上倾,为仰角,取正号,如图 3-2 中的 α_1;视线下俯,为俯角,取负号,如图 3-2 中的 α_2。所以,竖直角的取值范围为 $0° \sim \pm 90°$。

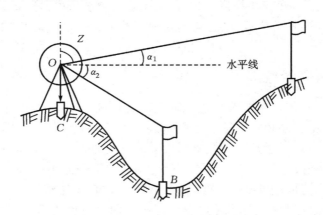

图 3-2　竖直角测量原理

在同一铅垂面内,视线方向线与天顶方向(铅垂线向上方向)之间的夹角,称为天顶距,一般用 Z 表示。如图 3-2 所示,天顶距是从天顶方向开始测量的,其取值范围为 $0° \sim 180°$,所以天顶距没有负值。

如图 3-2 所示,同一竖直面视线的竖直角 α 和天顶距 Z 之间的关系为

$$Z = 90° - \alpha \qquad (3-2)$$

如图 3-2 所示,欲确定竖直角 α_1 和 α_2 的大小,用一带有刻度的竖直度盘,放置在过目标方向线的竖直面内,方向线和水平视线在竖直度盘上截取读数,从而计算出竖直角。

3.2 光学经纬仪

经纬仪种类很多,一般分为游标经纬仪、光学经纬仪和电子经纬仪等。目前,游标经纬仪已不再使用,工程中常用的经纬仪有光学经纬仪和电子经纬仪。

我国对经纬仪系列按精度标准编制有 DJ07、DJ1、DJ2、DJ6、DJ15 和 DJ60 等级别。其中"D、J"分别表示"大地测量"和"经纬仪"汉语拼音的首字母,数字表示该仪器的标称测角精度,如 DJ2、DJ6 分别表示水平方向观测一测回的方向中误差不超过 ±2″ 和 ±6″。

➤ 3.2.1 DJ6 光学经纬仪

1. DJ6 光学经纬仪的构造

根据水平角和竖直角测量原理,DJ6 光学经纬仪主要由照准部、水平度盘和基座三部分组成,如图 3-3 和图 3-4 所示。

(1) 照准部

照准部主要包括望远镜、横轴、竖直度盘、水准器、光学对中器、读数装置、竖轴和制动与微调螺旋等部分组成。照准部可以绕竖轴在水平方向转动,并且由水平制、微动螺旋控制,用于在水平方向上精确瞄准目标。望远镜可以绕横轴在竖直面内旋转,由望远镜制、微动螺旋控制,用于在垂直方向上精确瞄准目标。

竖直度盘用来测量竖直角,它随望远镜在竖直面内一起转动。竖直度盘指标水准管可通过其上的微倾螺旋调节使其气泡居中,使竖盘指标处于正确位置,以精确测量竖直角。

照准部水准管用于整平仪器,从而使经纬仪的竖轴处于竖直和水平度盘水平。

光学对中器,用于仪器对中。当仪器精确水平时,若从光学对中器目镜中看到地面点位于对中器的小圆圈中心,说明仪器中心(竖轴)与测站点处在同一铅垂线上。

(2) 水平度盘

水平度盘是用光学玻璃制成的圆盘,用来测量水平角。间隔 1°(有的仪器间隔 30′)刻有分划线,顺时针方向从 0°~359° 进行注记。水

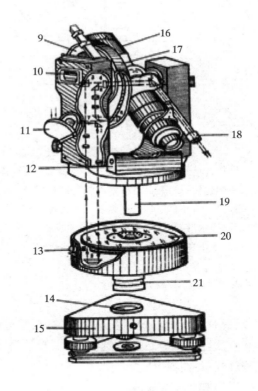

图 3-3　DJ6 型光学经纬仪的结构

1~8—光路;9—竖直度盘;10—竖盘指标水准管;

11—反光镜;12—照准部水准管;

13—度盘变换手轮;14—轴套;15—基座;

16—望远镜;17—竖直度盘;18—读数显微镜;

19—竖轴内轴;20—水平度盘;

21—竖轴外轴

平度盘圆心与经纬仪中心(竖轴)重合。在测量水平角时,水平度盘不随照准部转动。

经纬仪上通常设有复测系统,常用的有拨盘手轮和复测扳手两种。拨动拨盘手轮,可以在照准部不动的情况下,拨动水平度盘,将某一方向设置成一固定的水平度盘读数。采用复测扳手的经纬仪,当复测扳手扳上时,水平度盘与照准部分离,照准部转动而水平度盘不动;当复测扳手扳下时,水平度盘与照准部结合在一起,水平度盘随照准部同步转动,水平度盘读数始终不变。

（3）基座

基座是用来支撑整个仪器,并借助中心螺旋使经纬仪与三脚架结合。基座上有三个脚螺旋和一个圆水准器,用来粗略整平仪器。经纬仪照准部通过竖轴内轴与基座连接,当轴座固定螺丝旋紧时,照准部被固定在基座上,同时可绕竖轴转动。

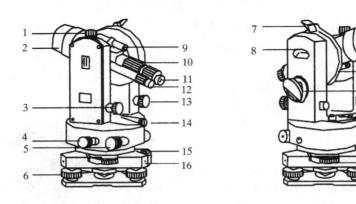

图 3-4   DJ6 光学经纬仪

1—望远镜制动螺旋;2—望远镜物镜;3—望远镜微动螺旋;4—水平制动螺旋;5—水平微动螺旋;
6—脚螺旋;7—竖盘指标水准管气泡观察镜;8—竖盘指标水准管;9—瞄准器;10—物镜调焦螺旋;
11—望远镜目镜;12—度盘读数显微镜;13—竖盘指标水准管微动螺旋;14—光学对中器;
15—圆水准器;16—基座;17—竖直度盘;18—度盘照明镜;19—照准部水准管;
20—水平度盘位置变换轮;21—基座底板

2. DJ6 光学经纬仪的读数方法

光学经纬仪的读数设备包括度盘、光路系统和测微器。其中水平度盘和竖直度盘上有刻度线,通过一系列的棱镜和透镜成像,在望远镜旁边的读数显微镜内可同时显示水平度盘读数和竖直度盘读数。目前,国产 DJ6 型光学经纬仪读数方法大都采用测微尺读数法和单平板玻璃测微器读数法。

（1）测微尺读数法

测微尺读数装置的结构简单,读数方便,具有一定的读数精度,广泛应用于 DJ6 型光学经纬仪。这类仪器的度盘分划度为 1°,按顺时针方向注记。其读数设备是由一系列光学零件组成的光学系统。

该仪器读数的主要设备为读数窗上的测微尺,它是一个具有 60 个分格的刻划尺,水平度盘与竖直度盘上 1°的分划间隔,成像后与测微尺的全长相等,则测微尺每格值为 1′,最后读数可估读到 0.1′,即 6″。因此,测微尺读数装置的读数误差为测微尺上一格的 1/10,即 0.1′或

6″。读数时,以测微尺上的零线为指标,度数由落在测微尺上的度盘分划的注记读出,小于1′的数值,在测微尺上读出,即测微尺零线至该度盘刻度线间的角值。

如图 3-5 所示,水平度盘和竖直度盘以 1°分划间距,读数窗影像上面的窗格中"H"代表其下面的刻度是水平度盘及其测微尺的影像;下面的窗格里"V"代表其上面的刻度是竖直度盘及其测微尺的影像。测微尺共分成 60 等分,每格为 1′,可以估读到 0.1′,即 6″,所以读数的秒数位上一般都是 6 的倍数。由此可知上图读数:水平角为 213°00′00″,竖直角为 66°17′12″。

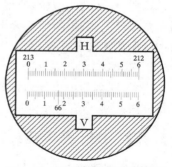

图 3-5 测微尺测微器读数窗

(2)单平板玻璃测微器读数法

单平板玻璃测微器主要由平板玻璃、测微尺、连接机构和测微盘组成。转动测微轮时,使平行玻璃板倾斜和测微尺移动,借助其对光线的折射作用,使度盘影像相对于指标线产生移动,所移角值的大小反映在测微尺上。如图 3-6(a)所示,当平板玻璃底面垂直于度盘影像入射方向时,测微尺上单指标线在 15′处。度盘上的双指标线在 106°+a 的位置,度盘读数应为 106°+a+15′。转动测微轮,带动平板玻璃倾斜,度盘影像产生平移,当度盘影像平移量为 a 时,则 106°分划线恰好被夹在双指标线中间,如图 3-6(b)所示。由于测微尺和平板玻璃同步转动,a 的大小反映在测微尺上,测微尺上单指标线所指读数即为 15′+a。

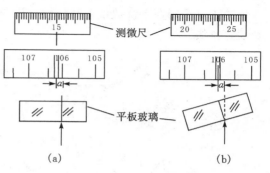

图 3-6 单平板玻璃测微器读数原理

测微尺和平板玻璃同步转动,单平板玻璃测微器读数窗可以形成如图 3-7 所示的影像。下面的窗格为水平度盘影像;中间的窗格为竖直度盘影像;上面较小的窗格为测微尺影像。

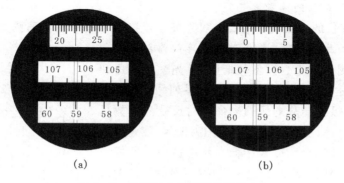

(a)   (b)

图 3-7 单平板玻璃测微器读数窗

测微尺的全长等于度盘的最小分划。度盘分划值为 30′,测微尺的量程也为 30′,将其分为 90 格,即测微尺最小分划值为 20″,当度盘分划影像移动一个分划值(30′)时,测微尺也正好转动 30′。

读数时,转动测微轮,使度盘某一分划线夹在双指标线中央,先读出该度盘分划线的读数,再在测微尺上,依据指标线读出不足一格分划值的余数,两者相加即为读数结果。如图 3-7 (a)中,水平度盘读数为 $59°+22'10''=59°22'10''$;图 3-7(b)中,竖盘读数为 $106°30'+1'05''=106°31'05''$。

注意:度盘的最小分划为 $30'$,测微器最小分划值为 $20''$,一般能估读到四分之一格,最后读数可估读到 $5''$。

▶ 3.2.2　DJ2 光学经纬仪

DJ2 级光学经纬仪与 DJ6 级构造基本相同,如图 3-8 所示。由于 DJ2 光学经纬仪望远镜的放大倍数较大,照准部水准管的灵敏度较高,度盘格值较小,较 DJ6 级经纬仪在测量上更精确一些;常用于三、四等三角测量、精密导线测量以及精密工程测量。DJ2 级与 DJ6 级光学经纬仪的主要区别在于读数设备和读数方法,故本小节重点介绍 DJ2 级光学经纬仪的读数设备和读数方法。

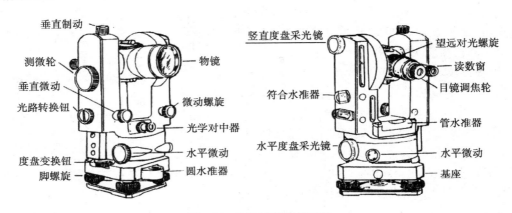

图 3-8　DJ2 型光学经纬仪

1. DJ2 光学经纬仪的读数装置

DJ2 光学经纬仪的读数装置主要由双光楔光学测微器和双板玻璃测微器两种,读数方法都是符合读数法。此处主要介绍双光楔光学测微器。

双光楔光学测微器读数设备包括度盘、光学测微器和读数显微镜三部分。这种读数装置通过一系列的光学部件的作用,将度盘直径两端分划线的影像同时反映到读数显微镜内。其中正字注记为正像,倒字注记为倒像,度盘分划值为 $20'$,如图 3-9 所示。度盘影像左侧小窗中间的横线为测微尺影像,其中间的横线为测微尺读数指标线,测微尺左侧注记数字单位为分,右侧注记数字为整 $10''$,最小为 $1''$。与 DJ6 级经纬仪不同的是,DJ2 在读数显微镜中不能同时看到水平度盘和垂直度盘的影像,也不共用同一个显示窗,要用换像手轮和各自的反光镜进行度盘影像的转换。

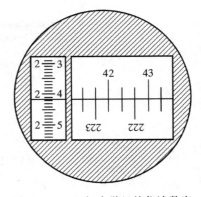

图 3-9　DJ2 级光学经纬仪读数窗

2．DJ2 光学经纬仪的读数方法

如图 3－9 所示的读数窗，具体读数方法如下。

① 转动测微手轮，使度盘对径影像相对移动，直至正、倒像分划线精密重合。

② 按正像在左、倒像在右且相距最近的一对注有度数的对径分划进行，正像分划所注度数 42°即为要读的度数。

③ 正像 42°分划线与倒像 222°分划线之间的格数再乘以 10′，就是整十分的数值，即 20′。

④ 在旁边小窗口中读出小于 10′的分、秒数。左侧数字为 2，即 2′；右侧数字 4，为秒的十位数，即 40″，加上秒的个位和不足 1 秒估读数，为 41.8″。

将以上数值相加就可以得到整个读数 42°22′41.8″。

3.3　电子经纬仪

▷3.3.1　概述

随着电子技术的发展，传统的光学度盘已不能适应测角自动化的需要，电子经纬仪应运而生。它也采用度盘测角，但不是在度盘上进行角度单位的刻线，而是从度盘上取得电信号，再转换成数字，并可将结果储存在微处理器内，根据需要进行显示和换算以实现记录的自动化。

电子经纬仪与光学经纬仪的根本区别在于它用微机控制的电子测角系统代替光学读数系统。其主要特点有以下几点。

① 使用电子测角系统，能将测量结果自动显示出来，实现了读数的自动化和数字化。

② 可直接和光电测距仪组合成全站型电子速测仪，配合适当的接口，将电子手簿记录的数据输入计算机，以进行数据处理和绘图。

③ 操作简单，数据可以直接显示在电子经纬仪的显示器上。

④ 望远镜十字丝和显示屏上配有照明光源，可在黑暗环境中操作使用。

⑤ 方便、快捷、精确，但价格较高。

自 1968 年面世以来，电子经纬仪发展很快，现在已有众多不同的设计原理和型号，精度已达 0.5″以内。

▷3.3.2　基本构造

电子经纬仪种类型号繁多，构造基本相同，主要有基座和照准部两部分组成。如图 3－10 所示为 ET－02 电子经纬仪。

1．基座

电子经纬仪的基座与光学经纬仪一样，都是用来支承整个仪器，并借助中心螺旋使经纬仪与脚架结合的，基座上的三个脚螺旋，用于平整仪器。竖轴轴套与基座固连在一起。基座通过轴座连接螺旋和照准部连接在一起。

2．照准部

照准部旋转轴插在竖轴轴套内旋转，其几何中心线为竖轴。

图 3－10　ET－02 电子经纬仪

照准部上部有支架、望远镜、横轴、水平制动、水平微动螺旋、望远镜制动螺旋、望远镜微动螺旋、竖直度盘等。

水平制动、水平微动螺旋可以控制照准部在水平方向转动；纵向转动由望远镜制动、望远镜微动螺旋控制；照准部上有管状水准器，用以整平仪器。

3.3.3 测角系统

电子经纬仪光电测角系统大致可分为三种。

1. 编码度盘测角系统

电子经纬仪采用的是自动化数字电子测角，这就需要具备角-码光电转换系统，这套系统包括电子扫描度盘和相应的电子测微读数系统。

编码度盘如图 3-11 所示，它是在光学圆盘上刻制多道同心圆环，每一个同心圆环称为一个码道，图 3-11 是一个有 4 个码道的纯二进制编码度盘，分别以 2^0、2^1、2^2、2^3 表示，度盘按码道数 n 等分为 $2n$ 个码区，从 0～15 共 16 个码区。图 3-11 中，黑色部分为透光区，白色为不透光区，透光表示二进制代码"1"，不透光表示"0"。这样通过编码度盘各区间的 4 个码道的透光和不透光，即可由里向外读出 4 位二进制数来。

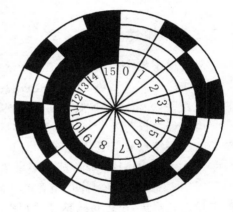

这种测角系统常被称为绝对测角系统，因为度盘上的每一个位置均可读出一个绝对的数值。利用这种系统测量角度，识别照准方向是关键。

图 3-11 编码度盘

2. 光栅度盘测角系统

光栅测角系统是采用光栅度盘及莫尔干涉条纹技术的增量式读数系统。测角原理如图 3-12 所示。

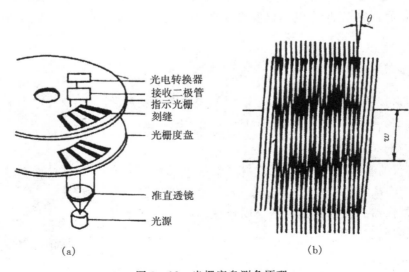

光电转换器
接收二极管
指示光栅
刻缝
光栅度盘

准直透镜
光源

(a)   (b)

图 3-12 光栅度盘测角原理

在图 3-12(a)中,在玻璃圆盘的径向,均匀地按一定的密度刻划有交替的透明与不透明的辐射状条纹,条纹与间隙的宽度均为 a,这就构成了光栅度盘。

在图 3-12(b)中,如果将两块密度相同的光栅重叠,并使他们的刻线相互倾斜一个很小的角度 θ,就会出现明暗相间的条纹,这种条纹就称为莫尔条纹。其特性是:两光栅的倾角 θ 越小,相邻明、暗条纹间的间距 ω(简称纹距)就越大,其关系式为

$$\bar{\omega} = \frac{d}{\theta}\rho'$$ （3-3）

式中:θ 的单位为分;$\rho' = 3438'$。

3. 动态测角系统

动态测角系统主要是采用计时测角度盘及光电动态扫描绝对式测角系统。如图 3-13 所示,度盘刻有 1024 个分划,每个分划间隔包括一条刻线(不透光)和一个空隙(透光),其分划值为 ϕ_0。测角时度盘以一定的速度旋转,故称为动态测角。度盘上装有两个指示光栏,L_S 为固定光栏,L_R 可随照准部转动,为可动光栏。两光栏分别装在度盘的内外边缘。测角时,可动光栏 L_R 随着照准部旋转,L_S 和 L_R 之间构成角度 ϕ。度盘在电动机带动下以一定的速度旋转,其分别被光栏上 L_S 和 L_R 扫描而计取两个光栏之间的分划数,从而求得角值。

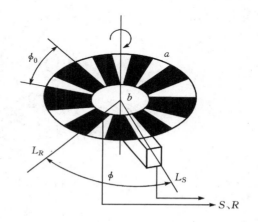

图 3-13 动态测角原理

3.4 测回法观测水平角

水平角观测的主要工作内容有经纬仪的安置、照准目标、配置度盘、读数、记录和检校成果等。

▷ 3.4.1 经纬仪的使用

1. 经纬仪的安置

在测站上安置经纬仪包括对中和整平两项工作。对中目的就是使经纬仪的竖轴几何中心(水平度盘圆心)与测站点位于同一条铅垂线上。经纬仪的对中可以通过垂球或光学对中器两种方式进行。整平就是使经纬仪的水平度盘处于水平位置,竖轴处于铅直位置。

（1）使用垂球对中的经纬仪安置方法

① 调整好三脚架腿的长度,张开三脚架,将三脚架放在测站点上,目估架头水平,并使三脚架高度适宜观测。将垂球挂在中心连接螺旋的挂钩上,调整垂球线长度使垂球尖略高于测站点。

② 粗对中与粗略整平:移动三脚架,使垂球尖基本对准测点标志,将三脚架的脚尖踩入土中,目估架头水平。

③ 精对中:从箱中取出经纬仪,用中心连接螺旋将经纬仪连接在架头上,暂不旋紧,双手

扶住仪器基座,在架头上移动仪器,使垂球尖精确对准站点后,再旋紧中心连接螺旋。

垂球对中的误差应小于 3 mm,当观测目标较近时,对中误差更应小些,由于垂球难以稳定,可根据垂球摆动中心来度量,如果偏离量过大,而且仪器在架头上平移仍无法达到限差要求时,应按上述方法重新整置三脚架,直到符合要求为止。

④ 精确整平:旋转照准部,使照准部水准管与任意两个脚螺旋的连线平行,用两手同时相对或相反方向旋转这两个脚螺旋,使气泡居中,如图 3-14(a)所示。然后将仪器旋转 90°,使水准管与前两个脚螺旋的连线垂直,旋转第三个脚螺旋,使气泡居中,如图 3-14(b)所示。如此反复进行数次即可达到精确整平的目的,即水准管转到任何方向时,气泡均居中,或偏离不超过一格。

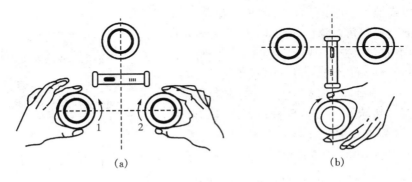

(a)　　　　　　　　　　　　(b)

图 3-14　经纬仪整平

(2) 使用光学对中器对中的经纬仪安置方法

① 调整好三脚架架腿的长度,张开三脚架,将三脚架放在测站点的正上方,目估架头水平,并使三脚架高度适宜观测。将经纬仪固定在三脚架上,通过对中器目镜观察,调整对中器目镜焦距,使对中分划标记清晰。

② 踩实一条架腿,移动另外两条架腿,通过对中器目镜来寻找并对中地面测站点标志,放下两架腿并踩实;调节对中器目镜,使地面测站点标志中心清晰。

③ 调整脚螺旋,通过光学对中器观察地面标志,直到对中器中心与地面标志中心重合。

④ 粗略整平:稍松架腿上的螺丝,慢慢伸长或缩短架腿,使基座上的圆水准器气泡居中,然后将架腿上的螺丝旋紧。操作时,有时可能需要伸缩两个或是三个架腿,才能使气泡居中。

⑤ 精平:放松照准部水平制动螺旋,使照准部水准管与任意两个脚螺旋的连线平行,如图 3-14(a)所示,两手相对旋转这两个脚螺旋使水准管气泡居中。然后将照准部旋转 90°,转动第三个脚螺旋再一次使水准管气泡居中,如图 3-14(b)所示。

⑥ 如此反复几次,直至仪器处于任何位置水准气泡都居中为止。一般要求水准管气泡偏离中心的误差不超过一格。

⑦ 修正对中:第⑤步中伸缩架腿和第⑥步中调节脚螺旋均会对对中产生一定程度的影响。此时观察测站点标志是否偏离光学对中器的中心,如果偏离,可稍松中心连接螺旋,平行移动仪器使光学对中器中心与测站标志完全重合。精平和仪器平移的步骤是相互影响的,一般要反复几次,直到仪器精确对中和整平为止。

采用光学对中器对中的精度比垂球对中精度高,特别是在有风的情况下,垂球对中的误差会较大,此时更应采用光学对中法安置仪器。

2. 照准目标

测角用的观测标志一般有标杆、测钎和觇牌等,如图 3-15 所示。标杆多用于稍远的目标,竖立标杆时,要将标杆下面的尖至于地面中心标志上,上面要竖直。测钎多用于较近的目标。使用觇牌作为观测标志时,需要将觇牌固定在基座上,通过三脚架和基座将觇牌安置在目标点上,安置方法同经纬仪安置方法相同。

望远镜照准目标的操作方法如下。

（1）目镜对光

松开望远镜制动螺旋和水平制动螺旋,将望远镜对向明亮的背景(注意不要对向太阳),调节目镜调焦,使十字丝清晰。

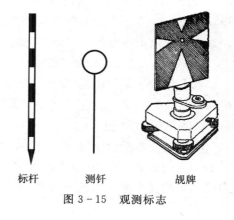

标杆　　测钎　　觇牌

图 3-15　观测标志

（2）粗瞄目标

使用望远镜上的瞄准器粗瞄目标,使目标成像在望远镜视场中靠近于中央部位,旋紧制动螺旋,转动物镜调焦螺旋使目标清晰并注意消除视差。

（3）精确瞄准

旋转水平微动螺旋和望远镜微动螺旋,精确瞄准目标。瞄准目标时,应尽量瞄准目标底部,可使用十字丝单线与目标中间相切,如图 3-16(a)所示。也可用十字丝双丝夹住目标,如图 3-16(b)所示,同时注意消除视差影响。

3.4.2　测回法观测水平角

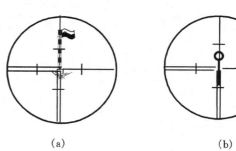

(a)　　　　　　(b)

图 3-16　经纬仪瞄准目标

水平角的测量方法有很多,根据测量工作要求的精度、使用的仪器和观测目标的多少不同,采用的观测方法也不同,常用的方法有:测回法和全圆方向法。测回法用于观测两个方向之间的单角,在工程测量比较常用。本书仅介绍测回法观测水平角。

如图 3-17 所示,欲观测 OA 方向和 OB 方向所夹的水平角 β,先在 O 点安置好经纬仪,在 A、B 点上竖立观测标志,具体观测步骤如下。

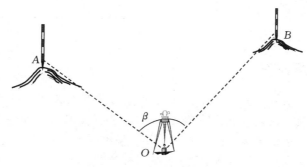

图 3-17　测回法观测水平角

（1）盘左位置（竖盘在望远镜左侧，也称正镜）

先瞄准左（面对要测的角）目标 A，读取水平度盘读数 a_1，如 $0°00'24''$，记入测回法测角记录表中，见表 3-1。然后顺时针转动照准部，照准右目标 B，读取水平度盘读数 b_1，如 $70°46'30''$，记入记录表中。以上称为上半测回，其测得水平角为：$\beta_L = b_1 - a_1 = 70°46'06''$。

（2）盘右位置（竖盘在望远镜右侧，也称倒镜）

松开望远镜制动螺旋，纵转望远镜成盘右位置。先照准右目标 B，读取水平度盘读数为 b_2，如 $250°46'32''$ 并记入记录表中。再逆时针转动照准部照准左目标 A，读取水平度盘读数为 a_2，如 $180°00'30''$ 并记入记录表中，则得下半测回角值为：$\beta_R = b_2 - a_2 = 70°46'02''$。

上述两个步骤所测得 β_L、β_R 为半测回角值，两个半测回合起来称为一个测回。如果两个半测回测的角值互差（称半测回差）在相应细则、规范所规定的容许范围内，则可取两个半测回角值的平均值作为一个观测结果，即

$$\beta = \frac{1}{2}(\beta_L + \beta_R) = 70°46'04''$$

若是半测回差超出了规范容许的范围，则需要重测。

表 3-1　测回法测角记录表

测站	盘位	目标	水平度盘读数 （° ′ ″）	水平角		备　注
				半测回角	一个测回角	
O	左	A	$0°00'24''$	$70°46'06''$	$70°46'04''$	O $\angle$ $70°46'04''$ A B
		B	$70°46'30''$			
	右	A	$180°00'30''$	$70°46'02''$		
		B	$250°46'32''$			

在实际的测量工作中，为提高测角精度，通常需要复测几个测回。为了减少水平度盘分划不均匀误差的影响，需要在测回之间变换水平度盘的位置，即根据欲观测的测回数 n，按将 $180°/n$ 配置每测回盘左瞄准起始目标的水平度盘读数。例如，欲观测三个测回时，第一测回起始方向的水平度盘读数配置为略大于 $0°$（只需准确至"度"）；第二测回起始方向的水平度盘读数配置为略大于 $180°/3 = 60°$；第三测回起始方向的水平度盘读数配置为略大于 $120°$。

3.5　竖直角观测

▷ 3.5.1　竖直度盘系统

经纬仪竖盘系统包括竖直度盘、竖盘指标水准管和竖盘指标水准管调节螺旋，如图 3-18 所示。竖直度盘垂直固定在望远镜旋转轴的一端，随望远镜的转动而转动。在竖盘中心的铅垂方向装有光学读数指示线装置，为了判断读数前竖盘指标线位置是否正确，在竖盘指标线（一个棱镜或棱镜组）上设置一水准管，用来控制指标位置。当竖盘指标水准管气泡居中时，竖盘指标就处于正确位置（一般处于铅垂位置）。对于 DJ6 级光学经纬仪，竖盘与指标线及指标

水准管之间应满足下列关系:当视准轴水平,指标水准管气泡居中时,指标所指的竖盘读数为一固定值,称为始读数。始读数通常为90°的整倍数(即0°、90°、180°和270°中之一),当望远镜转动时,竖直读盘随之转动,不动的指标线在竖直度盘上的读数也发生变化,因而可读得望远镜不同位置的竖盘读数,以计算竖直角。

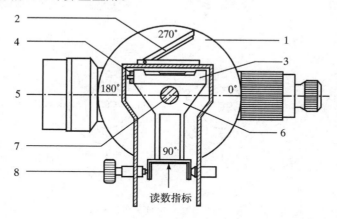

图3-18 DJ6光学经纬仪的竖盘结构

1—竖直读盘;2—指标水准管气泡观察镜;3—指标水准管;4—指标水准管
校正螺丝;5—望远镜;6—支架;7—横轴;8—指标水准管微动螺旋

竖直度盘的刻划与水平度盘基本相同,但其注记按仪器构造的不同,分为顺时针和逆时针两种形式。

▶ 3.5.2 竖直角计算公式

根据竖直角测量原理,所测定的竖直角值应是视线方向的竖直度盘读数与始读数之差。但是,仪器型号不同,始读数也不尽相同,且竖直度盘的注记形式也不同,因此在进行竖直角计算时应加以判断。

1. 确定始读数

如图3-19所示,盘左位置,将望远镜大致放平,观察竖直度盘读数,看此时竖盘读数与0°、90°、180°和270°哪一个最接近,则该仪器盘左位置的始读数即为哪个。判断盘右位置始读数与盘左位置方法相同。如图3-20所示,盘左位置始读数为90°,盘右位置为270°。

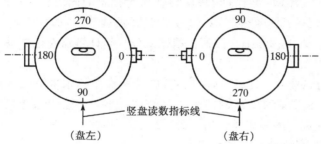

图3-19 始读数确定

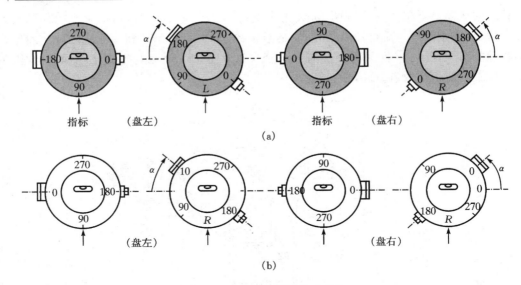

图 3-20 竖直角计算公式确定

2. 竖直角计算公式的确定

盘左位置抬高望远镜，使视线竖直角为仰角（角值为正），看竖盘读数 L 比盘左始读数 $90°$ 增大，还是减小。如果竖盘读数 L 减小，则盘右时竖盘读数 R，一定比盘右始读数 $270°$ 增大，如图 3-20(a)所示。使用该仪器观测，竖直角的计算公式为

盘左 $\qquad\qquad\qquad\qquad \alpha_左 = 90° - L \qquad\qquad\qquad\qquad (3-4)$

盘右 $\qquad\qquad\qquad\qquad \alpha_右 = R - 270° \qquad\qquad\qquad\qquad (3-5)$

如图 3-20(b)所示，盘左位置抬高望远镜，使视线竖直角为仰角，竖盘读数 L 比盘左始读数 $90°$ 增大，盘右时竖盘读数 R 比盘右始读数 $270°$ 减小，其竖直角计算公式为

盘左 $\qquad\qquad\qquad\qquad \alpha_左 = L - 90° \qquad\qquad\qquad\qquad (3-6)$

盘右 $\qquad\qquad\qquad\qquad \alpha_右 = 270° - R \qquad\qquad\qquad\qquad (3-7)$

▷ 3.5.3 竖直角的观测

（1）安置经纬仪于测站点 O 上，如图 3-21 所示。根据竖盘形式，确定竖直角计算公式。如所使用经纬仪竖盘为图 3-19 所示形式，竖直角则使用式（3-4）和式（3-5）计算。

（2）盘左瞄准目标点 M，使十字丝中丝精确切于标志的固定位置（如顶部）。旋转竖盘指标水准管微动螺旋，使指标水准管气泡居中，读取竖盘读数 L，如 $59°29'48''$，记入竖直角观测记录表（见表 3-2）。以上称为上半测回。根据式（3-4）计算盘左位置观测的竖直角角值，$\alpha_左 = 90° - L = 30°30'12''$。

（3）盘右位置仍瞄准 M 点原目标原位置，旋转竖盘指标水准管微动螺旋，使指标水准管气泡居中，读取竖盘读数值 R，如 $300°29'48''$，记入记录表中。以上称为下半测回。根据式（3-5）计算盘左位置观测的竖直角角值，$\alpha_右 = R - 270° = 30°29'48''$。

（4）取盘左、盘右观测角值的平均值

$$\alpha = \frac{\alpha_左 + \alpha_右}{2} \qquad\qquad\qquad\qquad (3-8)$$

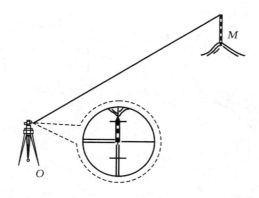

图 3 - 21　竖直角观测

上、下半测回合称为一测回。一测回观测竖直角为 30°30′00″,填入表中。

表 3 - 2　竖直角观测记录表

测站	目标	盘位	竖盘读数	半测回竖直角	指标差	一测回竖直角	备　注
O	M	左	59°29′48″	+30°30′12″	−12″	+30°30′00″	270　盘左
		右	300°29′48″	+30°29′48″			180　0
A	N	左	93°18′40″	−3°18′40″	−13″	−3°18′53″	90
		右	266°40′54″	−3°19′06″			

▷ 3.5.4 竖直度盘指标差

上述竖直角的计算公式是在竖盘指标线处于正确位置时导出的。即当视线水平,竖盘指标水准管气泡居中时,竖盘指标所指读数应为 90°的整倍数。但在实际测量中,当竖盘指标水准管气泡居中时,竖盘指标线往往与正确初始位置相差一个小角度 x,x 称为竖盘指标差,如图3-22所示。当存在竖盘指标差 x 时,盘左、盘右的始读数则分别为 90°+x 和 270°+x。

当存在竖盘指标差时,以盘左位置瞄准目标,转动竖盘指标水准管微动螺旋使水准管气泡居中,测得竖盘读数为 L,正确的竖直角为

$$\alpha = (90° + x) - L = \alpha_左 + x \qquad (3-9)$$

以盘右位置按同法测得竖盘读数为 R,正确的竖直角为

$$\alpha = R - (270° + x) = \alpha_右 - x \qquad (3-10)$$

根据式(3-8),将式(3-9)式(3-10)相加并除以 2,得一测回的竖直角

$$\alpha = \frac{\alpha_左 + \alpha_右}{2} \qquad (3-11)$$

由此可知,在测量竖直角时,用盘左、盘右观测取其平均值作为最后结果,可以消除竖盘指标差的影响。

若将式(3-9)减去式(3-10),可得指标差为

$$x = \frac{\alpha_左 - \alpha_右}{2} = \frac{R + L - 360°}{2} \qquad (3-12)$$

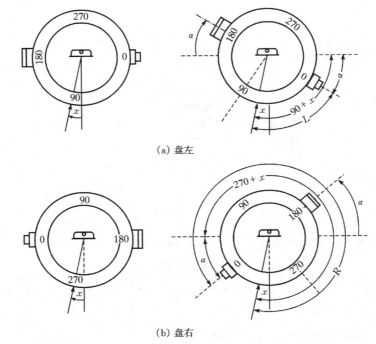

（a）盘左

（b）盘右

图 3 - 22 竖盘指标差

竖直角观测质量，一般是用指标差的变动范围来衡量的。同一测站上观测不同目标时，指标差的变动范围，对于 J6 级经纬仪来说不得超过 $\pm 25''$，如表 3 - 2 中，两测回观测指标差变动为 $1''$。此外，当观测精度要求不高或不便纵转望远镜时，可先测定出 x 值，仅作正镜观测，求出 $\alpha_左$，按式（3 - 9）计算竖直角。

➤ 3.5.5 竖盘指标自动归零补偿装置

观测竖直角时，为使指标处于正确位置，每次读数都要调节竖盘指标水准管气泡居中，影响观测效率。所以，目前有些经纬仪在竖盘光路中安装了自动归零补偿装置。所谓自动归零补偿装置，即当经纬仪有微量的倾斜时，这种装置会自动地调整光路，使读数为水准管气泡居中时的数值，正常情况下，这时的指标差为零。竖盘指标自动归零补偿装置的基本原理与自动安平水准仪的补偿装置原理相同，目前较先进的结构是长摆补偿器，它具有较好的防高频振动的能力，用空气阻尼器作为减振设备。这种归零补偿装置的经纬仪能在仪器整平后照准目标即可读数，简化了操作程序。竖盘指标自动归零的补偿范围一般为 $2'$。

3.6 光学经纬仪的检验与校正

➤ 3.6.1 经纬仪轴线应满足的几何关系

1. 经纬仪轴线

经纬仪有以下几条主要轴线。

① 照准部水准管轴(LL):通过照准部水准管零点的内壁纵向圆弧的切线。

② 竖轴(VV):经纬仪在水平面内的旋转轴。

③ 视准轴(CC):望远镜十字丝交点与物镜光心的连线。

④ 横轴(HH):望远镜的旋转轴(又称水平轴),如图 3 - 23 所示。

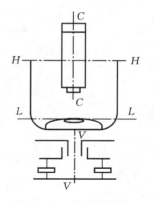

图 3 - 23 经纬仪轴线

2. 经纬仪轴线应满足的几何关系

在利用经纬仪进行角度测量时,根据角度测量原理,为了保证测角的精度,经纬仪主要部件及轴系应满足以下几个条件。

① 照准部水准管轴应垂直于仪器竖轴($LL \perp VV$)。

② 十字丝竖丝应垂直于横轴($| \perp HH$)。

③ 视准轴应垂直于横轴($CC \perp HH$)。

④ 横轴应垂直于仪器竖轴($HH \perp VV$)。

⑤ 竖盘指标差应为规定的限差范围内。

⑥ 光学对中器的视准轴应与仪器竖轴(VV)重合。

由于仪器经过长期外业使用或长途运输及外界影响等,会使各轴线的几何关系发生变化,因此在使用前必须对仪器进行检验和校正。

3.6.2 照准部水准管的检验与校正

1. 目的

经纬仪照准部水准管轴不垂直于仪器竖轴,当照准部水准管气泡居中时,即照准部水准管轴水平,仪器竖轴不处于铅垂方向,而偏离一个 δ 角度,称为竖轴误差。对照准部水准管进行检验与校正,目的是使照准部水准管轴垂直于仪器竖轴,消除竖轴误差。使照准部水准管气泡居中时,水平度盘水平、竖轴铅垂,保证测角的准确性。

2. 检验方法

将仪器安置好后,使照准部水准管平行于一对脚螺旋的连线,转动这对脚螺旋使气泡居中。再将照准部旋转 $180°$,若气泡仍居中,说明条件满足,即水准管轴垂直于仪器竖轴,否则,若气泡偏离零点超过两格,应进行校正。

3. 校正方法

① 若在检验的过程中,照准部水准管的气泡偏离了零点,应先调节与照准部水准管平行的两脚螺旋,使气泡向中心移回偏离量的一半。然后,用校正针校正水准器校正螺丝,气泡居中。

② 将仪器旋转 $180°$,检查气泡是否居中,如果气泡仍不居中,重复上述操作,直至气泡居中。

③ 将仪器旋转 $90°$,用第三个脚螺旋调整气泡居中,重复检验与校正步骤直至照准部转至任何方向,气泡都处于居中位置,如图 3 - 24 所示。

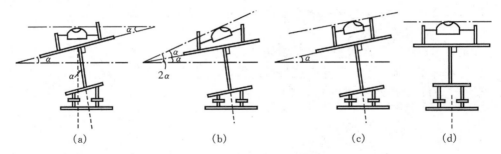

图 3 - 24　照准部水准管轴的检验与校正

▷ 3.6.3　十字丝竖丝的检验与校正

1. 目的

使十字丝竖丝垂直横轴。当横轴居于水平位置时,竖丝处于铅垂位置。

观测时,瞄准应以十字丝交点为准,但当十字丝处于正确位置时,用竖丝上任意一点瞄准同一目标时,水平度盘读数应不变,用横丝上任意一点瞄准同一目标时竖盘读数也应不变,这能给测量工作提供方便。所以,在观测前应对此项条件进行检验。

2. 检验方法

用十字丝竖丝的一端精确瞄准远处某点,固定水平制动螺旋和望远镜制动螺旋,慢慢转动望远镜微动螺旋。如果目标不离开竖丝,说明此项条件满足,如图 3 - 25(a)所示,即十字丝竖丝垂直于横轴,否则需要校正,如图 3 - 25(b)所示。

3. 校正方法

如图 3 - 26 所示,卸下目镜处分划板护盖,用螺丝刀旋松十字丝分划板固定螺丝,转动十字丝板座使竖丝处于竖直位置,然后再旋紧固定螺丝。

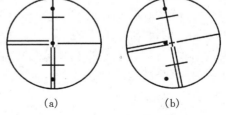

图 3 - 25　十字丝的检验

▷ 3.6.4　视准轴的检验与校正

1. 目的

使望远镜的视准轴垂直于横轴。视准轴不垂直于横轴,其所偏离垂直位置的角质 C 称为视准轴误差,也称为 $2C$ 误差,它是由于十字丝交点的位置不正确而产生的。此时,望远镜绕横轴旋转,视准轴所扫过的不是一个竖直面,而是对顶圆锥面。仪器存在视准轴误差,观测水平角时,可用正、倒镜观测取平均值加以消除。

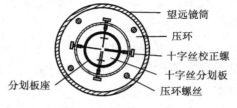

图 3 - 26　十字丝的校正

2. 检验方法

选一长约 100 m 的平坦地区,将经纬仪安置于中间 O 点,在一侧选择一个与仪器大致同高的标志点 A;在另一侧 B 处水平放置一把刻有毫米的小尺,使尺子垂直于视线 OB 并与仪器同高。

盘左位置,视线大致水平照准 A 点,固定照准部,然后纵转望远镜,在 B 点的尺子上读取读数 B_1,如图 3-27(a)所示。松开照准部,再以盘右位置照准 A 点,固定照准部。再纵转望远镜在 B 点尺子上读取读数 B_2,如图 3-27(b)所示。如果 B_1、B_2 两点重合,则说明视准轴与横轴相互垂直。不重合,由图 3-27 可知,盘左时 $\angle AOH_2 = \angle H_1 OB = 90 - C$,则 $\angle B_1 OB = 2C$。盘右时,同理 $\angle BOB_2 = 2C$。由此得到 $\angle B_1 OB_2 = 4C$,$B_1 B_2$ 距离对应 4 倍视准误差 C。由此算得

$$C'' = \frac{\overline{B_1 B_2}}{4D} \rho'' \tag{3-13}$$

式中:D 为仪器到小尺子的水平距离;$\rho'' = 206265''$。

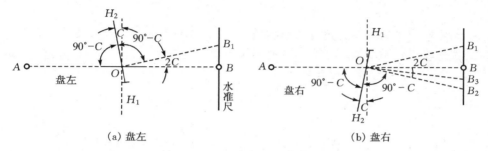

图 3-27 视准轴的检验与校正

对于 DJ6 光学经纬仪,若 $C'' > 60''$,则需要校正。

3. 校正方法

校正时,从 B_2 起在尺子上 $B_1 B_2/4$ 距离处定出 B_3 点,如图 3-27(b),则 B_3 点为视准轴应对准的正确位置。用拨针先松开上、下两个十字丝校正螺丝,如图 3-26 所示。再拨动左右两个校正螺丝,一松一紧,左右移动十字丝分划板,直至十字丝交点与 B_3 点重合。然后再进行最后检验。校正左右两个螺丝时注意,应先松后紧,边松边紧,使十字丝交点对准 B_3 点的读数即可。

视准轴的检验和校正也可以利用水平度盘读数法,按下述方法进行。

检验:选取与视准轴近于水平的一点作为照准目标,盘左照准目标的读数为 a_1,盘右再照准原目标的读数为 a_2,如 a_1 与 a_2 之差不正好等于 180°,则表明视准轴不垂直于横轴。视准误差 C 可按下式计算

$$C = a_2 - a_1 \pm 180° \tag{3-14}$$

校正:以盘右位置读数为准,计算两次读数的平均数 a,即

$$a = \frac{a_2 + (a_1 \pm 180°)}{2} \tag{3-15}$$

转动水平微动螺旋使水平度盘读数为 a,此时视准轴偏离了原照准的目标,然后拨动十字丝校正螺丝,直至十字丝交点与原目标重合为止。

▷ 3.6.5 横轴的检验与校正

1. 目的

使横轴垂直于仪器竖轴。仪器竖轴与横轴不垂直时,仪器整平后,横轴则不水平,而有倾

角 i，称为横轴误差或支架差。此时，望远镜绕横轴旋转，视准轴所扫过的不是一个竖直面，而是斜面。仪器存在横轴误差，观测水平角时，也可用正、倒镜观测取平均值加以消除。

2. 检验方法

将仪器安置在一个清晰的高处目标附近，瞄准目标仰角为 30°左右。盘左位置照准高处目标 M 点，固定水平制动螺旋，将望远镜大致放平，在墙上或横放的尺上标出 P_1 点，如图 3-28所示。纵转望远镜，盘右位置仍然照准 M 点，放平望远镜，在 R 上标出 P_2 点。如果 P_1 和 P_2 重合，则说明此条件满足，即横轴垂直于仪器竖轴。如不重合，由图 3-28 可知，横轴误差 i 由下式算得

$$i'' = \frac{\overline{P_1 P_2}}{2} \cdot \frac{\rho''}{D} \cot\alpha \qquad (3-16)$$

式中：α 为瞄准 M 点视线的竖直角；D 为仪器到小尺子的水平距离；$\rho'' = 206265''$。

对于 J6 光学经纬仪，若 $i'' > 20''$，则需要校正。

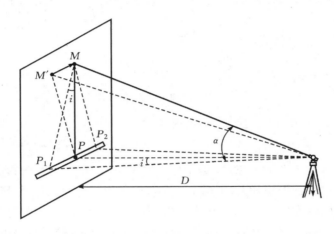

图 3-28　横轴的检验与校正

3. 校正方法

量出 $P_1 P_2$ 之间的距离，取其中点 P，旋转照准部微动螺旋令十字丝交点对准 P 点，仰起望远镜，此时十字丝交点必然不再与原来的 M 点重合，而是对准另外一点 M'，然后调整望远镜右支架的偏心环，将横轴右端升高或降低，使十字丝交点对准 M 点。检验校正工作应反复进行，直至满足要求为止。

光学经纬仪横轴上的偏心环密封在支架内，出厂时已保证其正确的关系，作业人员一般只作检验工作，校正工作应由专业的仪器维修人员在室内进行。

▶ 3.6.6 竖盘指标水准管的检验与校正

1. 目的

使竖盘指标差 x 在允许范围内，指标线处于正确的位置。

2. 检验方法

安置经纬仪于测站上，盘左、盘右位置用望远镜分别观测同一目标，竖盘指标水准管气泡

居中后,分别读取竖盘读数 L 和 R,用式(3-12)计算出指标差 x。如果指标差 x 超出 $\pm1'$,则须校正。

3. 校正方法

计算出盘右位置照准目标的正确竖盘读数(盘左亦可) $R'=R\pm x$。不改变望远镜在盘右所照准的目标位置,转动竖盘指标水准管微动螺旋,使竖直读盘读数为 R',此时竖盘指标水准管气泡必然不居中,然后用拔针拔动竖盘指标水准管上、下校正螺丝使气泡居中即可。

最后,应该指出的是,光学经纬仪这六项检验、校正的顺序不能颠倒,且照准部水准管轴垂直于仪器的竖轴的检校是其他项目检验与校正的基础,这一条件不满足,其他几项检验与校正就不能正确进行。

3.7　水平角测量误差分析及注意事项

水平角测量存在各种误差,它们不同程度地对观测结果有所影响,研究这些误差的来源和性质,目的是从中找出减弱或消除其影响的有效方法,以提高水平角观测的准确性,保证测角成果的质量。

水平角测量误差按其来源可分为三类:仪器误差、观测误差和外界条件影响。

1. 仪器误差

仪器误差的来源有两个方面,一是仪器制造的不十分完善,如度盘的偏心误差、度盘刻划误差、水平度盘与竖轴不垂直等;二是由于仪器校正不彻底而存在的残余误差,如竖轴与照准部水准管不垂直、视准轴与横轴不垂直的校正残余误差。

(1) 水平度盘偏心差

水平度盘偏心差是指水平度盘圆心 O' 与照准部旋转轴中心 O 不重合所致,此项误差可以通过采用双指标读数的经纬仪(J2 级经纬仪),或是采用盘左、盘右取平均值加以消除。

(2) 水平度盘刻划误差

水平度盘刻划不均匀所产生的误差称为水平度盘刻划误差,它一般很小,且呈周期性变化。因此,可以通过均匀变换各测回起始方向的度盘位置来削弱其影响。

(3) 视准轴误差

由于盘左、盘右位置视准轴偏离垂直位置的方向相反,偏离角值 C 相同。因此,在观测过程中,可通过盘左、盘右取平均值来消除此误差的影响。

(4) 横轴误差

由于盘左、盘右位置横轴倾斜的方向相反,倾斜角值 i 相同。因此,在观测过程中,横轴误差的影响也可通过盘左、盘右取均值来加以消除。

(5) 竖轴误差

由于盘左、盘右位置竖轴偏离竖直位置的方向相同,此误差的影响不能通过盘左、盘右观测取平均值来消除,需要观测前检校仪器,观测时保持照准部水准管气泡居中,偏离量应控制在一格内。

2. 观测误差

(1) 照准误差

人眼分辩两点的最小视角,称为眼睛的辨别角,约为 $60''$。当使用放大倍率为 V 的望远镜瞄准目标时,鉴别能力可提高 V 倍,此时该仪器的瞄准误差为

$$m_V = \pm 60''/V \qquad (3-17)$$

一般 J_6 级经纬仪,$V=26$,则 $m_V = \pm 2.3''$。

观测误差主要是瞄准误差,瞄准误差是无法消除的,只有从照准目标的形状、大小、颜色、亮度及照准方法上改进,并仔细瞄准以减小其影响。

(2) 对中误差

观测水平角时,对中不准确,使得仪器中心与测站点的标志中心不在同一铅垂线上即是对中误差,也称测站偏心。如图 3-29 所示,B 为测站点,A、C 为目标点,$AB=D_1$,$AC=D_2$,B' 为仪器中心在水平面上的投影位置。BB' 为对中误差,其长度用 e 表示,称为偏心距。

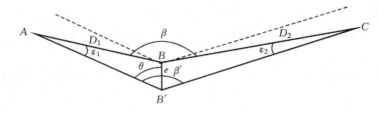

图 3-29 对中误差对水平角观测的影响

由图 3-29 可知,观测角 β' 与正确角值 β 存在以下关系式

$$\beta = \beta' + (\varepsilon_1 + \varepsilon_2)$$

因 ε_1、ε_2 很小,可以写成如下形式

$$\varepsilon_1'' = \frac{\rho''}{D_1} e\sin\theta \qquad \varepsilon_2'' = \frac{\rho''}{D_2} e\sin(\beta' - \theta)$$

对中误差对水平角的影响为

$$\varepsilon'' = \varepsilon_1'' + \varepsilon_2'' = \rho'' \cdot e\left(\frac{\sin\theta}{D_1} + \frac{\sin(\beta'-\theta)}{D_2}\right) \qquad (3-18)$$

当 $\beta=180°$,$\theta=90°$ 时,ε 角值最大

$$\varepsilon'' = \varepsilon_1'' + \varepsilon_2'' = \rho'' \cdot e\left(\frac{1}{D_1} + \frac{1}{D_2}\right)$$

由式(3-18)可知:当 $e=3$ mm,$D_1=D_2=100$ m 时,$\varepsilon''=12.4''$。由以上公式可知:边长越短,ε 值越大。此项误差不能通过测量方法消除,所以对中应当仔细,尤其是对于短边的测量更应如此。

(3) 目标偏心误差

目标偏心误差(照准点偏心)是指照准点上竖立的目标(如标杆、垂球等)不垂直或没有竖立在点位的中心而使观测方向偏离点位中心产生的误差。如图 3-30 所示,设 O 为测站点,A 为照准点标志中心,A' 为实际瞄准的目标中心,D 为两点间的距离,e_1 为目标的偏心距,θ_1 为与 e_1 观测方向的

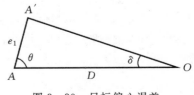

图 3-30 目标偏心误差

水平夹角,则目标偏心误差对水平方向观测的影响为

$$\delta'' = \frac{e_1 \sin\theta_1}{D}\rho'' \qquad (3-19)$$

由式(3-19)可知,当 $\theta_1 = 90°$ 时,δ'' 取得最大值。当目标偏心误差一定时,距离越近,其影响越大。

（4）读数误差

光学经纬仪用分微尺测微器读数,一般可估读至分微尺最小格值的十分之一,若最小格值为 $1'$,则读数误差可认为是 $\pm 1'/10 = \pm 6''$。因此读数时应注意消除读数显微镜的视差。

3. 外界条件的影响

角度测量也是在一定条件下进行的,外界条件对观测质量有直接影响,如大气中存在温度梯度,视线通过大气中不同的密度层,传播方向不再是一条直线而是一条曲线;松软的土壤和大风,会影响仪器的稳定;日晒和温度变化影响水准管气泡的运动;大气层受地面热辐射的影响会引起目标影像的跳动;视线太靠近建筑物或构筑物时引起的遮光等等,这些都会给观测水平角带来误差。因此,要选择目标成像清晰稳定的有利时间观测,设法克服或避开不利条件的影响,将外界条件的影响降低到最小,以提高观测成果的质量。

思考与练习

1. 什么是水平角、竖直角、天顶距?

2. 安置经纬仪时为什么要进行对中和整平? 如何利用光学对中器进行对中和整平?

3. 图 3-31 为测回法观测水平角的方向读数示意图(括号内为盘右读数),试填表 3-3,计算 β 角。

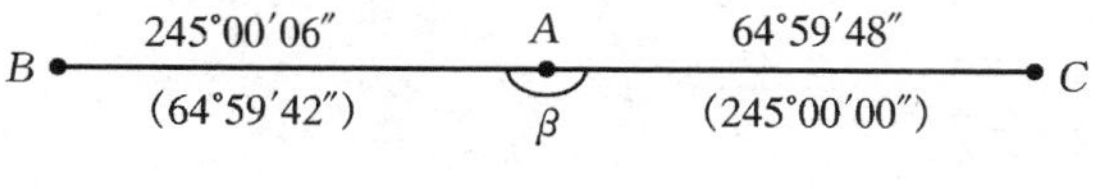

图 3-31

表 3-3

测站	竖盘位置	目标	水平度盘读数 ° ′ ″	半测回角值 ° ′ ″	一测回角值 ° ′ ″
	左				
	右				

4. 整理表 3-4 中测回法观测水平角的记录。

表 3 - 4

测站	竖盘位置	目标	水平度盘读数 ° ′ ″	半测回角值 ° ′ ″	一测回角值 ° ′ ″	各测回平均角值 ° ′ ″	备注
第一测回 O	左	A	0　01　18				
		B	77　24　42				
	右	A	180　01　12				
		B	257　24　24				
第二测回 O	左	A	90　03　12				
		B	167　26　30				
	右	A	270　03　18				
		B	347　26　48				

5. 整理表 3-5 中的竖直角观测记录。

表 3 - 5

测站	目标	竖盘位置	竖盘读数 ° ′ ″	半测回竖直角 ° ′ ″	指标差 ′ ″	一测回竖直角 ° ′ ″	备　注
O	M	左	82　16　42				该经纬仪盘左视线水平时，竖直度盘读数为 90°，望远镜上仰，读数减小。
		右	277　43　30				
	N	左	99　15　48				
		右	260　44　36				

6. 经纬仪有哪些主要轴线？它们之间应满足什么几何条件？为什么？

7. 角度测量为什么要用正、倒镜观测？

8. 观测竖直角时为什么要使指标水准管气泡居中？

9. 什么是竖盘指标差？如何计算？

10. 电子经纬仪有哪些主要特点？它与光学经纬仪有什么根本区别？

第4章　距离测量

学习要点

1. 直线定线
2. 钢尺精密量距及尺段成果计算
3. 视距测量距离和高差的计算
4. 光电测距原理
5. 量距误差来源及注意事项

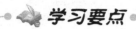

测量两点间直线长度的工作称为距离测量，如水平距离测量、斜距测量、垂直距离测量等。距离测量是确定地面点位的基本测量工作之一。根据测距方法和原理不同，测量距离分为直接量距和间接测算距离；按照所用仪器、工具的不同，测量距离的方法有钢尺量距、电磁波测距和光学视距法测距等。电磁波测距和光学视距法测距属于间接量距。

4.1　水平距离的测算

由于确定点的平面位置所使用的为直线投影在水平面上的距离。因此，测量工作中所谓距离一般是指两点间的水平长度，如果测得的是倾斜距离，还必须改算为水平距离。

如图 4-1 所示，当地面坡度比较均匀时，可沿地面测出 A、B 两点的倾斜距离 S，再改算为水平距离 D。可利用 A、B 两点的高差 h，按下式进行改算

$$D = \sqrt{S^2 - h^2} \tag{4-1}$$

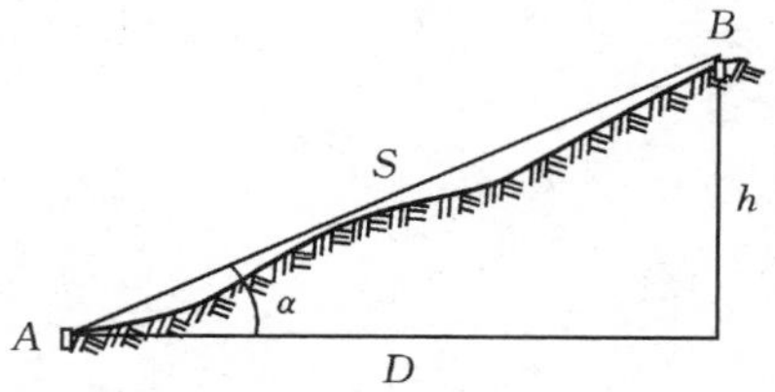

图 4-1　斜距改算为平距

也可以测出地面的倾斜角 α，按下式进行改算

$$D = S\cos\alpha \tag{4-2}$$

对于不能通视或直接量距困难的情况，如图 4-2 所示，可以在便于直接量距处选取另一个固定点组成三角形。如图 4-2(a)所示，通过测量水平角 β 和直接测量另两边的水平距离 D_{AB} 和 D_{BC}，间接计算出所求边的水平距离 D_{AC}。

$$D_{AC} = \sqrt{D_{AB}^2 + D_{BC}^2 - 2D_{AB} \cdot D_{BC} \cdot \cos\beta} \tag{4-3}$$

如图 4-2(b)所示,通过测量水平角 β_M、β_N 和直接测量 M、N 的水平距离 D_{MN},间接计算出所求边的水平距离 D_{MP} 或 D_{NP}。

$$\beta_P = 180° - \beta_M - \beta_N$$

$$\left.\begin{array}{l} D_{MP} = \dfrac{D_{MN}}{\sin\beta_P} \cdot \sin\beta_N \\[2mm] D_{NP} = \dfrac{D_{MN}}{\sin\beta_P} \cdot \sin\beta_M \end{array}\right\} \qquad (4-4)$$

值得注意的是:间接测距的精度,除取决于直接测距和测量水平角的精度外,还与三角形的形状有密切关系。

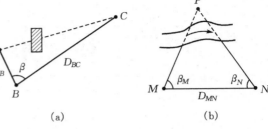

(a)　　　　　　　(b)

图 4-2　间接测量距离

当需要求算已知坐标的两点间水平距离时,可利用两点的坐标进行反算。如已知 A、B 两点的坐标分别为 x_A、y_A 和 x_B、y_B,则 A、B 两点间的水平距离 D_{AB} 为

$$D_{AB} = \sqrt{(x_B - x_A)^2 + (y_B - y_A)^2} \qquad (4-5)$$

4.2　钢尺量距

▶ 4.2.1　量距的工具

1. 钢尺

钢尺,又称钢卷尺,由薄钢带制成,宽 10～15 mm,厚 0.2～0.4 mm,长度有 20 m、30 m 及 50 m 等几种,可卷放在圆形尺壳内,也可卷在金属尺架上,如图 4-3 所示。

钢尺的基本分划为厘米,在厘米、分米和米分划上有数字注记,全长都刻有毫米分划。钢尺的零分划位置有两种,一种是在钢尺前端有一条刻线作为尺长的零点,称为刻线尺,如图 4-4(a)所示;另一种零点位于钢尺拉环外沿,这种钢尺称为端点尺,如图 4-4(b)所示。使用时应注意识别。

图 4-3　钢尺

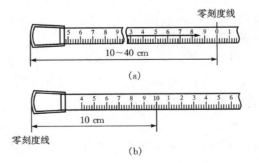

零刻度线

10～40 cm

(a)

零刻度线

10 cm

(b)

图 4-4　刻线尺与端点尺

2. 辅助工具

量距的辅助工具还有:标杆、测钎、垂球、弹簧秤和温度计等,如图 4-5 所示。标杆长 2 m

或 3 m,杆上涂以 20 cm 间隔的红白漆,用于直线定线;测钎是用直径 5 mm 左右的铁丝磨尖制成,长约 30 cm,用来标志所量尺段的起、止点;垂球用于在不平坦地面量距时,将尺的端点铅垂投影到地面;弹簧秤和温度计用于钢尺精密量距时钢尺拉力控制和钢尺温度测定。

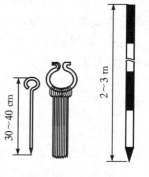

图 4-5 测钎和标杆

➤ 4.2.2 直线定线

当地面上两点相距较远或起伏较大时,为使量距工作方便,可分成几段进行丈量,在两点的连线上标定出若干个点,这种工作称为直线定线。一般量距采用目估定线,当要求量距精度较高时,则应采用经纬仪定线。

1. 目估定线

如图 4-6 所示,设 A、B 两点互相通视,若需在 AB 方向线上标出"1"点,可在 A、B 两点上树立标杆,站在 A 点标杆后的观测者,指挥中间观测者左右移动标杆,直到三根标杆在一条线上为止。

定线时,指挥者应离近处标杆尽量远且尽可能瞄标杆底部。若两点间需标定若干个点,为避免待定点受到已定点影响,一般应由远及近进行定线。

2. 经纬仪定线

先用目估定线,在 A、B 两点之间的直线上,按每段略小于钢尺尺段长,打下打木桩,如图 4-7 所示。

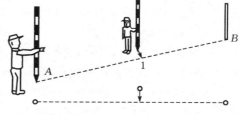

图 4-6 目估定线

再在 A 点安置仪器,望远镜竖丝瞄准 B 点,制动照准部,望远镜上下转动,指挥在每个木桩上标定出方向线。

图 4-7 经纬仪定线

➤ 4.2.3 钢尺量距的一般方法

在平坦地面丈量水平距离,先在两点之间进行直线定线,每段略小于所使用的钢尺尺长,然后逐段丈量,将每段所量距离相加即为两点水平距离。

丈量时,后尺手持钢尺零点一端,前尺手持钢尺末端,沿着直线定线方向,钢尺贴近地面,遵循"平、准、直"原则,从起点开始沿直线方向逐段丈量。为了防止读错读数,可以从起点沿定线方向,先按整段丈量。即钢尺零点对准起点,在钢尺的末端刻划处定线方向上插上测钎,为第一整尺段;然后将钢尺零点再对该测钎,同法量出第二整尺段。如此继续向前量,直至最后,量出不足一整尺的余长,设为 q。则该段水平距离为

$$D = nl + q \qquad (4-6)$$

式中:n 为整尺段数;l 为钢尺的整尺长;q 为不足一整尺的余长。

为了进行检核和衡量量距精度,需进行往、返丈量。返测时要重新进行定线,当往、返测结果符合量距精度要求时,取往、返丈量的平均值作为丈量结果。往、返测距离之差 ΔD 的绝对值与往、返测距离平均值 $D_{平均}$ 之比,称为相对误差,常以 K 表示,并将分子化为1,分母取整数来表示,即

$$K = \frac{|\Delta D|}{D_{平均}} = \frac{1}{\dfrac{D_{平均}}{|\Delta D|}} \qquad (4-7)$$

钢尺量距的精度是用相对误差来衡量的,相对误差越小,说明量距的精度越高。量距精度应满足相关规范对相对误差的要求,如果超限,必须重新丈量。

例 4.1 测量规范规定往、返丈量较差相对误差为 1/3000,往、返丈量图根导线一边长分别为:$D_{往}=122.448$ m、$D_{返}=122.418$ m。

则相对误差

$$K = \frac{0.030}{122.433} \approx \frac{1}{4100}$$

小于 1/3000,符合图根级导线量距精度要求,取往、返丈量的平均值 122.433 m,即为该导线边长结果。

在起伏较大的倾斜地面进行距离丈量时,可将钢尺的一端抬高或两端同时抬高使钢尺水平,并通过悬挂垂球将尺段端点投影到地面上分段进行测量。

当倾斜地面的坡度均匀时,可以沿斜坡丈量出斜距测出两点高差或地面倾斜角,按式 (4-1) 或式 (4-2) 改算为水平距离。

▷ 4.2.4 钢尺量距的精密方法

用一般方法量距,量距精度只能达到 1/1000~1/5000,当量距精度要求更高时,必须采用精密的方法进行丈量。

1. 钢尺的检定及尺长方程式

钢尺由于钢材质量、制造工艺以及丈量时温度和拉力等因素影响,使其实际长度往往不等于它所标称的名义长度。若用其测量距离,将会产生尺长、温度或拉力误差。因此,丈量之前必须对钢尺进行检定,得出钢尺在标准拉力和标准温度下(20 ℃)的实际长度,通过检定,给出钢尺的尺长方程式

$$l = l_0 + \Delta l + \alpha \cdot l_0 (t - t_0) \qquad (4-8)$$

式中:l 为钢尺的实际长度(m);l_0 为钢尺的名义长度(m);Δl 为检定时,钢尺实际长度与名义长度之差,即钢尺尺长改正数;α 为钢尺的线膨胀系数,通常取 $\alpha=1.25\times10^{-5}/℃$;$t$ 为钢尺量距时的温度;t_0 为钢尺检定时的标准温度,为 20 ℃。

2. 精密量距的方法

钢尺精密量距须用经检定的钢尺进行丈量,丈量前应先用经纬仪进行定线,并在各木桩上刻画出垂直于方向线的丈量起止线。用水准仪测出各相邻木桩桩顶之间的高差;用钢尺丈量相邻桩顶距离时,应使用弹簧秤施以与钢尺检定时一致的标准拉力(30 米钢尺,标准拉力值一般为 10 kg;50 米钢尺为 15 kg);精确记录每一尺段丈量时的环境温度,估读至 0.5 ℃;读取钢尺读数,先读毫米和厘米数,然后把钢尺松开再读分米和米数,估读至 0.5 毫米。每尺段要移

动钢尺位置丈量三次,三次测得结果的较差一般不应超过 2～3 毫米,否则需重新测量。如在允许范围内,取三次结果的平均值,作为该尺段的观测结果。

按上述方法,从起点丈量每尺段至终点为往测,往测完毕后立即返测。

3. 水平距离的计算

首先需对每一尺段长度进行尺长改正和温度改正,计算出每尺段的实际倾斜距离;根据各相邻木桩桩顶之间的高差,计算出每尺段的实际水平距离;最后计算全长并评定精度。

① 尺长改正。在尺长方程式中,钢尺的整个尺长 l_0 的尺长改正数为 Δl(即钢尺实际长度与名义长度的差值),则每量 1 m 的尺长改正数为 $\dfrac{\Delta l}{l_0}$,量取任意长度 l 的尺长改正数 Δl_d 为

$$\Delta l_d = \frac{\Delta l}{l_0} \times l \tag{4-9}$$

② 温度改正。由于丈量时的温度 t 与标准温度 t_0 不相同,引起钢尺的缩胀,对量取长度 l 的影响为该段长度的温度改正数 Δl_t

$$\Delta l_t = \alpha(t - t_0)l \tag{4-10}$$

对每一尺段 l 进行尺长改正和温度改正后,即得到该段的实际倾斜距离 d'

$$d' = l + \Delta l_d + \Delta l_t \tag{4-11}$$

③ 尺段水平距离计算。将实际倾斜距离 d',利用测得的桩顶之间的高差,按式(4-1)计算,得到该尺段的实际水平距离 d 为

$$d = \sqrt{d'^2 - h^2}$$

④ 总距离计算。总距离等于各尺段实际水平距离之和,即

$$D = d_1 + d_2 + \cdots + d_n = \sum d_i \tag{4-12}$$

用式(4-7)计算往、返丈量的相对误差,对量距精度进行评定。如果相对误差在限差范围之内,则取往、返丈量实际水平距离的平均值作为最后结果。如超限,必须重测。

例 4.2 某钢尺尺长方程式为 $l = 30\ \text{m} + 0.003\ \text{m} + 1.2 \times 10^{-5} \times 30(t\,℃ - 20\,℃)\ \text{m}$,在温度 $-5.5\,℃$,施加 10 kg 拉力的条件下,量得 AB 直线的长度 d 为 29.3475 m,用水准仪测得 A、B 两点的高差为 0.32 m,求 A、B 间实际水平距离 D_{AB}。

解 尺长改正

$$\Delta l_d = \frac{0.003}{30} \times 29.3475 = 0.0029\ (\text{m})$$

温度改正

$$\Delta l_t = 1.2 \times 10^{-5} \times (-5.5 - 20) \times 29.3475 = -0.0090\ (\text{m})$$

A、B 两点实际倾斜距离

$$d' = 29.3475 + 0.0029 - 0.0090 = 29.3414\ (\text{m})$$

A、B 间实际水平距离

$$D_{AB} = \sqrt{29.3414^2 - 0.32^2} = 29.3397\ (\text{m})$$

4.3 钢尺量距误差分析

影响钢尺量距精度的误差很多,主要有以下几个方面。

▷ 4.3.1 定线误差

由于直线定线不准，使得钢尺所量各尺段偏离直线方向而形成折线，由此产生的量距误差，称为定线误差。如图 4-8 所示，AB 为直线的正确位置，$A'B'$ 为钢尺位置，致使量距结果偏大。设定线误差为 ε，由此引起的一个尺段 l 的量距误差 $\Delta\varepsilon$ 为

图 4-8 定线误差

$$\Delta\varepsilon = \sqrt{l^2 - (2\varepsilon)^2} - l = -\frac{2\varepsilon^2}{l} \qquad (4-13)$$

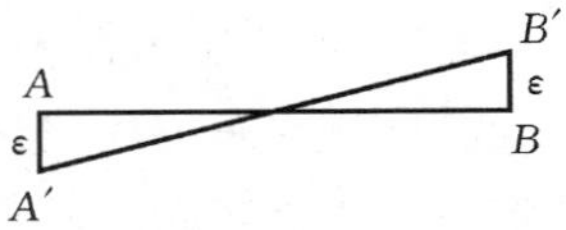

当 l 为 30 m 时，若要求 $\Delta\varepsilon \leqslant \pm 3$ mm，则应使定线误差 ε 小于 0.21 m，这样采用目估定线是容易达到的。精密量距时必须用经纬仪定线，可使 ε 值和 $\Delta\varepsilon$ 值更小。

▷ 4.3.2 尺长误差

钢尺名义长度与实际长度往往不一致，使得丈量结果中必然包含尺长误差。尺长误差具有系统累积性，其与所量距离成正比。因此钢尺必须经过检定以求得尺长误差改正数。精密量距时，钢尺虽经过检定并在丈量结果中加入了尺长改正，但一般钢尺尺长检定方法只能达到 ± 0.5 mm 左右的精度，因此，尺长误差仍然存在。一般量距时，可不进行尺长改正；当尺长改正数大于尺长 1/10000 时，则应进行尺长改正。

▷ 4.3.3 温度误差

根据钢尺的温度改正数公式 $\Delta l_t = \alpha l(t - t_0)$，可以计算出，30 米的钢尺，温度变化 8 ℃，由此产生的量距误差为 1/10000。在一般量距中，当丈量温度与标准温度之差小于 ± 8 ℃时，可不考虑钢尺的温度误差。

使用温度计量测的是空气中温度，而不是尺身温度，尤其是夏天阳光暴晒下，尺身温度和空气中温度相差超过 5 ℃。为减小这一误差的影响，量距工作宜选择在阴天进行，并设法测定钢尺尺身的温度。

▷ 4.3.4 倾斜误差

钢尺一般量距中，由于钢尺不水平所产生的量距误差称为倾斜误差。这一误差会导致量距结果偏大。设用 30 m 钢尺，当目估钢尺水平的误差为 40 cm 时，根据式（4-13）可计算出，由此产生的量距误差为 3 mm。

对于一般量距可不考虑此影响。精密量距时，根据两点之间的高差，计算水平距离。

▷ 4.3.5 拉力误差

钢尺长度随拉力的增大而变长，当量距时施加的拉力与检定时的拉力不相等时，钢尺的长度就会变化，而产生拉力误差。拉力变化所产生的长度误差 Δp 为

$$\Delta p = \frac{l \cdot \delta p}{E \cdot A} \qquad (4-14)$$

式中：l 为钢尺长；δp 为拉力误差；E 为钢的弹性模量，通常取 2×10^6 kg/cm²；A 为钢尺的截

面积。

设 30 米的钢尺,截面积为 0.04 cm²,则可以算出,拉力误差 Δp 为 0.038δp mm。欲使 Δp 不大于 ±1 mm,拉力误差则不得超过 2.6 kg。在一般量距中,当拉力误差不超过 2.6 kg 时,可忽略其影响。精密量距时,使用弹簧秤控制标准拉力,δp 很小,Δp 则可忽略不计。

➤ 4.3.6 钢尺垂曲和反曲误差

钢尺悬空丈量时,中间受重力影响而下垂,称为垂曲;钢尺沿地面丈量时,由于地面凸起使钢尺上凸,称为反曲。钢尺的垂曲和反曲都会产生量距误差,使丈量结果偏大。因此量距时应将钢尺拉平丈量。

➤ 4.3.7 丈量误差

钢尺丈量误差包括对点误差、插测钎的误差、读数误差等。这些误差有正有负,在量距成果中可相互抵消一部分,但无法完全消除,仍是量距工作的主要误差来源,丈量时应认真对待,仔细操作,尽量减小丈量本身的误差。

4.4 电磁波测距

电磁波测距是用电磁波(光波或微波)作为载波,传输测距信号,以测量两点间距离的一种方法。与传统的钢尺量距相比,电磁波测距具有测程远、受地形影响小、速度快、精度高等优点。按照载波不同,电磁波测距分为微波测距仪、激光测距仪和红外测距仪。激光测距和红外测距又称为光电测距。

按测程分为短程(小于 3 km)、中程(3~15 km)和远程(大于 15 km)三种。微波测距和激光测距多用于远程测距;红外测距多用于小地区控制测量、地形测量、建筑工程测量等工作中的中、短程测距。

➤ 4.4.1 电磁波测距原理

电磁波测距是以电磁波为载波,经调制后由测线一端发射,被另一端反射或转送回来,通过测定光波在待测距离两点之间往返传播的时间,来测定距离。如图 4-9 所示,欲测定 A、B 两点间的距离 D,安置仪器于 A 点,安置反射镜于 B 点。仪器发射的光波由 A 至 B,经反射镜反射后,又被仪器接收。设光速 c 为已知,如果光波在待测距离 D 上往返传播的时间为 t_{2D},则距离 D 可有下式求出

$$D = \frac{1}{2}ct_{2D} \qquad (4-15)$$

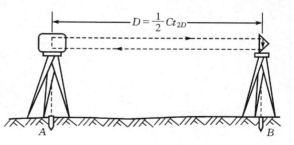

图 4-9 电磁波测距原理

式中:c 为光在大气中的传播速度,$c = c_0/n$;c_0 为真空中的光速,其值为 29997992458 m/s ± 1.2 m/s;n 为大气折光率,它与测距仪所用光源的波长 λ、测线上的气温 t、气压 p 和湿度 e 有关。

由式(4-15)可知,测定距离的精度,主要取决于测定时间 t_{2D} 的精度。例如,要求保证 $\pm 1\ cm$ 的测距精度,时间测定必须精确到 $6.7 \times 10^{-11}\ s$,这在实际中是难以做到的。因此,测距仪大多采用间接测定法来测定 t_{2D}。间接测定 t_{2D} 的方法有下列两种。

1. 脉冲式测距

由测距仪的发射系统发出光脉冲,经被测目标反射后,再由测距仪的接受系统接收,由时钟振荡器测出这一光脉冲往返的时间间隔 t_{2D} 的钟脉冲个数以求得距离 D。由于计数器的频率一般为 300 兆赫,测距精度为 0.5 m,精度较低。

2. 相位式测距

高精度的测距仪,目前几乎都采用相位法测距。它是由测距仪发射一种连续的调制光波,并测出这一调制光波在测线上往、返传播所产生的相位移,来测定距离的。

在砷化镓(GaAs)发光二极管上加了频率为 f 的交变电压(即注入交变电流)后,它发出的光强就随注入的交变电流呈正弦变化,如图 4-10 所示,这种光称为调制光。调制光的波长可通过改变交变电流的频率 f 加以控制。

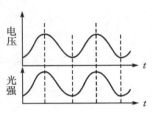

图 4-10 调制光波

如图 4-11 所示,光源经调制后以正弦波形自 A 点发射到达 B 点,经反射镜反射后回到 A 点被接收器所接收。然后用相位计将发射信号与接收信号进行相位比较,由显示器显示出调制光在待测距离间往、返传播所产生的相位移 ϕ。为了便于说明问题,将图中反射镜 B 反射回的光波沿测线方向展开画出。

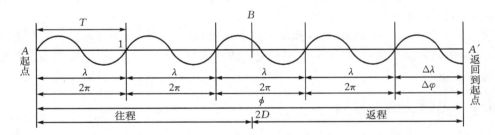

图 4-11 相位式测距

设调制光的频率为 f,角频率为 ω,波长为 λ,光强变化一周期的相位移为 2π,则

$$\phi = \omega t_{2D} = 2\pi f t_{2D}$$

$$t_{2D} = \frac{\phi}{2\pi f} \tag{4-16}$$

将式(4-16)代入式(4-15)得

$$D = \frac{c}{2f} \cdot \frac{\phi}{2\pi} \tag{4-17}$$

由图 4-11 可以看出,相位移 ϕ 可以表示为

$$\varphi = N \cdot 2\pi + \Delta\varphi$$

将上式代入式(4-17)得

$$D = \frac{c}{2f}\left(N + \frac{\Delta\varphi}{2\pi}\right) = \frac{\lambda}{2f}(N + \Delta N) \tag{4-18}$$

而

$$\lambda = \frac{c}{f} \tag{4-19}$$

则式(4-18)可写为

$$D = \frac{\lambda}{2}(N + \Delta N) \tag{4-20}$$

式中：$\Delta N = \frac{\Delta\varphi}{2\pi}$，$\Delta N$ 小于 1，为不足一个周期的小数；N 为整周期数。

为了与之比较，钢尺量距中式(4-6)可写成

$$D = nl + q = l(n + \Delta n)$$

式中：n 为整尺段数；l 为钢尺的尺长；Δn 为不足一整尺的余长与整尺长度的比值。

由此，调制光波长的一半 $\lambda/2$ 即为测距仪测尺尺长，简称为"测尺"。

根据式(4-19)，测尺长 $\lambda/2$ 均用调制光的频率 f 表示。测尺长度与调制频率(概值)的关系如表 4-1 所示。

表 4-1 测尺长度与调制频率的关系

测尺频率/MHz	15	1.5	0.15	0.015	0.0015
测尺长度/m	10	100	1000	10000	100000
测距精度/m	0.01	0.1	1	10	100

调制光波在待测距离上传播的整周期数即为整尺段数 N，不足一整周期的相位值 ΔN 则可由测相装置(测相计)测出。

由物理学知，光波一个周期的相位为 2π，仪器上的测相装置(测相计)只能测出不足 2π 的相位差 $\Delta\varphi$，即仅能测得 $\Delta N = \frac{\Delta\varphi}{2\pi}$ 的值，相当于能测得余长的长度。例如，如果"测尺"为 10 m，则可测出小于 10 m 的距离值。同理，若采用 1 km 的"测尺"，则可测出小于 1 km 的距离值。由于仪器测相系统的测相精度一般为 1/1000，测尺越长，测距误差越大(见表 4-1)。为了解决扩大测程与提高精度的矛盾，测距仪上大多选用几个不同长度的测尺配合测距。用较长的测尺(如 1 km、2 km 等)测定距离的大数，以满足测程需要，称为"粗尺"；用较短的测尺(如 10 m、20 m 等)测定距离的尾数，以保证测距的精度，称为"精尺"。如同钟表上用时针、分针、秒针互相配合来精确确定时刻一样。

例 4.3 某测距仪以 10 m 作精测尺，显示米位及米位以下距离值；以 1000 m 作粗测尺，显示百米位、十米位距离值。如实测距离为 385.785 m，则

精测尺测得 5.785

粗测尺测得 38□□□(米位不显示)

仪器显示的距离为 385.785 m

▷ 4.4.2 红外测距仪及其使用

短程测距仪体积较小，一般采用红外光源，如图 4-12 所示，为 ND3000 红外测距仪。使

用时安装于经纬仪之上,可以利用经纬仪的望远镜瞄准目标,根据经纬仪观测竖直角,使测得的倾斜距离换算为平距或高差。

根据所测距离的远近,测距仪所配备的反射棱镜由单棱镜和三棱镜组成,如图4-13所示三棱镜是由三个单棱镜组合而成的棱镜组,较单棱镜反射光信号能力要强。

单棱镜　　　三棱镜

图4-12　ND3000红外测距仪　　　　　图4-13　反射棱镜

不同型号测距仪,其测程、测距精度也不相同,表4-2列出了几种型号短程测距仪。

表 4-2　　短程红外测距仪

仪器型号		DI1000	RED2A	DCH2	D3030	ND3000
生产厂家		瑞士徕卡	日本索佳	苏州一光	常州大地	南方测绘
测程	单棱镜	0.8 km	2.5 km	2.0 km	2.0 km	2.0 km
	三棱镜	1.6 km	3.8 km	3.0 km	3.2 km	3.0 km
测距中误差		±(5 mm+5 ppm)	±(5 mm+5 ppm)	±(5 mm+5 ppm)	±(5 mm+5 ppm)	±(5 mm+5 ppm)

注:1 ppm=1 mm/1 km$\times 10^{-6}$,即测量1 km的距离有1 mm的中误差。

由于各种型号的测距仪结构不同,其操作部件也略有差异,使用时应严格按照仪器操作手册进行操作。测距仪进行距离测量时,一般步骤如下。

1. 安置仪器

先在测站上安置经纬仪,将装入电池的测距仪主机安置在经纬仪支架上。在待测点上安置好反射棱镜,并使棱镜面对准主机。

2. 观测竖直角、气温和气压

用经纬仪瞄准反射棱镜标志中心,测出竖直角。同时,观测和记录温度计、气压计上的读数。

3. 距离测量

用经纬仪望远镜照准棱镜中心,按电源开关键开机,主机自检并显示原设定的温度、气压和棱镜常数值。若不符,应输入正确数据。按测距键,可以获得相应的斜距。根据竖直角计算出水平距离。

▶ 4.4.3　测距仪使用中的几个问题

1. 仪器的加常数和乘常数

由相位式测距仪调制光波长测得的距离并不是实际的长度,尚需考虑加常数与乘常数的改正。

如图 4-14 所示,L 为 AB 的实际长度。A' 为仪器的调制光的等效发射面,B' 为反射镜的等效反射面,即 $L'=A'B'$ 为仪器调制光测得的长度。L' 与 L 之间存在一个差数 C_0,

$$C_0 = L - L'$$

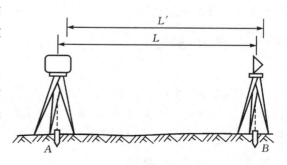

图 4-14　仪器加常数原理

由于等效面 A'、B' 对某架仪器和反射镜的相对位置是恒定的,所以 C_0 是一常数,通常称为加常数,可由仪器内部进行自动改正。

根据式(4-18),如果调制光的频率 f 因某些因素而发生变化,特别是精测尺频率发生变化,将会影响测距结果的精度。亦需要在观测值中加改正数来解决。取

$$K = \frac{L-L'}{L'} \tag{4-21}$$

式中:L 为实际长度;L' 为频率 f 变化后测得长度。通常称 K 为乘常数,乘常数的改正不能由仪器自动改正。

与其他测量仪器一样,加常数和乘常数也会因长久使用和搬运而发生变化,这就需要检测。加常数检测其变化值,称为剩余加常数 C_L。乘常数则检测其变化后的值,观测值改正后的距离值 L 为

$$L = L' + C_L + KL' \tag{4-22}$$

式中:L' 为观测值。检测工作需由专门机构进行。

2. 气象改正

前面已经讲到,测距仪所用的光尺长度为 $\dfrac{c}{2f}$,$c=c_0/n$,c_0 为真空中的光速,n 为大气折光率,即在不同的大气气象条件下(如温度、大气压力等)下 c 有不同的值。

仪器制造时只能选定某一种气象条件下的值,如某仪器选取温度 $t=20\ ℃$,气压 $p=760\ \text{mmHg}$。而实际施测距离时,若温度 $t\neq20\ ℃$,或者气压 $p\neq760\ \text{mmHg}$,这时必须对仪器测得的结果进行改正,即气象改正。

因仪器不同,气象改正数的计算式也不尽相同。

3. 仪器测距精度

影响光电测距仪测距的因素很多,如真空光速值、大气折射率和调制光频率等,距离越远,影响越大,是一种比例误差来源,称为比例误差。测相误差不论距离远近,对测量结果的影响是恒定的,不与距离成比例,称为固定误差。

综合起来,通常将光电测距仪的测距精度(标称精度)用下式表示

$$m_D = (a + b \cdot D) \tag{4-23}$$

式中:m_D 为按测距长度为 1 km 时的测距中误差(mm),即仪器的标称精度;a 为固定误差(mm);b 为比例误差系数(mm/km 或 ppm);D 为测距长度(km)。

例如,某中短程光电测距仪的精度为 5 mm$+5\times10^{-6}D$,即 $a=5$ mm,$b=5$ mm/km。用该仪器施测 800 m 的距离,则 $m_D=\pm(5$ mm$+5\times0.8$ mm$)=\pm9$ mm。

4.5 视距测量

视距测量是用望远镜内视距丝装置(上、下丝),根据几何光学原理测定距离的一种方法。这种方法具有操作方便,速度快,不受地形起伏限制等优点。但精度较低,一般相对误差约为 1/200～1/300,因此广泛应用于精度要求不高的碎部测量。

▷ 4.5.1 视距测量原理

1. 视线水平时

如图 4-15 所示,欲测定 A、B 两点间水平距离 D。在 A 点安置经纬仪,B 点竖立视距尺,使望远镜视线水平,瞄准 B 点视距尺,此时视线与视距尺垂直。十字丝分划板上的下、上丝 m、n,在视距尺上所读取的读数分别为 M、N,其差值 l 称为尺间隔。

$$l = M - N \tag{4-24}$$

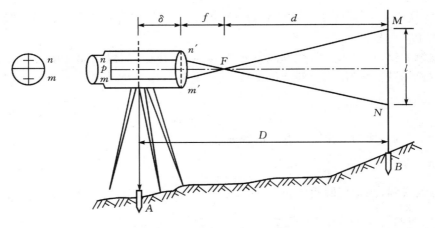

图 4-15 视线水平时视距测量

由图上可知,A、B 两点水平距离 D 为

$$D = d + f + \delta \tag{4-25}$$

式中:f 为物镜焦距;δ 为物镜中心至仪器中心的距离。

由于 $\triangle m'n'F \backsim \triangle MNF$,则

$$\frac{d}{f} = \frac{l}{p}$$

即

$$d = \frac{f}{p}l \tag{4-26}$$

式中：p 为十字丝分划板上的上、下丝间隔。

将式（4-26）代入式（4-25），得

$$D = \frac{f}{p}l + f + \delta \qquad (4-27)$$

令 $\frac{f}{p} = K$，$f + \delta = C$，则

$$D = K \cdot l + C \qquad (4-28)$$

式中：K 称为视距乘常数，仪器设计时使 $K = 100$；C 称为视距加常数，仪器设计时使其 C 接近于零。

故 A、B 两点水平距离 D 可写为

$$D = K \cdot l = 100l \qquad (4-29)$$

三、四等水准测量时，前、后视距就是根据视线水平时视距测量原理计算出来的。

2. 视线倾斜时

如图 4-16 所示，当地面起伏较大时，在 A 点安置经纬仪，视线水平时不能读取 B 点视距尺上的尺间隔 l，必须使望远镜视线倾斜。此时视线与视距尺不再垂直，不能直接应用式（4-29）来计算视距。因此需要将视线倾斜时读取的尺间隔 l 换算成与视线垂直的尺间隔 l'（$l' = M' - N'$），来满足式（4-29）的条件，这样可直接计算倾斜距离 D'，再将斜距 D' 换算成水平距离 D。

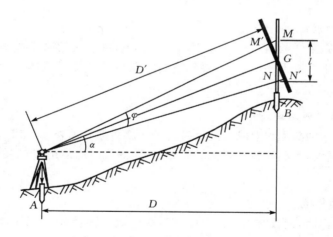

图 4-16　视线倾斜时视距测量

设想在中丝读数 G 处将视距尺旋转 α 角，使视距尺恰好与视线垂直。则倾斜距离为

$$D' = Kl' \qquad (4-30)$$

图 4-16 中，φ 角很小（约为 $34'$），因此，可以把 $\angle MM'G$ 和 $\angle NN'G$ 近似地视为直角，而 $\angle M'GM = \angle NGN' = \alpha$，因此，由图 4-16 中可知

$$M'N' = M'G + GN' = MG\cos\alpha + GN\cos\alpha$$
$$= (MG + GN)\cos\alpha = MN\cos\alpha$$

即

$$l' = l \cdot \cos\alpha$$

代入式(4-30),倾斜距离 D' 为

$$D' = K \cdot l \cdot \cos\alpha$$

利用式(4-2),将倾斜距离 D' 化算成水平距离 D 为

$$D = D' \cdot \cos\alpha = Kl \cdot \cos^2\alpha \qquad\qquad (4-31)$$

▶ 4.5.2　视距测量的观测与计算

施测时,安置经纬仪在测站点上,观测与计算步骤如下。

① 用望远镜照准视距尺(水准尺)分别读取上、下丝读数,计算尺间隔 l;

② 调节竖盘指标水准管的微动螺旋,使竖盘指标水准管气泡居中,读取竖盘读数,根据竖直读盘注记形式计算竖直角 α;

③ 按式(4-31)计算出水平距离。

▶ 4.5.3　视距测量误差分析

影响视距测量测距精度的因素很多,主要有读数误差、仪器乘常数 K 的误差、视距尺倾斜所引起的误差、以及大气折光影响等。

1. 读数误差

使用视距丝在标尺上读数的误差,与视距尺最小分划、望远镜放大倍率等因素有关,还与视距的远近成正比,视距越大,读数误差越大。

2. 乘常数 K 的误差

仪器设计时视距乘常数为 100,由于仪器制造误差影响,视距乘常数 K 值可能含有误差,致使计算的视距产生系统误差。因此,要严格测定视距乘常数 K,如将 K 值限制在 100 ± 0.1 之内,否则应加以改正。

3. 视距尺倾斜引起的误差

视距尺倾斜引起的测距误差除与立尺时尺子倾斜角度有关外,还与竖直角大小有关,视距尺越倾斜,竖直角越大,测距误差也越大。因此,视距测量时应使用带有水准器的视距尺作业,以保证尺子竖直。

4. 大气折光的影响

由于大气折射作用,读数时视线由直线变为曲线,从而使测距产生误差,而且视线越靠近地面,折光的影响越明显。因此,视距测量时应尽可能使视线距离地面 1 m 以上。

此外,视距尺分划误差、竖直角观测误差等对视距测量都会带来影响。因此,观测竖直角时,应将竖直度盘指标水准管气泡严格居中。如果仪器竖盘指标差较大,还应对竖直角将进行改正。

思考与练习

1.直线定线的目的是什么?有哪些方法?如何进行直线定线?

2.用钢尺往返丈量了一段距离,其平均值为 184.26 m,要求量距的相对误差为 1/5000,问

往、返丈量距离之差不能超过多少？

3.用钢尺丈量 AB、CD 两段水平距离，AB 段往测为 116.498 m、返测为 116.454 m；CD 段往测为 273.687 m、返测为 273.702 m。问两段水平距离各为多少？哪一段丈量的精度高？

4.何谓钢尺的名义长度和实际长度？钢尺检定的目的是什么？

5.下列情况使得丈量结果比实际距离增大还是减小？

(1)钢尺比标准尺长；(2)定线不准；(3)钢尺不平；(4)拉力偏大；(5)温度比检定时低。

6.某钢尺的尺长方程式为 $l = 30\ \text{m} - 0.002\ \text{m} + 1.25 \times 10^{-5} \times 30(t - 20\ ℃)\ \text{m}$，现用它丈量了两个尺段的距离，所用拉力为 10 kg，丈量结果如表 4-3 所示，试进行尺长、温度及倾斜改正，求出各尺段的实际水平长度。

表 4-3

尺　段	尺段长度/m	温度/℃	高差/m
12	49.987	15	0.11
23	56.905	25	0.85

7.试述电磁波测距的原理。

8.用经纬仪进行视距测量，仪器安置在 A 点上，盘左位置瞄准 B 点上视距尺上、下丝读数分别为 0.786 m、1.839 m；竖盘读数为 83°15′24″。试计算 A、B 两点间的水平距离。（该经纬仪盘左视线水平、竖盘指标水准管气泡居中时，竖盘读数为 90°；望远镜上仰，读数减小。）

第5章　直线定向

学习要点

1. 直线定向的概念及标准方向的种类
2. 表示直线的方法
3. 直线坐标方位角的反算与推算

确定地面点平面位置,不仅需要该点与已知点之间的水平距离,还必须确定该直线的方向。直线的方向通常是根据它与某一标准方向之间的水平角来确定的。这种确定直线与标准方向之间的水平角度的工作称为直线定向。

5.1　标准方向

测量工作采用的标准方向有:真子午线方向、磁子午线方向和坐标纵轴方向。

1. 真子午线方向

通过地面某点的真子午线切线方向,称为该点的真子午线方向。它可以通过天文测量或用陀螺经纬仪测定。

2. 磁子午线方向

磁子午线方向是指通过地面某点的磁子午线切线方向。磁子午线方向用罗盘仪测定。在地球磁场的作用下,自由静止时磁针轴线的方向,即为磁子午线方向。

3. 坐标纵轴方向

采用高斯平面坐标系时,将各高斯投影带的中央子午线作为坐标纵轴,因此该带内直线定向,就可以用该带的坐标纵轴方向作为标准方向。如果采用假定坐标系,则用假定坐标系的纵轴方向作为标准方向。

我国位于北半球,通常把这三种方向的北端作为正方向,总称为三北方向,即真北方向、磁北方向和坐标北方向。

5.2 表示直线方向的方法

▷5.2.1 方位角

在测量工作中,通常采用直线的方位角来表示直线的方向。由标准方向的北端起,顺时针方向量到直线的水平角,称为该直线的方位角。角值范围为 $0°\sim$ 360°。如图 5-1 所示,SN 为过地面点 O 的标准方向,$O1$、$O2$、$O3$ 和 $O4$ 分别为过 O 点的四条直线。由标准方向北端顺时针分别量到四条直线的水平角 β_1、β_2、β_3 和 β_4,分别就是这四条直线的方位角。

根据所选标准方向不同,直线的方位角有:以真子午线方向作为标准方向的方位角称为真方位角,用 A 表示;以磁子午线方向作为标准方向的方位角称为磁方位角,用 A_m 表示;以坐标纵轴方向作为标准方向的方位角称为坐标方位角,用 α 表示。

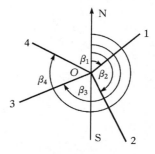

图 5-1　直线的方位角

▷5.2.2 方向象限角

实际测量工作中,为了方便计算,有时也用直线与标准方向所夹的锐角来表示直线的方向,如图 5-2 所示,SN 为过地面点 O 的标准方向,EW 为 O 点垂直于 SN 的直线。若以南北方向线 SN 为 x 轴,构成一个直角坐标系,直线 SN 与 EW 将平面分成四个象限,按顺时针方向依次称为 Ⅰ、Ⅱ、Ⅲ、Ⅳ象限,也分别称为北东(NE)、南东(SE)、南西(SW)和北西(NW)象限。直线与标准方向的北端或南端所夹的锐角,称为直线的方向象限角,其角值范围为 $0°\sim$ 90°。为了表示直线的方向,还应注明直线所在的象限,或者注明北东或南东,南西或北西。如图 5-2 中,直线 $O1$、$O2$、$O3$ 和 $O4$ 的方向象限角分别为北东 R_1、南东 R_2、南西 R_3 和北西 R_4。

以真子午线、磁子午线或坐标纵轴方向作为标准方向的方向象限角分别为真象限角、磁象限角和坐标象限角。

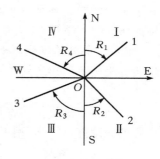

图 5-2　直线的象限角

5.3 三种方位角之间的关系

▷5.3.1 真方位角与磁方位角

由于地磁南北极与地球真南北极并不重合,因此,通过地面上某点的真子午线方向与磁子午线方向也常不重合,两者之间的夹角称磁偏角 δ。磁子午线偏于真子午线以东,称为东偏,δ 取正值,如图 5-3(a)所示;偏于真子午线以西,δ 取负值,如图 5-3(b)所示。直线的真方位角与磁方位角之间的关系式为

$$A = A_m + \delta$$

(5-1)

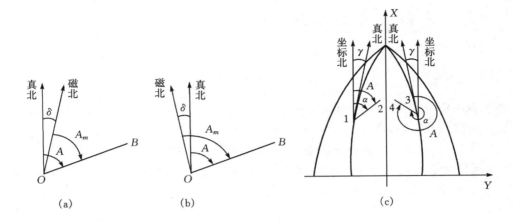

图 5 - 3　三种方位角之间的关系

　　不同地点的磁偏角不同,我国磁偏角的变化大约在 +6° 到 -10° 之间。由于地球的磁极随时间发生变化,同一地点的磁偏角也随时间有微小的变化,有周年变化和周日变化等。

▶5.3.2　真方位角与坐标方位角

　　中央子午线在高斯平面上的投影是一条直线,作为该带高斯平面坐标系的坐标纵轴,而其它子午线的投影则是向两极收敛的曲线,所以通过地面某点的真子午线方向与该带的坐标纵轴方向往往不平行,其夹角称为子午线收敛角 γ,如图 5 - 3(c)所示。坐标纵轴在真子午线以东,即该带中央子午线以东区域,γ 为正;以西,即中央子午线以西区域,γ 为负。直线的真方位角与坐标方位角之间的关系式为

$$A = \alpha + \gamma \tag{5-2}$$

　　地面某点的子午线收敛角 γ,可根据该点大地经度 L 与该带中央子午线经度 L_0 的差值和该点的大地纬度得出,用下式计算

$$\gamma = (L - L_0)\sin B \tag{5-3}$$

▶5.3.3　坐标方位角与磁方位角

　　由上所述,已知某点的磁偏角 δ 和子午线收敛角 γ,则坐标方位角与磁方位角之间关系为

$$\alpha = A_m + \delta - \gamma \tag{5-4}$$

5.4　坐标方位角的计算

▶5.4.1　直线的正、反坐标方位角

　　测量工作中的直线都是具有方向性的。如图 5 - 4 所示,A、B 为地面上直线 AB 的两个端点,由过 A 点的坐标北方向顺时针量到该直线的水平角是直线 AB 的坐标方位角 α_{AB},称为直线 AB 的正坐标方位角。由过 B 点的坐标北方向顺时针量到该直线的水平角是直线 BA 的坐标方位角 α_{BA},则称为直线 AB 的反坐标方位角。同理,α_{BA} 是直线 BA 的正坐标方位角,α_{AB} 则

是直线 BA 的反坐标方位角。由于在同一高斯投影带中，通过 A、B 两点的坐标纵轴方向均与该带的中央子午线方向平行，故直线的正、反坐标方位角之间相差 $180°$，即

$$\alpha_{反} = \alpha_{正} \pm 180° \qquad (5-5)$$

当 $\alpha_{正}$ 小于 $180°$ 时，取"+"；当 $\alpha_{正}$ 大于 $180°$ 时，取"-"。

由于地面各点的真（或磁）子午线收敛于两极，并不互相平行（两点均在同一中央子午线上或赤道上除外），致使直线的反真（或磁）方位角与正真（或磁）方位角不存在相差 $180°$ 的关系，给测量计算带来不便，故在测量工作中，除一些采用假定坐标系的小规模测量外，均采用坐标方位角进行直线定向。

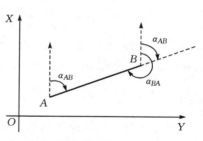

图 5-4　直线的正、反坐标方位角

▶ 5.4.2　坐标方位角与坐标象限角的换算关系

由坐标方位角与坐标象限角的定义和图 5-1、图 5-2 可知，二者之间存在表 5-1 中的换算关系。

表 5-1　坐标方位角与坐标象限角的换算

方向象限	两点坐标增量（Δx、Δy）	由坐标方位角推算坐标象限角	由坐标象限角推算坐标方位角
Ⅰ	$\Delta x > 0, \Delta y > 0$	$R = \alpha$	$\alpha = R$
Ⅱ	$\Delta x < 0, \Delta y > 0$	$R = 180° - \alpha$	$\alpha = 180° - R$
Ⅲ	$\Delta x < 0, \Delta y < 0$	$R = \alpha - 180°$	$\alpha = 180° + R$
Ⅳ	$\Delta x > 0, \Delta y < 0$	$R = 360° - \alpha$	$\alpha = 360° - R$

▶ 5.4.3　坐标方位角的反算

利用直线一端点的已知坐标、两点间的水平距离和直线的坐标方位角，计算直线另一端点的坐标，称为坐标正算。反之，利用两点的坐标，计算两点的水平距离和直线的坐标方位角，则称为坐标反算。

如图 5-5 所示，已知 A、B 两点的坐标分别为 (x_A, y_A)、(x_B, y_B)，则直线 AB 坐标方位角为

$$\alpha_{AB} = \arctan \frac{y_B - y_A}{x_B - x_A} = \arctan \frac{\Delta y_{AB}}{\Delta x_{AB}} \qquad (5-6)$$

应用该式要注意的是，由于 Δx_{AB} 和 Δy_{AB} 会出现负值，按式（5-6）计算出的坐标方位角也会出现负值，其绝对值是小于 $90°$ 的坐标象限角 R。计算时，可按 $|\Delta x|$ 和 $|\Delta y|$ 计算出坐标象限角 R，然后根据 Δx、Δy 的正、负号，按表 5-1 判断直线所在的方向象限，再换算成直线的坐标方位角。

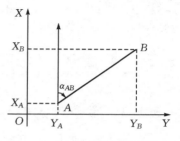

图 5-5　坐标方位角的反算

例：A、B 两点的坐标为 $x_A = 300.275$ m，$y_A = 458.687$ m，$x_B = 261.052$ m，$y_B = 345.230$ m。则直线 AB 的坐标象限角为

$$R_{AB} = \arctan \left| \frac{y_B - y_A}{x_B - x_A} \right| = \arctan = \left| \frac{345.230 - 458.687}{261.052 - 300.275} \right| = 70°55'46''$$

由于 $\Delta x_{AB} < 0$，$\Delta y_{AB} < 0$，位于第Ⅲ象限

则直线 AB 的坐标方位角　　　　$\alpha_{AB} = R_{AB} + 180° = 250°55'46''$

▷5.4.4　坐标方位角的推算

确定点的坐标需要直线的坐标方位角，为了整个测区坐标系统的统一，测量工作并不直接测定每条边的坐标方位角，而是由一条已知坐标方位角的直线（已知边），根据该直线与相邻直线所夹的水平角，计算出相邻直线的坐标方位角，这种确定直线坐标方位角的方法称为坐标方位角的推算。如图 5-6 所示，已知 AB 边的坐标方位角为 α_{AB}，通过测量，测定出 AB 边与 $B1$ 边、$B1$ 边与 12 边所夹水平角分别为 β_1、β_2。

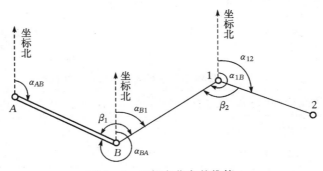

图 5-6　坐标方位角的推算

由图 5-6 不难看出

$$\alpha_{B1} = \alpha_{BA} + \beta_1 = \alpha_{AB} + 180° + \beta_1$$

$$\alpha_{12} = \alpha_{1B} - \beta_2 = \alpha_{B1} + 180° - \beta_2$$

从图 5-6 中可知，按 AB—$B1$—12 的推算方向前进，β_1 位于前进方向的左侧为左角，β_2 位于右侧为右角。

从而可以写出推算坐标方位角的一般公式为

$$\alpha_{前} = \alpha_{后} + 180° \pm \beta \qquad\qquad (5-7)$$

式（5-7）中，若 β 为左角取正号，β 为右角则取负号。计算中，如果 α 值大于 $360°$，应减去 $360°$；若小于 $0°$，则需加上 $360°$。

5.5　罗盘仪测定磁方位角

▷5.5.1　罗盘仪的构造

罗盘仪的种类很多，其构造基本相同。如图 5-7 所示，是罗盘仪的一种，主要组成部分有：罗盘盒、望远镜和基座。

罗盘盒里除度盘和磁针外，还装有水准器。

度盘刻度一般是按逆时针方向注记，如图 5-8 所示，从 $0°\sim360°$，每 $10°$ 有一注记，最小分划为 $1°$ 或 $30'$。

罗盘仪望远镜的视准轴与度盘 0°至 180°的连线平行。

基座是一种万向球臼结构,装在小三脚架上。利用接头螺旋可以摆动罗盘盒,使水准器气泡居中,整平罗盘仪。

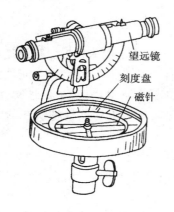

图 5-7　罗盘仪构造

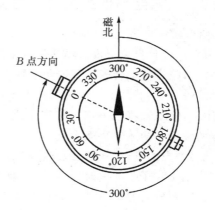

图 5-8　罗盘盒

➤ 5.5.2　磁方位角的测定

① 安置罗盘仪:将罗盘仪及三脚架安置在直线起点上,对中、整平后,松开磁针固定钮,放下磁针。

② 瞄准目标:转动望远镜瞄准目标。

③ 读数:磁针静止后,读取磁针北端(一般为涂漆端)所指的度盘读数,即为直线的磁方位角 A_m,如图 5-8 所示。AB 方向磁方位角 A_m 为 300°。

④ 返测磁方位角,按上述步骤在直线另一端返测磁方位角,以检核测量的准确性。由于距离较短,二者差值理论上应相差约 180°,若差值不超过限差要求,取其平均值(±180°后),作为该直线的磁方位角。

目前,很多经纬仪和全站仪配有磁针,用来测定磁方位角。观测时,先安置仪器于直线起点上,然后将磁针安置在仪器支架上。松开磁针固定钮,放下磁针,通过观测孔观察磁针两端的象,旋转仪器并借助水平微动螺旋,使磁针影像上下重合。此时说明望远镜视准轴已指向磁北方向。再使水平度盘置零,松开水平制动螺旋,瞄准直线另一端的目标,读取的水平度盘读数,即为该直线的磁方位角。

罗盘仪结构简单,应用方便,但其测定磁方位角精度较低,一般用于低精度和独立地区的测量定向工作。在使用时,应注意避开强磁场、高压电场和铁质物等环境的干扰,以确保磁针位置的正确性。测量结束后,注意锁定磁针固定钮,避免顶针长期磨损,而降低磁针的灵敏度。

5.6　陀螺经纬仪测定真方位角

➤ 5.6.1　直线真方位角测量

测量直线的真方位角常用的方法有天文观测和陀螺经纬仪两种。天文观测方法通常利用太阳高度法测量直线的真方位角,用普通经纬仪即可进行观测。但该方法易受到时间、地点和天气等诸多条件的限制,观测和计算也比较繁琐。用陀螺经纬仪测量直线真方位角则可避免这些缺点,特别适合于一些地下工程。

5.6.2　陀螺经纬仪的定向原理及构造

1. 陀螺经纬仪的定向原理

陀螺经纬仪是由陀螺仪和经纬仪组合而成的一种用于直线定向的仪器。陀螺是一个高速旋转的转子,陀螺仪上转子的旋转角速度方向为水平方向。当转子高速旋转时,陀螺仪有两个重要特性:一是定轴性,即在无外力作用下,陀螺轴的方向保持不变;另一个是进动性,即在外力矩作用下,陀螺轴将按一定规律产生进动,沿最短路程向外力矩的旋转轴所在的铅垂面靠拢,直至两轴处于同一铅垂面为止。

过地面一点的真子午线与地球自转轴处于同一铅垂面(子午面)内。当陀螺仪的转子高速旋转,陀螺轴不在子午面内时,陀螺轴在地球自转的力矩作用下产生进动,向真子午线的真子午面靠近,陀螺轴就可以自动地指示出真北方向。

高速旋转陀螺的转轴在惯性作用下不会静止在真北方向,而是在真北方向左右摆动。其东、西摆动的最大振幅处称为逆转点,用经纬仪跟踪光标东、西逆转点,读取水平度盘读数并取其平均值,从而得到真北方向。

2. 陀螺经纬仪的构造

陀螺经纬仪由陀螺仪和经纬仪两部分组成。图5-9所示为国产 JT-15 型陀螺经纬仪,其测定真方位角的精度为±15″,经纬仪为 DJ6 级。

陀螺仪主要由灵敏部、观测系统、锁紧和限幅装置几部分组成。如图5-10所示,灵敏部的陀螺是陀螺仪的核心,可由外接电源或内置电池供电,并由悬挂带悬挂起来。启动和制动陀螺仪时,灵敏部必须处于锁紧状态,以防损坏悬挂带。通过陀螺仪目镜观察光标,光标在目镜视场内分划板零刻划线附近游动,反映了陀螺轴的摆动。

5.6.3　真方位角的测定

在待测真方位角的直线起点上架设陀螺经纬仪,陀螺仪的观测目镜和经纬仪望远镜的目镜应安置于同一侧,对中、整平后,打开电源箱,接好电缆,把操作钮旋至"照明"位置,检查电池电压,电表指针在红区内,就可以工作。

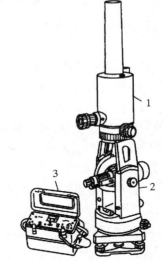

图5-9　JT-15 型陀螺经纬仪
1—陀螺仪;2—经纬仪;3—电池箱

1. 粗略定向

粗略定向可借助罗盘使经纬仪的望远镜大致指向北方向,也可以用陀螺经纬仪按下述逆转点法进行。

启动陀螺仪,待陀螺达到额定转速时,指示灯灭。慢慢放下陀螺灵敏部,通过陀螺仪的观测目镜观察光标游动的速度和方向,然后转动经纬仪的照准部进行跟踪,使光标与分划板零刻度线保持重合。当光标游动速度减慢,表明接近逆转点。光标快要停下时,制动经纬仪照准部,用微动螺旋跟踪光标。当光标出现短暂停顿时,表明达到逆转点,使光标与分划板零刻度线精确重合,读取经纬仪水平度盘读数 u'_1。此后光标将反向游动,松开制动螺旋,继续跟踪至另一逆转点,读取经纬仪水平度盘读数 u'_2。至此观测完毕,托起灵敏部,制动陀螺。取两次读数的平均值 N,将经纬仪照准部旋转至水平度盘读数为 N 时,经纬仪视线即指向近似真北方向。该方法精度约为 $\pm 3'$。

2. 精密定向

经纬仪视线指向粗略定向所得近似真北方向时,制动照准部。启动陀螺仪,待陀螺达到额定转速时,慢慢放下陀螺灵敏部,并进行限幅。然后用微动螺旋跟踪光标。当到达逆转点时,光标会停留片刻,此时使零刻度线与光标重合,读出第 1 个逆转点的水平度盘读数 u_1。当光标反向游动时继续跟踪,连续读出五个逆转点的水平度盘读数 $u_1, u_2, \cdots, u_5$,观测完毕,托起灵敏部,制动陀螺。

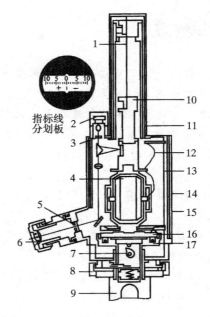

图 5-10 陀螺经纬仪构造

1—悬挂带;2—照明灯;3—光标;4—陀螺马达;5—分划板;
6—目镜;7—凸轮;8—螺纹压环;9—桥形支架;10—悬挂柱;
11—上部外罩;12—导流丝;13—支架;14—外壳;
15—磁屏蔽罩;16—灵敏部底座;17—锁紧限幅机构

陀螺在子午面内的左右摆动,呈略有衰减的正弦波形,如图 5-11 所示,所以取 5 个逆转点水平度盘读数的平均值 N_T,即为真北方向的水平度盘读数。

$$N_1 = \frac{1}{2}\left(\frac{u_1 + u_3}{2} + u_2\right)$$

$$N_2 = \frac{1}{2}\left(\frac{u_2 + u_4}{2} + u_3\right)$$

$$N_3 = \frac{1}{2}\left(\frac{u_3 + u_5}{2} + u_4\right)$$

$$N_T = \frac{1}{3}(N_1 + N_2 + N_3) \tag{5-8}$$

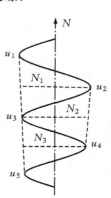

图 5-11 跟踪逆转点法

这种测定陀螺真北方向值的方法称为"跟踪逆转点法"。

直线真方位角 A 为

$$A = L - N_T + v_0 + \Delta \tag{5-9}$$

式中:L 为直线方向值,是观测 N_T 值前后在测站上各用正倒镜照准直线端点观测,取其 4 次观测值的平均值;Δ 为仪器常数;v_0 为陀螺仪悬带零位改正,其测定和计算方法,可根据具体仪器使用说明书来确定,在此不再赘述。

思考与练习

1. 为什么要进行直线定向？如何确定直线的方向？

2. 测量工作采用的标准方向有哪些？

3. 什么是坐标方位角和坐标象限角？它们之间是如何换算的？

4. 位于某带中央子午线以东有一 A 点，已知 A 点的磁偏角为西偏 $21'$，过 A 点的子午线收敛角为 $3'$，直线 AB 的坐标方位角 $\alpha_{AB} = 64°20'$，试绘图计算直线 AB 的真方位角和磁方位角。

5. 已知某地的磁偏角为 $-5°30'$。现用罗盘测得 AB 直线的磁方位角为 $156°24'$，求 AB 直线的真方位角。

6. 已知 A、B 两点坐标分别为：$x_A = 300.486$ m、$y_A = 500.629$ m；$x_B = 198.775$ m、$y_B = 324.564$ m，求直线 AB 的坐标象限角和坐标方位角。

7. 如图 5-12 所示，已知 $\alpha_{AB} = 65°30'42''$，根据图中标注的水平角值，计算 $B-1$ 边的正坐标方位角及 $1-2$ 边的反坐标方位角。

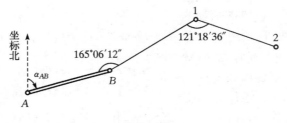

图 5-12

8. 怎样用罗盘仪测定直线的磁方位角？

9. 为什么陀螺仪能确定真北方向？

第6章 测量误差基础知识

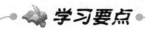 **学习要点**

1. 系统误差和偶然误差
2. 偶然误差的特性
3. 测量精度的评定指标
4. 观测值的中误差、算术平均值的中误差
5. 误差传播定律

6.1 测量误差概述

通过一定测量仪器和方法对某一量进行测量所得的原始数据、数值,称其为观测值。对于任何一个观测量而言,客观地说,总存在一个能表示其真实情况的数值,我们将这一数值称为该观测量的真值,用 X 表示。如平面三角形的内角之和为 $180°$、平面多边形的内角之和为 $(n-2)×180°$、闭合水准路线高差之和为 0 等。但在实际工作中,大多数观测量的真值是未知的。

由于测量工作中受多种因素的影响,导致观测成果不可避免的会出现观测值与其客观真实值之间出现差异,这种观测值与其真值之差称为测量误差,也称为真误差。设对某量观测 n 次,其观测值为 $l_1,l_2,\cdots,l_n$,则各次观测的真误差为

$$\Delta_i = l_i - X \quad (i = 1,2,\cdots,n) \tag{6-1}$$

测量误差现象是一种客观存在,在测量过程中误差是不可避免的。为了保证测量结果达到一定的使用要求,需要对测量误差进行分析研究,分析误差产生的原因和规律特征,正确处理测量结果并对测量结果进行精度评定。选择合理的测量方法将一些误差加以消除,或者将误差控制在容许的范围之内,以减弱其影响,达到提高观测成果质量,满足使用要求的目的。

➢ 6.1.1 测量误差的来源

测量误差产生的原因很多,概括起来主要有测量仪器、测量者以及外界条件三个方面因素。

1. 测量仪器因素

由于测量仪器制造工艺、材料等均会存在一定的缺陷,以及测量仪器本身精密度等级的划

分,从而使观测的精度受到影响,不可避免的产生了相应的误差。例如经纬仪的水平度盘偏心、度盘刻划不均匀,水准测量所使用的水准尺和量距使用的钢尺刻划的精确程度等。另外,仪器经长期使用,使得轴线关系发生变化,或者仪器虽经检验和校正,仍会存在"残余误差",这些都会使观测结果产生误差。

2. 观测者因素

由于观测者的感觉器官鉴别能力存在一定局限性,以及不同观测者其感觉器官的鉴别能力的差异性,在测量过程中都会产生相应的误差。如对中误差、整平误差、照准误差、读数误差等。此外,由于观测者的技术水平和工作态度等也会对观测结果的质量产生一定程度的影响。

3. 外界条件因素

测量现场所处的外界环境条件,如空气温湿度、大气压力、风力、日光照射、大气折光、能见度等直接影响观测质量的因素的变化,会影响测量结果,产生相应误差。例如,温度变化使钢尺产生热胀冷缩,大气折光使照准目标产生偏差等。

测量仪器、观测者和外界条件这三方面因素综合起来称为测量观测条件。观测条件的优劣与观测结果的精度有着密切的关系。观测条件都相同的观测称为等精度观测;观测条件不相同的观测称为非等精度观测。

▷ 6.1.2 测量误差的分类

根据测量误差对测量结果影响的性质不同,测量误差通常分为系统误差和偶然误差两种类型。

1. 系统误差

在相同的观测条件下,对某量进行一系列的观测,如果误差大小和符号都相同,或符号相同,大小按一定的规律变化,这类误差称为系统误差。

系统误差大多由仪器制造、校正不彻底和观测人员操作习惯等多种原因引起。例如,在钢尺量距中用同一把名义长度为 30 m,而实际长度为 30.002 m 的钢尺进行量距,则每量一个尺段都会产生 +0.002 m 的误差,若用其量 n 个尺段的距离,则会产生 $n \times 0.002$ m 的误差。可以看出,使用这把钢尺量距,误差的符号不变,大小与所量距离长度成正比。

系统误差具有累积性,对测量结果的影响较大,因此,测量时必须采用适当的方法消除或减弱系统误差的影响。由于系统误差符号和大小有一定的规律,对于不同原因产生的系统误差,通常可以采用以下方法对系统误差进行处理。

① 测定系统误差的大小,对观测值进行计算改正。如用钢尺量距时,通过对钢尺的鉴定求出尺长改正数,测定温度,对观测结果进行尺长改正和温度改正,来消除尺长误差和温度变化引起的误差。

② 采用对称观测的方法加以消除。如水准测量时,采用前、后视距相等的方法,消除由于视准轴不平行于水准管轴所引起的系统误差影响;经纬仪观测水平角和竖直角时,可通过用盘左、盘右观测,取其观测值中数的方法,来消除视准轴不垂直横轴、横轴不垂直竖轴和竖盘指标差等影响。

③ 测前对仪器进行检校。使得仪器各部件的关系满足限差允许范围之内,以减弱其对观测结果的影响。如经纬仪照准部水准管轴不垂直于竖轴的误差,可以通过精确检校照准部水

准管,并在观测中精确整平的方法,对其大小加以限制,以消减其对水平观测的影响。

应注意的是由于不同的测量仪器和测量方法,系统误差的存在形式会有所不同,所以消除系统误差的方法也不同,必须根据具体情况进行分析研究,采取不同的措施使系统误差消除或减小到满足要求的程度。

2. 偶然误差

在相同的观测条件下对某量进行一系列的观测,如果误差出现的大小和符号都不确定,但从大量的误差总体来看,又符合一定的统计规律,这类误差称为偶然误差,也称为随机误差。

产生偶然误差的原因很多,如观测者感官鉴别能力的因素、望远镜放大倍数等,常见的如,读数时估读误差、照准误差、观察水准管气泡居中误差等。由于偶然误差表现出不可预测的偶然性,因此无法完全消除。

另外,在测量过程中,还可能出现超过误差容许范围的读错、记错或测错等,称之为粗差。粗差属于错误,在测量结果中是不允许出现的。粗差大多是由于使用的仪器不合格、观测者的粗心大意(如听错、瞄错、读错)或外界条件发生意外变化而引起的。为了防止出现粗差,除认真仔细操作外,还必须采用必要的措施对测量成果进行检核。如对距离进行往、返测量,对角度、高程重复观测,采用几何图形进行必要的多余观测,用一定的几何条件进行检核等。

6.1.3 偶然测量误差的特性

对大量的偶然误差而言,它具有一定的规律性,并且随着观测次数的增多,这种统计规律越明显,认识了这种规律,可以很好地指导测量实践,从而提高观测精度,并对观测精度进行科学的评定。

在相同观测条件下,通过对某一三角形的三个内角进行了358次观测,由于观测存在误差,各次观测该三角形的内角和不等于其理论值。即各次观测该三角形内角和的真误差为

$$\Delta_i = a_i + b_i + c_i - 180°$$

取真误差区间间隔 $d\Delta = 0.20''$,将358次观测该三角形内角和的真误差按其符号和大小排列于表6-1中。

表6-1 三角形内角和观测误差分布表

误差所在区间	正误差		负误差	
	个数	相对个数	个数	相对个数
$0.0''\sim0.2''$	45	0.126	46	0.128
$0.2''\sim0.4''$	40	0.112	41	0.115
$0.4''\sim0.6''$	33	0.092	33	0.092
$0.6''\sim0.8''$	23	0.064	21	0.059
$0.8''\sim1.0''$	17	0.047	16	0.045
$1.0''\sim1.2''$	13	0.036	13	0.036
$1.2''\sim1.4''$	6	0.017	5	0.014
$1.4''\sim1.6''$	4	0.011	2	0.006
$1.6''$以上	0	0.000	0	0.000
总和	181	0.505	177	0.495

将表 6-1 的结果，以误差的大小区间为横坐标，以误差出现的频率与区间间隔之比为纵坐标，即可绘出误差分布直方图，如图 6-1 所示。图中的每一个误差区间上方的长条面积则代表误差出现在该区间的频率。

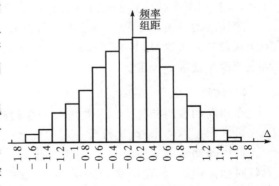

图 6-1　偶然误差分布直方图

从表 6-1 和图 6-1 可以看出，这一系列观测误差中小误差出现的个数较大误差出现的个数多；绝对值相等的正负误差出现的个数相近；绝对值最大的误差不超过某一定值。由该实验统计结果，我们可以得出，当观测次数足够多时，偶然误差具有以下统计特性。

① 在一定的观测条件下，偶然误差的绝对值有一定限值，超过该限值的误差出现的概率为零，即"有界性"，该限值取决于观测条件。

② 绝对值较小的误差出现概率较大误差大，即"单峰性"；

③ 绝对值相等的正负误差出现的概率相同，即"对称性"。

④ 同一量的等精度观测，其偶然误差算术平均值随观测次数的无限增加而趋于 0。

即

$$\lim_{n\to\infty}\frac{[\Delta]}{n}=0 \tag{6-2}$$

式中：$[\Delta]=\Delta_1+\Delta_2+\cdots+\Delta_n$。这表明了误差具有"抵偿性"。

如果使观测次数无限增多（$n\to\infty$），并将误差区间的间隔无限缩小（$d\Delta\to0$），此时各区间内的频率将趋于稳定而形成概率，直方图的顶端连线将变成一条光滑而又对称的曲线，称之为误差概率分布曲线，见图 6-2。在数理统计中，又称之为高斯正态分布曲线，其函数形式为

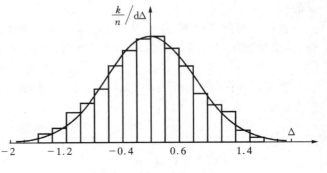

图 6-2　偶然误差概率分布曲线

$$y=f(\Delta)=\frac{1}{\sigma\sqrt{2\pi}}e^{-\frac{\Delta^2}{2\sigma^2}} \tag{6-3}$$

式中：π 为圆周率；e 为自然对数的底；σ 为观测值的标准差，其值与观测条件有关，$\sigma>0$；σ^2 为标准差的平方，即为方差。方差为偶然误差平方的理论平均值

$$\sigma^2=\lim_{n\to\infty}\frac{\Delta_1^2+\Delta_2^2+\cdots+\Delta_n^2}{n}=\lim_{n\to\infty}\frac{[\Delta^2]}{n} \tag{6-4}$$

则标准差为

$$\sigma=\pm\lim_{n\to\infty}\sqrt{\frac{[\Delta\Delta]}{n}} \tag{6-5}$$

标准差的几何意义：当标准差 σ 越小时，误差概率分布曲线峰值越高，曲线形状越陡。则说明零附近的小误差出现的机会越多，即误差分布越密集，表明观测质量越好；相反，当标准差

σ 越大,曲线中部峰值越低,曲线形状越平缓,说明零附近的小误差机会越少,即误差分布离散,表明观测质量越差。

6.2   评定测量精度的指标

精度是指一组误差分布密集或离散的程度。分布愈密集,则表示在该组误差中,绝对值较小的误差所占的相对个数愈大,在这种情况下,该组误差绝对值的平均值,就一定愈小。由此可见,精度虽然不代表个别误差的大小,但是它与这一组误差绝对值的平均大小显然有直接联系的。

测量工作中所使用的仪器,有其所能达到的精度指标。工程规范中,要用精度指标来提出对观测精度的要求;在提交观测成果时,要用精度指标来表明观测成果的可靠程度。因此,需要用一种合理的指标,来评定测量精度。测量中常用的精度指标有中误差、相对误差和极限误差。

➤ 6.2.1   中误差

设在相同的条件下,对真值为 X 的量做 n 次观测,其观测值为 $l_1, l_2, \cdots, l_n$,相应的真误差为 $\Delta_1, \Delta_2, \cdots, \Delta_n$。

$$\Delta_i = L_i + X \quad (i = 1, 2, 3, \cdots, n) \tag{6-6}$$

根据式(6-5),在测量工作中,当测量次数 n 为有限次时,σ 的估值即为中误差,用 m 表示。则中误差的定义公式为

$$m = \pm \sqrt{\frac{[\Delta\Delta]}{n}} \tag{6-7}$$

比较式(6-5)与式(6-7),标准差 σ 与中误差 m 的不同在于观测次数的区别,标准差是设想根据无限个观测值计算所得的理论上的观测精度指标,而中误差是观测次数 n 为有限时的观测精度指标。所以中误差实际上是标准差的近似值,统计学中将其称为估值,随着 n 的增加,m 将趋于 σ。

使用中误差评定观测值的精度时,需要注意以下几点。

① 只有等精度观测值才对应同一个误差分布,也才具有相同的中误差,同时要求观测个数应较多。

② 用式(6-7)计算的是观测值的中误差。由于是等精度观测,每个观测值的精度相同,中误差相等。

③ 中误差数值前冠以"±"号,一方面表示为方根值,另一方面也体现了中误差所表示的精度实际上是误差的某个区间。

➤ 6.2.2   相对误差

中误差和真误差都是绝对误差。测量工作中,并非所有观测结果的精度都能用中误差完全表达。例如距离测量,当丈量 D_1、D_2 两段距离分别为 100 m 和 200 m,其中误差均为 ±0.04 m 时,并不能说明这两段距离的丈量精度相等。由于前者的距离短于后者,丈量的工作量明显少于后者,所以单纯用绝对误差来衡量它们的精度是不合理的。

对于一些误差的大小与其观测量值大小有关的观测,衡量其精度应采用相对中误差或相对误差,用 K 表示。相对误差是中误差的绝对值与相应观测值的比值,它是一个无名数,通常用分子为 1 分数形式表示,分母越大,说明精度越高。

$$K = \frac{|m|}{D} = \frac{1}{\dfrac{D}{|m|}} \tag{6-8}$$

式中:m 为距离 D 的中误差时;K 称为相对中误差。在上例中

$$K_1 = \frac{|m_1|}{D_1} = \frac{0.04}{100} = \frac{1}{2500}$$

$$K_2 = \frac{|m_2|}{D_2} = \frac{0.04}{200} = \frac{1}{5000}$$

显然,后者比前者精度高。

在距离丈量中,常用往、返测量结果的相对较差来进行检核,相对较差为

$$K = \frac{|D_{往} - D_{返}|}{D_{平均}} = \frac{|\Delta D|}{D_{平均}} = \frac{1}{\dfrac{D_{平均}}{|\Delta D|}} \tag{6-9}$$

相对较差是真误差的相对误差。它只反映了往、返测量的符合程度。显然,相对较差越小,观测结果越可靠。

必须指出,用经纬仪测角时,不能用相对误差来衡量测角精度,因为测角误差与角度大小无关。

▶ 6.2.3　极限误差

偶然误差的特性表明,在一定条件下,其误差的绝对值是有一定限度的,因而在衡量某一观测值的质量,决定其取舍时,可以以该限度作为观测量误差的限值,我们将其称为极限误差,又称为容许误差、限差。如果测量误差超过该值范围,就认为该观测值的质量不合格。

那如何确定极限误差呢?通过数理统计理论分析误差概率分布曲线(见图 6-3)可知,观测值真误差的绝对值大于中误差的偶然误差出现的可能性为 32%,大于两倍中误差的偶然误差出现的可能性只有 5%,大于三倍中误差的偶然误差出现的可能性仅为 0.3%。

从上述统计可以看出,绝对值大于三倍中误差的偶然误差在观测中是很少出现的,因此通常用三倍中误差作为误差的界限,称为该观测条件的极限误差。即

$$\Delta_{限} = 3m \tag{6-10}$$

在实际工作中,测量规范要求观测值不允许较大的误差,常以三倍中误差作为偶然误差的容许值,称为容许误差。即

$$\Delta_{容} = 3m \tag{6-11}$$

对一些要求严格的精密测量,有时以二倍中误差作为偶然误差的容许值,即

$$\Delta_{容} = 2m \tag{6-12}$$

在实际观测中,偶然误差一旦超过规定的限差范

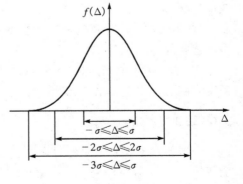

图 6-3　误差概率分布曲线

围,则说明观测值质量不符合要求,必须舍去,应予以重新观测。

在工程测量工作中,极限误差一般应用于以下两个主要方面。

1. 制定观测规范的精度要求

对某一未知量的观测,可以针对某一种观测条件,如仪器和观测方法,用试验方法结合理论推导,求其观测中误差 m。然后根据式(6-11)或式(6-12),取 $3m$ 或 $2m$ 作为测量规范中的限差。

2. 设计确定观测条件

针对具体工程,设计提出容许误差要求,则可根据式(6-11)或式(6-12),计算出中误差 m,依此选择观测条件,以满足设计要求。

6.3 直接观测值函数的中误差

上节介绍了在相同的观测条件下,对一未知量进行多次观测,获得一组等精度观测值,然后用观测值的中误差来评定观测值的精度。但在实际测量工作中,许多未知量不可能或不便于直接观测,而需要由直接观测量,根据未知量和直接观测量之间的函数关系计算而得。如测量地面两点的高差 h,是由直接观测的前、后视读数 a、b,根据水准测量原理,由函数式 $h=a-b$ 计算得到。

不难理解,既然未知量是由直接观测值通过函数关系式计算而得,那么算得的未知量的中误差与直接观测值的中误差之间就存在必然联系。我们把表述观测值中误差与其函数中误差之间关系的定律就称为误差传播定律。

下面就不同函数形式分别讨论其误差传播,推导出根据直接观测值的中误差计算其函数中误差的公式。

➤ 6.3.1 线性函数

线性函数的一般形式

$$Z = k_1 x_1 \pm k_2 x_2 \pm \cdots \pm k_n x_n \tag{6-13}$$

式中:$x_1, x_2, \cdots, x_n$ 为独立直接观测值,其中误差分别为 $m_1, m_2, \cdots, m_n$;$k_1, k_2, \cdots, k_n$ 为常数。

设函数中误差为 m_z,下面来推导 m_z 与 $m_1, m_2, \cdots, m_n$ 之间的关系,为便于推导,先以两个独立观测值 x_1, x_2 进行讨论,即

$$Z = k_1 x_1 \pm k_2 x_2 \tag{6-14}$$

x_1, x_2 的真误差为 Δx_1 和 Δx_2,而函数值 Z 必有真误差 ΔZ,即

$$Z + \Delta Z = k_1 (x_1 + \Delta x_1) \pm k_2 (x_2 + \Delta x_2) \tag{6-15}$$

则

$$\Delta Z = k_1 \Delta x_1 \pm k_2 \Delta x_2 \tag{6-16}$$

若对 x_1、x_2 均进行 n 次观测,可得

$$\left.\begin{array}{l} \Delta Z_1 = k_1 (\Delta x_1)_1 \pm k_2 (\Delta x_2)_1 \\ \Delta Z_2 = k_1 (\Delta x_1)_2 \pm k_2 (\Delta x_2)_2 \\ \vdots \\ \Delta Z_n = k_1 (\Delta x_1)_n \pm k_2 (\Delta x_2)_n \end{array}\right\} \tag{6-17}$$

式(6-17)等号两边平方求和,并除以 n,得

$$\frac{[\Delta Z^2]}{n} = k_1^2 \frac{[\Delta x_1^2]}{n} + k_2^2 \frac{[\Delta x_2^2]}{n} \pm 2k_1 k_2 \frac{[\Delta x_1 \cdot \Delta x_2]}{n} \tag{6-18}$$

由于 Δx_1 和 Δx_2 均为独立观测值的真误差,属于偶然误差,因此 Δx_1 和 Δx_2 乘积也必然呈现偶然性,根据偶然误差的第四特性,有

$$\lim_{x \to \infty} \frac{k_1 k_2 [\Delta x_1 \cdot \Delta x_2]}{n} = 0 \tag{6-19}$$

则式(6-18)可写为

$$\frac{[\Delta Z^2]}{n} = k_1^2 \frac{[\Delta x_1^2]}{n} + k_2^2 \frac{[\Delta x_2^2]}{n} \tag{6-20}$$

根据式(6-7),式(6-20)可写为

$$m_z^2 = k_1^2 m_1^2 + k_2^2 m_2^2 \tag{6-21}$$

推广到 n 项线性函数,可得线性函数中误差的关系式为

$$m_z^2 = k_1^2 m_1^2 + k_2^2 m_2^2 + \cdots + k_n^2 m_n^2 \tag{6-22}$$

➢ 6.3.2　非线性函数

非线性函数一般形式为

$$Z = f(x_1, x_2, \cdots, x_n) \tag{6-23}$$

求函数 Z 的中误差 m_z 与观测量 $x_1, x_2, \cdots, x_n$ 的中误差 $m_1, m_2, \cdots, m_n$ 之间的关系。

对式(6-21)进行全微分

$$\mathrm{d}z = \frac{\partial f}{\partial x_1}\mathrm{d}x_1 + \frac{\partial f}{\partial x_2}\mathrm{d}x_2 + \cdots + \frac{\partial f}{\partial x_n}\mathrm{d}x_n \tag{6-24}$$

由于 ΔZ 和 $\Delta x_1, \Delta x_2, \cdots, \Delta x_n$ 均很小,可以近似用 ΔZ 和 $\Delta x_1, \Delta x_2, \cdots, \Delta x_n$,代替 $\mathrm{d}Z$ 和 $\mathrm{d}x_1, \mathrm{d}x_2, \cdots, \mathrm{d}x_n$,则有

$$\Delta z = \frac{\partial f}{\partial x_1}\Delta x_1 + \frac{\partial f}{\partial x_2}\Delta x_2 + \cdots + \frac{\partial f}{\partial x_n}\Delta x_n \tag{6-25}$$

式中 $\frac{\partial f}{\partial x_i}(i = 1, 2, \cdots, n)$ 是函数对各变量所取的偏导数。将观测值 l_i 代入各偏导数,所得的值为常数 k_i,即

$$\frac{\partial f}{\partial x_i} = k_i$$

则式(6-25)可写为

$$\Delta z = k_1 \Delta x_1 + k_2 \Delta x_2 + \cdots + k_n \Delta x_n \tag{6-26}$$

应用误差传播公式(6-22)得函数 Z 的中误差

$$\begin{cases} m_z^2 = k_1^2 m_1^2 + k_2^2 m_2^2 + \cdots + k_n^2 m_n^2 \\ k_i = \dfrac{\partial f}{\partial x_i} \quad (i = 1, 2, \cdots, n) \end{cases} \tag{6-27}$$

以上述函数关系式的中误差推算公式为基础,即可推导出一般常用函数的中误差计算公式,见表 6-2。

表 6-2　观测值函数中误差计算公式

函数名称	函数关系式	中误差关系式
一般函数	$Z=f(x_1,x_2,\cdots,x_n)$	$m_z^2=(\dfrac{\partial f}{\partial x_1})^2 m_1^2+(\dfrac{\partial f}{\partial x_2})^2 m_2^2+\cdots+(\dfrac{\partial f}{\partial x_n})^2 m_n^2$
线性函数	$Z=k_1 x_1\pm k_2 x_2\pm\cdots\pm k_n x_n$	$m_z^2=k_1^2 m_1^2+k_2^2 m_2^2+\cdots+k_n^2 m_n^2$
和差函数	$Z=x_1\pm x_2\pm\cdots\pm x_n$	$m_z^2=m_1^2+m_2^2+\cdots+m_n^2$
倍数函数	$Z=cx$	$m_z=cm$

值得注意的是：应用误差传播定律时，关系式中各自变量应互相独立，不包含共同的误差，否则应作并项式移项处理。

➤ 6.3.3　误差传播定律在工程测量误差分析中的应用

1. 距离测量

例 6.1　在测得一圆的半径为 $R=2.387$ m，已知其中误差为 $m_R=\pm0.003$ m，试求圆的面积及其中误差。

解　$S=\pi R^2=\pi\times2.387^2=17.891$（m²）

$$\frac{\partial S}{\partial R}=2\pi R$$

根据误差传播定律，按式（6-27）圆面积的中误差为

$$m_S=\pm\sqrt{(2\pi R)^2 m_R^2}=\pm0.045\ \text{m}^2$$

最后得　　　　　　　　　　$S=17.891\ \text{m}^2\pm0.045\ \text{m}^2$

例 6.2　为了求得一水平距离 D，先量得其倾斜距离 $D'=55.350$ m，量距中误差为 $m_{D'}=\pm0.005$ m，测得其竖直角 $\alpha=10°30'00''$，测角中误差 $m_\alpha=\pm18''$。试求水平距离 D 及其中误差 m_D。

解　$D=D'\cos\alpha=55.350\times\cos10°30'00''=54.423$ m

$$
\begin{aligned}
m_D &=\pm\sqrt{(\frac{\partial D}{\partial D'})^2 m_{D'}^2+(\frac{\partial D}{\partial\alpha})^2 m_\alpha^2}\\
&=\pm\sqrt{m_{D'}^2\cos^2\alpha+(-D'\sin\alpha)^2(\frac{m_\alpha}{\rho''})^2}\\
&=\pm\sqrt{0.005^2\cos^2 10°30'00''+(-55.350\times\sin10°30'00'')^2(\frac{18}{206265})^2}\\
&=\pm0.005\ (\text{m})
\end{aligned}
$$

水平距离的结果和精度可写为

$$D=54.423\ \text{m}\pm0.005\ \text{m}$$

在计算中，$\dfrac{m_\alpha}{\rho''}$ 是将角值化为弧度，$\rho=\dfrac{360°}{2\pi}=57.3°=3434'=206265''$

2. 水准测量

（1）水准尺读数的中误差

影响在水准尺上的读数的因素很多，其中产生较大影响的有：整平误差、照准误差及估读

误差。

对于 DS3 水准仪施测时,其符合水准器的整平误差约为 $\pm 0.0752\tau''$(τ'' 为水准管分划值,DS3 水准仪为 20"),其产生的整平误差即为

$$m_{平} = \pm \frac{0.0752\tau''}{\rho''}D = \pm 0.7 \text{ mm}$$

式中:视距 D 为 100 m;$\rho'' \approx 206265''$。

DS3 水准仪望远镜放大倍数 v 一般为 25 倍,人眼分辨率的视角通常小于 60",当望远镜照准标尺时,在尺上产生的照准误差为

$$m_{照} = \pm \frac{60}{v \cdot \rho}D = \pm 1.2 \text{ mm}$$

水准尺读数时,最后毫米位需估读,其误差与十字丝的粗细、望远镜的放大倍数及视线的长度有关,使用 DS3 水准仪,视距 D 为 100 m 时,估读误差:$m_{估} = \pm 1.5 \text{ mm}$。

综合上述影响,瞄准水准尺读一个数的中误差 $m_{读}$ 为

$$m_{读} = \pm \sqrt{m_{平}^2 + m_{照}^2 + m_{估}^2} = \pm \sqrt{0.7^2 + 1.2^2 + 1.5^2} = \pm 2.0 \text{ (mm)}$$

(2)一个测站的高差中误差

一个测站测得的高差可用后视读数减前视读数($h = a - b$),一个测站的高差中误差

$$m_{站} = \pm \sqrt{m_a^2 + m_b^2} = \pm \sqrt{2}m_{读}$$

以 $m_{读} = \pm 2.0 \text{ mm}$ 代入前式可得到 $m_{站} = \pm 2.9 \text{ mm}$,取 $m_{站} = \pm 3.0 \text{ mm}$。

(3)水准路线的高差中误差及容许误差

设在两点间进行水准测量,共观测了 n 个测站,求得高差为 $h_1 = h_1 + h_2 + \cdots + h_n$,每一测站测得的高差中误差为 $m_{站}$,根据误差传播定律公式 $m_h = \pm m_{站} \cdot \sqrt{n}$,以 $m_{站} = \pm 3.0 \text{ mm}$ 代入,得 $m_h = \pm 3.0\sqrt{n}\text{mm}$。

对于等外水准测量而言,考虑其他因素的影响,规范规定以约 4 倍中误差取整作为容许误差。

对于平坦地区,一般每 1 km 水准路线按 10 站计,如用路线长度的公里数 L 代替测站数 n,则

$$f_{容} = (\pm 4 \times 3 \times \sqrt{10 \cdot L}) \approx \pm 40\sqrt{L} \text{ (mm)}$$

对于山地,则

$$f_{容} = (\pm 4 \times 3 \times \sqrt{n}) \approx \pm 12\sqrt{n} \text{ (mm)}$$

(4)水平角测量误差分析

对于 DJ6 光学经纬仪而言,其测量水平角一个测回方向值中误差 m 为 $\pm 6''$,设一测回方向值为 a,则可以推导出如下关系。

① 半测回方向值中误差。一个测回方向值是上、下半测回方向值(相当于两个方向读数)的平均值,设半测回方向值为 $a_{半}$,则 $a = \frac{a_{上半} + (a_{下半} \pm 180)}{2}$,根据误差传播定律 $m = \frac{m_{半}}{\sqrt{2}}$,因而

$$m_{半} = \sqrt{2}m = \pm 8.5''$$

② 半测回角值中误差。半测回角值等于两个半测回方向值之差,所以半测回角值的中误差即为

$$m_{\beta\not=} = \sqrt{2}m_{\not=} = \pm 12''$$

③ 一测回角值的中误差。设一个测回角值为 β，$\beta = \dfrac{\beta_{上半} + \beta_{下半}}{2}$，则一测回角值的中误差为

$$m_{\beta} = \frac{m_{\not=}}{\sqrt{2}} = \pm 8.5''$$

④ n 个测回角值的中误差。设 n 测回角值为 β_n，$\beta_n = \dfrac{\beta_1 + \beta_2 + \cdots + \beta_n}{n}$，则

$$m_{\beta_n} = \frac{m_{\beta}}{\sqrt{n}} = \pm \frac{8.5''}{\sqrt{n}}$$

⑤ 上、下半测回角值之差的中误差。上、下半测回角值之差 $\Delta\beta = \beta_{上半} - \beta_{下半}$，则其中误差为

$$m_{\Delta\beta} = \sqrt{2} \cdot m_{\beta\not=} \pm \sqrt{2} \cdot 12'' = \pm 17''$$

⑥ 上、下半测回角值之差的容许误差。以约 2.4 倍中误差取整，即得上、下半测回角值之差 $\Delta\beta$ 的容许误差为

$$\Delta\beta = \pm 2.4 \times 17'' \approx \pm 40''$$

6.4　等精度直接观测值的最可靠值及其中误差

在测量工作中，对某一未知量进行观测，由于其真值大多数是未知的。为了进行检核及提高观测成果的精度，往往采用多余观测。通常就是在相同条件下对某量进行 n 次观测，并通过一定的数据处理，从而得出唯一的与被观测量真值最为接近的值作为最终的观测结果，这个值称为真值的最可靠值或真值的最或是值。

➤ 6.4.1　观测值的最可靠值

在相同的观测条件下，设对真值为 X 的某量进行 n 次观测，观测值为 $l_i(i=1,2,\cdots,n)$，则其算术平均值为

$$L = \frac{l_1 + l_2 + \cdots + l_n}{n} = \frac{[l]}{n} \tag{6-28}$$

其相应的真误差为 $\Delta_1, \Delta_2, \cdots, \Delta_n$，则

$$\begin{cases} \Delta_1 = l_1 - X \\ \Delta_2 = l_2 - X \\ \quad\vdots \\ \Delta_n = l_n - X \end{cases}$$

将上式取和，再除以观测次数 n，得

$$\frac{[\Delta]}{n} = \frac{[l]}{n} - X = L - X$$

式中算术平均值可写为

$$L = \frac{[\Delta]}{n} + X$$

则有

$$\lim_{n \to \infty} L = \lim_{n \to \infty} (\frac{[\Delta]}{n} + X)$$

$$= \lim_{n \to \infty} \frac{[\Delta]}{n} + X$$

根据偶然误差的第四个特性,有

$$\lim_{n \to \infty} \frac{[\Delta]}{n} = 0$$

可得

$$\lim_{n \to \infty} L = X \qquad\qquad (6-29)$$

式(6-29)表明当观测次数 n 趋于无穷大时,算术平均值就等于未知量的真值。当观测次数 n 为有限次时,算术平均值是最接近真值的值。因此,通常取算术平均值为未知量的最可靠值,作为未知量的最后结果。

▶ 6.4.2 观测值的中误差

当观测值的真值 X 已知时,根据式(6-7),可以计算出这一系列观测值的中误差 m。但在大多数情况下,观测值的真值 X 是不知道的,就不能用式(6-7)求出 m。在实际应用中,当观测值的真值未知时,多用观测值的算术平均值近似地看做真值,称为似真值。而观测值的算术平均值 L 与各观测值 l_i 的差值,称为各观测值的似真差或改正数 v,即

$$v_i = L - l_i \qquad\qquad (6-30)$$

则各次观测值的改正数为

$$\begin{cases} v_1 = L - l_1 \\ v_2 = L - l_2 \\ \vdots \\ v_n = L - l_n \end{cases}$$

而各次观测值的真误差为

$$\begin{cases} \Delta_1 = l_1 - X \\ \Delta_2 = l_2 - X \\ \vdots \\ \Delta_n = l_n - X \end{cases}$$

将上两组式对应相加

$$\begin{cases} \Delta_1 + v_1 = L - X \\ \Delta_2 + v_2 = L - X \\ \vdots \\ \Delta_n + v_n = L - X \end{cases}$$

设 $L - X = \delta$,代入上式,并移项得

$$\begin{cases} \Delta_1 = -v_1 + \delta \\ \Delta_2 = -v_2 + \delta \\ \vdots \\ \Delta_n = -v_n + \delta \end{cases}$$

将上组式各式两边分别自乘,并取和得

$$[\Delta\Delta] = [vv] - 2[v]\delta + n\delta^2 \tag{6-31}$$

显然

$$[v] = \sum_{i=1}^{n}(L - l_i) = nL - [l_i] = 0$$

则式(6-31)可写为

$$[\Delta\Delta] = [vv] + n\delta^2$$

等式两边同除以 n

$$\frac{[\Delta\Delta]}{n} = \frac{[vv]}{n} + \delta^2 \tag{6-32}$$

但是

$$\delta = L - X = \frac{[l]}{n} - X = \frac{[l-X]}{n} = \frac{[\Delta]}{n}$$

故有

$$\delta^2 = \frac{[\Delta]^2}{n^2} = \frac{1}{n^2}(\Delta_1^2 + \Delta_2^2 + \cdots + \Delta_n^2 + 2\Delta_1\Delta_2 + 2\Delta_2\Delta_3 + \cdots)$$

$$= \frac{1}{n^2}[\Delta\Delta] + \frac{2}{n^2}(\Delta_1\Delta_2 + \Delta_1\Delta_3 + \cdots + \Delta_1\Delta_n + \Delta_2\Delta_3 + \cdots)$$

由于 Δ_1、Δ_2、$\cdots$、Δ_n 均为偶然误差,且彼此独立,故 Δ_1、Δ_2、$\cdots$、Δ_n 也具有偶然误差的性质,当 $n \to \infty$ 时,其和 $(\Delta_1\Delta_2 + \Delta_1\Delta_3 + \cdots + \Delta_1\Delta_n + \Delta_2\Delta_3 + \cdots)$ 也将趋近为 0,则式(6-32)变为

$$\frac{[\Delta\Delta]}{n} = \frac{[vv]}{n} + \frac{[\Delta\Delta]}{n^2}$$

根据中误差的定义及式(6-7),上式可写为

$$m^2 = \frac{[vv]}{n} + \frac{m^2}{n}$$

经整理得到

$$m = \pm\sqrt{\frac{[vv]}{n-1}} \tag{6-33}$$

式(6-33)即为被观测量的真值未知时,等精度观测,利用观测值改正数 v_i 计算观测值中误差的公式,又称白塞尔公式。

▶ 6.4.3 算术平均值的中误差

在相同观测条件下,对某短距离测量了 n 次,得到相互独立的观测值为 $l_1, l_2, \cdots, l_n$。算术平均值为

$$L = \frac{l_1 + l_2 + \cdots + l_n}{n}$$

$$= \frac{1}{n}l_1 + \frac{1}{n}l_2 + \cdots + \frac{1}{n}l_n$$

由于各次观测为等精度观测,故它们的观测中误差均为 m。根据误差传播定律,按式(6-27)可以计算出其算术平均值的中误差 M 为

$$M^2 = \underbrace{\frac{1}{n^2}m^2 + \frac{1}{n^2}m^2 + \cdots + \frac{1}{n^2}m^2}_{n\text{个}}$$

$$= \frac{1}{n^2} \cdot nm^2 = \frac{m^2}{n}$$

最后得
$$M = \frac{m}{\sqrt{n}}$$
(6 - 34)

根据式(6-34)也可知道,如果存在算术平均值,观测次数至少为两次,即 $n \geq 2$。则算术平均值的中误差 M 恒小于观测值的中误差 m。也就是说,算术平均值比任何一个观测值都可靠。

例 6.3 在相同的观测条件下,用经纬仪观测某水平角 6 个测回,观测值列于表 6-3 中。试求观测值的中误差及算术平均值的中误差。

表 6 - 3

观测次数	观测值	改正数 v	改正数平方 vv
1	66°30′30″	−4″	16
2	66°30′26″	0	0
3	66°30′28″	−2″	4
4	66°30′24″	+2″	4
5	66°30′25″	+1″	1
6	66°30′23″	+3″	9
	$L=66°30′26″$	$[v]=0$	$[vv]=34$

解 观测值的中误差

$$m = \pm \sqrt{\frac{[vv]}{n-1}} = \pm \sqrt{\frac{34}{6-1}} = \pm 2.6″$$

算术平均值的中误差

$$M = \frac{m}{\sqrt{n}} = \frac{2.6}{\sqrt{6}} = \pm 1.1″$$

在实际工程中,可以根据测量结果需要达到的精度,在一定的观测条件下,来设计观测次数。由于算术平均值的中误差 M 是观测值中误差 m 的 $\frac{1}{\sqrt{n}}$ 倍,因此增加观测次数可以提高算术平均值的精度。例如,设观测值的中误差 $m=1$ 时,算术平均值的中误差 M 与观测次数 n 之间的关系如图 6-4 所示。由该图可以看出,当 n 增加时,M 减小。但当观测次数达到一定数值后(如 $n=10$),再增加观测次数,工作量增加,但精度提高的就不太明显了。所以,不能单纯以增加观

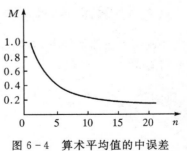

图 6-4 算术平均值的中误差与观测次数的关系

测次数来提高观测成果的精度,还应设法通过改变观测条件,减小观测值中误差 m,提高观测值本身的精度。例如,使用精度较高的仪器;提高观测者的技能;选择良好的外界条件下进行观测等。

思考与练习

1. 什么是系统误差和偶然误差？偶然误差有哪些特性？

2. 评定测量精度的指标有哪些？

3. 为什么等精度直接观测值的算术平均值是最可靠值？

4. 在相同观测条件下，对一条闭合水准路线观测了 4 次，高差闭合差分别为：$+15\ \text{mm}$、$-18\ \text{mm}$、$-8\ \text{mm}$、$+6\ \text{mm}$，试计算观测值的中误差。

5. 在相同的观测条件下，对某段距离丈量了 6 次，结果为 156.831 m、156.824 m、156.842 m、156.828 m、156.816 m、156.850 m。试计算观测值的中误差、算术平均值的中误差及其相对误差。

6. 在相同观测条件下，对某水平角观测了 4 个测回，算得算术平均值的中误差为 $\pm20''$。现欲使算术平均值的精度提高一倍，试问至少应观测几个测回？

7. 量得一球体的半径为 50.5 mm，已知其中误差为 ±0.5 mm。试求该球体的体积及其中误差。

8. 已知一六边形各内角的测角中误差均为 $\pm10''$，求六边形内角和闭合差的中误差。如果把中误差的二倍作为容许误差，则六边形内角和闭合差的容许误差是多少？

9. 有一函数式 $h = D\tan\alpha$，已知 $D = 185.924 \pm 0.005$ m，$m_\alpha = 18°30'24'' \pm 20''$。求 h 的值及其中误差。

第7章 小区域控制测量

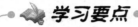

学习要点

1. 平面控制测网的形式
2. 导线测量外业工作
3. 导线测量内业计算
4. 平面控制点增补的方法
5. 三角高程测量原理

7.1 控制测量概述

在测量工作中,为了避免误差的累积,使分幅测绘的地形图能拼接成一个整体,或使整体设计的建筑工程能分区进行施工测量,要求测量工作都必须遵循"从整体到局部,先控制后碎部"的工作原则。在整个测区范围布设一些起控制作用的固定点,用比较精密的方法测定出它们的平面位置或高程,这些点称为控制点;而由控制点按照测量方法构成的几何图形,称为控制网;对控制网进行布设、测量和成果计算,以确定控制点位置的测量工作,称为控制测量。

控制测量分为平面控制测量和高程控制测量。测定控制点平面位置(x,y)的测量工作,称为平面控制测量;测定控制点高程的测量工作,称为高程控制测量。在传统测量工作中,平面控制网与高程控制网通常分别单独布设。目前,有时也将两种控制网合起来布设成三维控制网。

➤ 7.1.1 平面控制测量

1. 国家平面控制网

在全国范围内由一系列国家等级控制点构成的控制网称为国家控制网。它是全国各种比例尺地形图测绘和工程建设施工测量的基本控制网。国家平面控制网按精度可以分为一、二、三、四等四个等级。其布设形式主要采用三角网、三角锁、导线网和 GPS 网。一等三角锁是国家平面控制网的骨干,布设成大致沿经纬方向纵横交叉的锁系,如图 7-1(a)所示。一等三角锁的起算点坐标采用天文观测方法求得,三角形平均边长为 20~25 km。一等三角锁不仅作为低等级平面控制网的基础,还可以为研究地球形状和大小提供重要的科学资料。二等控制网在一等锁的基础上加密,在一等锁环内布设成全面三角网,如图 7-1(b)所示,平均边长为 13 km。三、四等控制网是在二等三角网基础上的进一步加密,通常作为各种比例尺地形测图和工程测量的基本控制。三等三角网平均边长为 8 km,四等三角网平均边长为 2~6 km。

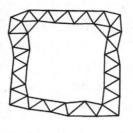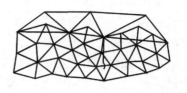

(a) 一等三角锁　　　　　　　(b) 二等三角网

图 7-1　国家一等、二等平面控制网

国家平面控制网的测量方法主要有三角测量、导线测量和 GPS 测量等。具体测量的技术指标按照国家《工程测量规范》(GB 50026—2007)要求执行。

2. 城市平面控制网

在城市或大型厂区,一般在国家控制点的基础上,为地形图测绘以及城市规划和建设而建立的平面控制网统称为城市平面控制网。相对国家平面控制网而言,这类平面控制网范围较小、边长较短、精度较高。城市平面控制网可以在国家基本平面控制网的基础上加密,也可以建立独立的城市或工程控制网。城市平面控制网的首级控制应根据城市或工程的规模及精度要求确定,可以相当于二等、三等或四等国家控制网。

城市或工程平面控制网一般采用三角测量、边角测量、导线测量和 GPS 测量等方法施测。其技术指标按照国家《工程测量规范》(GB 50026—2007)要求执行。

3. 小区域平面控制网

在不超过 10 km² 范围内建立的控制网,称为小区域控制网。由于区域较小,在小区域范围内可用水平面代替水准面,采用平面直角坐标系,计算控制点的坐标。小区域平面控制网,应尽可能与国家控制网联测,将国家或城市高级控制点坐标作为小区域控制网的起算和校核数据。如果测区或测区附近无高级控制点,或联测高级控制点比较困难时,也可建立独立平面控制网。小区域控制网可根据测区面积的大小分级建立测区首级控制网和次级(或图根)控制网。对于小区域平面控制测量的等级技术要求,可按照国家《工程测量规范》(GB 50026—2007)或各行业部门的规定执行。

4. 图根控制网

直接供地形图测绘使用的控制点,称为图根控制点,简称图根点。由图根控制点构成的控制网称为图根控制网。测定图根点位置的工作,称为图根控制测量。对于较小测区,图根控制可以作为首级控制。图根点的密度(包括高级点),取决于测图比例尺和地物、地貌的复杂程度。它可直接利用高级控制点作为起算点,布设成图根小三角,也可以布设成图根导线形式,采用导线测量、小三角测量或交会定点等方法施测。

▷ 7.1.2　高程控制测量

高程控制网主要通过水准测量方法建立,而在地形起伏大、直接进行水准测量较困难的地区建立低精度的高程控制网以及图根高程控制网,可以采用三角高程测量方法建立。在全国范围内采用水准测量方法建立的高程控制网,称为国家水准网。水准网按精度分为一、二、三、四等,各等级水准网一般要求自身构成闭合环线或在闭合高一级水准路线上构成环形。一等水准网是国家高程控制的主干网,它不仅作为低等级高程控制的基础,还为科学研究提供高程依据。二等水准网是在一等水准网基础上的加密网,是国家高程控制的基础网。三、四等水准网则直接为工程控制测量提供高程起算点。

在国家水准测量的基础上,城市高程控制分为二、三、四等三级,它是根据城市面积和所在地区国家水准点的密度,从高等级国家高程点的基础上布设的。其主要技术指标参见国家《工程测量规范》(GB 50026—2007)。

小区域高程控制网应根据测区面积大小和工程需要,采用分级控制方法布设。一般情况下,是以国家(或城市)水准点为基础,在整个测区布设三、四等水准路线或水准网,再以三、四等水准点为基础,测量图根控制点的高程。对于山区或测量难度较大的地区,还可以采用三角高程的方法建立图根高程控制。

本章主要介绍用导线测量进行小区域平面控制的方法。三、四等水准测量在第二章已经介绍,本章仅介绍用三角高程测量进行小区域高程控制的方法。

7.2 导线测量

➢ 7.2.1 导线及其测量技术要求

将地面上相邻控制点用直线连接而形成的折线,称为导线。这些控制点称为导线点。其中的每一条直线称为导线边。相邻导线边所夹的水平角称为导线转折角。导线测量就是通过测量各导线边的水平距离和导线各转折角值,根据起算数据,推算各导线边的坐标方位角、坐标增量,从而计算各导线点的坐标。

用经纬仪测量转折角,用钢尺测定边长的导线,称为经纬仪导线;用光电测距仪测定导线边长,则称为电磁波测距导线。

导线测量由于布设灵活,计算简单,广泛地应用于各等级的平面控制测量中,是小区域平面控制测量的主要方法。它适用于地物分布较复杂的城镇建筑区、通视条件较差的隐蔽区,也适用于交通线路、隧道和管线等狭长地带的控制测量。小区域平面控制导线主要分为一、二、三级和图根导线,其测量的主要技术要求如表7-1和表7-2所示。

表 7-1　工程导线测量的主要技术要求

等级	导线长度 /km	平均边长 km	测角中误差 /"	测距中误差 /mm	测距相对中误差	测回数			方位角闭合差 /"	导线长相对闭合差
						1″级仪器	2″级仪器	3″级仪器		
一级	4	0.5	5	15	1/30000		2	4	$10\sqrt{n}$	≤1/15000
二级	2.4	0.25	8	15	1/10000		1	3	$16\sqrt{n}$	≤1/10000
三级	1.2	0.1	12	15	1/7000		1	2	$24\sqrt{n}$	≤1/5000

注:1. n 为导线的转折角数;

　　2. 当测区测图的最大比例尺为1:1000比例尺时,一、二、三级导线的平均边长及总长可适当放长,但最大长度不应大于表中规定的2倍。

表 7-2   图根导线测量的主要技术要求

等级	相对误差	测角中误差/″		DJ6 测回数	方位角闭合差/″	
		一般	首级		一般	首级
≤aM	1/(2000a)	30	20	1	$60\sqrt{n}$	$40\sqrt{n}$

注:1. n 为导线的转折角数;

2. a 为比例系数,取值宜为 1,当采用 1∶500、1∶1000 比例尺时,其值可在 1～2 之间选取;

3. M 为测图比例尺的分母,但对于工矿区现状图测量,不论测图比例尺大小,M 均应取 500;

4. 隐蔽或施测困难的地区相对闭合差可放宽,但不应大于 1/(1000a)。

➢ 7.2.2   导线的布设形式

根据测区的具体情况和工程要求,导线可以布设成附合导线、闭合导线和支导线等形式。

1. 附合导线

起始于一个已知方向边上的已知控制点,经过一系列导线点,终止于另一个已知方向边上的已知控制点的导线,称为附合导线,如图 7-2 所示。附合导线是在高等级控制点下进行控制点加密的常用形式。当只有一端有已知方向时,称为单定向附合导线,简称单定向导线;当两端均无已知方向时,称为无定向附合导线,简称无定向导线。单定向导线和无定向导线,由于无法检核,在生产中应用较少。

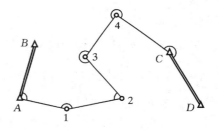

图 7-2   附合导线

2. 闭合导线

如图 7-3 所示,自一个已知控制点开始,经过一系列导线点,最终又回到原来的已知点上,形成一个闭合多边形,这种导线形式称为闭合导线。闭合导线的已知控制点上必须有已知方向。闭合导线除了观测各转折角外,还必须观测已知方向与导线边的连接角(图 7-3(a))。如果闭合导线的已知方向是两个已知控制点,也可将已知方向边作为闭合导线的一条边(图 7-3(b)),此时,无需再观测连接角。应该指出,由于闭合导线是一种可靠性较差的控制网图形,在实际工作中应避免单独使用。

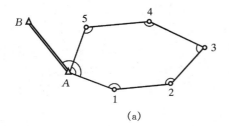

(a)

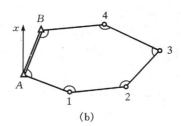

(b)

图 7-3   闭合导线

3. 支导线

如图 7-4 所示,自一个已知方向边上的已知控制点开始,经过一系列导线点,最后终止于某个导线点,既不附合到另一个已知控制点,也不回到原来的已知控制点上的导线,称为支导线。支导线由于没有检核条件,出现错误不易被发现,一般只在图根控制点加密或要求较低的测量工作中采用。导线平均边长及边数,应根据测图比例尺的大小而定,不应超过表 7-3 中的规定。

图 7-4 支导线

表 7-3 图根支导线平均边长及边数要求

测图比例尺	平均边长/m	导线边数
1∶500	100	3
1∶1000	150	3
1∶2000	250	4
1∶5000	350	4

▶ 7.2.3 导线测量的外业工作

导线测量的外业工作包括:踏勘选点及建立标志、测边、测角和连接测量。

1. 踏勘选点及建立标志

踏勘选点就是在测区内选定导线点的位置。选点之前应收集测区已有地形图和高等级控制点的成果资料。根据测图要求和高等级控制点的情况,确定导线的等级、形式和布置方案。在地形图上拟定导线初步布设方案,再到实地踏勘,选定导线点的位置。若测区范围内无可供参考的地形图时,则通过踏勘,根据测区范围、地形条件直接在实地拟定导线布设方案,选定导线点的位置。

选点是建立控制网的关键,导线点位置的选择应注意下列几点。

① 相邻的导线点之间要相互通视,地势较平坦、便于测角和量距或测距。

② 导线点应有适当的密度,分布较均匀,以便控制整个测区。导线点的密度、平均边长应满足规范规定,相邻边的长度不宜相差太大,除特别情况外,相邻长短边之比不应超过 3∶1,以避免测角时带来较大的误差。

③ 点位应选择在土质坚实处,以便保存标志和安置仪器。

④ 导线点四周应视野开阔,便于碎部测量。

导线点位选定后,在泥土地面上,要在每个点位上打一木桩,桩顶钉一小钉,作为临时性标志;在碎石或沥青路面上,可用顶上凿有十字线的大铁钉代替木桩;在混凝土场地或路面上,可以用钢凿刻一十字线,再涂上红油漆使标志明显。若高等级导线点需长期保存,可参照图 7-5 所示埋设混凝土导线点标石。

导线点应分等级统一编号,闭合导线最好按逆时针方向编号,以便于测量资料的统一管理。导线点埋设后,为便于观测时寻找,可在点位附近明显地物上用红油漆标明指示导线点的位置。并应为每一个导线点绘制一张表示其位置的草图,称为点之记,如图 7-6 所示,图中注明地名、路名、导线点编号及导线点距离邻近明显地物点的尺寸。

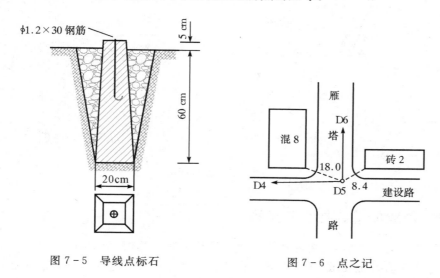

图 7 – 5　导线点标石　　　　　图 7 – 6　点之记

2. 测边

导线边长可采用全站仪或光电测距仪测量,也可以使用钢尺量距。采用光电测距仪测距时,应同时观测竖直角,以便将所测斜距换算成水平距离。

对于图根导线边长,可采用电磁波测距仪单向施测,也可以用钢尺单向丈量。如果将图根导线作为首级控制时,边长应进行往返丈量,其较差的相对误差应小于 1/4000。当图根导线布设成支导线时,边长也应往返丈量,其较差的相对误差应小于 1/3000。

钢尺量距时,温度超过标准温度(20 ℃)±10 ℃和尺长改正数大于 1/10000 时,应分别进行温度和尺长改正;当尺子倾斜大于 2‰时,还应该改化为水平距离。

3. 测角

导线的转折角用经纬仪或全站仪测回法观测,图根闭合导线和附合导线用 DJ6 级经纬仪观测一测回,上、下半测回角值之差不超过 40″。对于附合导线,一般观测同一方向水平角(左角或右角);对于闭合导线,一般观测内角。图根支导线的水平角用 DJ6 级经纬仪观测左、右角各一测回,其圆周角闭合差应不大±40″。

4. 连接测量

导线的连接测量(简称连测)也叫起始边定向,其目的是把高等级已知点的坐标或已知边的坐标方位角传递到导线上来。由于导线与高等级已知点和已知方向连接的形式不同,因此连测的内容也不相同。

如图 7 – 7(a)所示,导线与高等级控制点 A 点和已知方向 α_{AB} 通过一条边 $A1$ 连接,必须观测连接角 β_A、β_1 和连接边 D_{A_1}。对于导线与高等级控制点 A 和已知方向 α_{AB} 直接连接,如图 7 – 7(b)所示,则只需观测连接角 β_A。由于连接角和连接边的作用比较重要,并且闭合导线的连接角和连接边缺乏检核条件,一旦出现错误,将导致整个闭合图形的旋转,因此闭合导线的可靠性较差,所以在实际测量中应避免单独使用。如果必须采用时,闭合导线的连接角和连接边要求观测精度要高于闭合导线。如果导线附近无高等级控制点,则应用罗盘仪或陀螺经纬仪测定起始边的磁方位角或真方位角,并假定起始点的坐标作为起算数据。

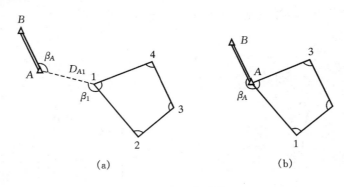

(a)　　　　　　　　　(b)

图 7-7　连接测量

▷ 7.2.4　外业成果的检查和整理

在导线内业计算之前,应对外业观测成果进行检查。其内容包括距离测量和角度观测的各项限差是否符合规范要求,水平距离的化算和水平角的计算是否正确等。绘制导线观测略图,标注出导线的连接角、转折角、导线边长以及已知点的坐标。图 7-8 为一附合导线观测略图。

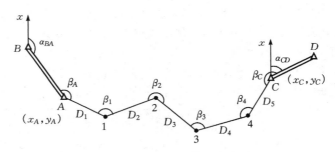

图 7-8　附合导线观测略图

▷ 7.2.5　坐标计算原理

如图 7-9 所示,设 A 为已知坐标点,其坐标为 x_A、y_A,如果 A 点到 B 点的水平距离 D_{AB} 和 AB 直线的坐标方位角 α_{AB} 均为已知。由图 7-9 可知

$$\left.\begin{array}{l} x_B = x_A + \Delta x_{AB} \\ y_B = y_A + \Delta y_{AB} \end{array}\right\} \qquad (7-1)$$

且

$$\left.\begin{array}{l} \Delta x_{AB} = D_{AB}\cos\alpha_{AB} \\ \Delta y_{AB} = D_{AB}\sin\alpha_{AB} \end{array}\right\} \qquad (7-2)$$

所以,式(7-1)亦可写成

$$\left.\begin{array}{l} x_B = x_A + D_{AB}\cos\alpha_{AB} \\ y_B = y_A + D_{AB}\sin\alpha_{AB} \end{array}\right\} \qquad (7-3)$$

Δx_{AB} 和 Δy_{AB} 分别称为 A 到 B 的纵坐标增量和横坐

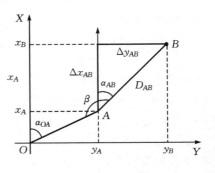

图 7-9　坐标计算

标增量。而 AB 直线的坐标方位角 α_{AB}，又可根据前一条边 OA 的坐标方位角 α_{OA} 和两条边所夹的水平角 β，由式(5-7)求得。

7.2.6 导线的内业计算

导线计算是根据已知方向和观测的连接角与转折角，推算各导线边的坐标方位角，根据起始点的已知坐标及各导线边的方位角和水平距离，依据坐标计算原理解算各导线点坐标的方法。计算过程中涉及处理测量误差的平差方法。本章仅介绍用近似平差方法进行导线的计算。

导线的内业计算应在规定的表格中进行。计算时，对于图根导线、角度值及坐标方位角值取至秒；边长、坐标增量及坐标计算值通常取至毫米，坐标成果也可取至厘米。

导线坐标计算的一般步骤为：

① 角度闭合差的计算与调整；

② 推算导线各边的坐标方位角；

③ 计算导线各边的坐标增量；

④ 坐标增量闭合差的计算与调整；

⑤ 计算各导线点的坐标。

1. 附合导线的坐标计算

（1）角度闭合差的计算与调整

如图 7-8 所示附合导线，根据起始边 BA 的已知坐标方位角 α_{BA} 及各转折角的观测角值（包括连接角 β_A 和 β_C），利用式(5-7)则可以算出终边 CD 的坐标方位角 α'_{CD}。即

$$\alpha_{A1} = \alpha_{BA} + 180° + \beta_A$$
$$\alpha_{12} = \alpha_{A1} + 180° + \beta_1$$
$$\vdots$$
$$\alpha'_{CD} = \alpha_{4C} + 180° + \beta_C$$

将各式相加
$$\alpha'_{CD} = \alpha_{4C} + 6 \times 180° + \sum \beta_{测}$$

设为 n 个转折角，则可写为一般公式

$$\alpha'_{终} = \alpha_{始} + n \times 180° \pm \sum \beta_{测} \tag{7-4}$$

当观测角均为左角时，取"+"；当观测角均为右角时，取"-"；计算的终边坐标方位角 $\alpha'_{终}$ 大于 $360°$，则需要减去 $360°$ 的整倍数，直至 $\alpha'_{终}$ 大于 $0°$ 小于 $360°$。

由于观测角不可避免地含有误差，致使计算的终边坐标方位角 $\alpha'_{终}$ 不等于其已知坐标方位角 $\alpha_{终}$，而产生角度闭合差 f_β，为

$$f_\beta = \alpha'_{终} - \alpha_{终} = \alpha_{始} + n \times 180° \pm \sum \beta_{测} - \alpha_{终} \tag{7-5}$$

角度闭合差的大小在一定程度上反映了角度观测误差的大小。所以，角度闭合差不能超过其容许值 $f_{\beta容}$，各级导线的角度闭合差其容许值，见表 7-1 和表 7-2。如果 $f_\beta > f_{\beta容}$，则说明观测角值不符合要求，需检测所测角度。如果 $f_\beta \leqslant f_{\beta容}$，则需要将角度闭合差进行调整。

由于各转折角都是等精度观测，所以角度闭合差按转折角个数 n，平均分配到各个观测角中。但要注意的是，当所测转折角均为左角时，则需要将角度闭合差反符号，即

$$v'_\beta = \frac{-f_\beta}{n} \tag{7-6}$$

当所测转折角均为右角时,则不需要将角度闭合差反符号,即

$$v'_\beta = \frac{f_\beta}{n} \qquad (7-7)$$

这一将角度闭合差调整的过程称为角度闭合差的配赋,也称为角度平差。各转折角的调整量 v_i 称为观测值的改正数。将各个角观测值与其改正数代数和,即为改正后的角值(平差值)。将各角改正后的角值代入式(7-5),f_β 应为 0,以作计算检核。

角度闭合差的调整是为了消除闭合差。当改正数只计算到整秒时,由于凑整误差,造成平差后仍然不能使闭合差为零而存在残差。这时,应调整个别角度的改正数,以满足 $f_\beta = -\sum v_{\beta_i}$(或 $f_\beta = \sum v_{\beta_i}$)。残差一般间隔分配到转折角中,或加在短边所夹的角及长短边所夹的角上。例如,$f_\beta = 40''$,$n = 9$,观测角均为左角,则 $v_{\beta_i} = -40''/9 = -4.4''$,凑整为 $-4''$。这时,应将其中 4 个改正数调整为 $-5''$,另外 5 个改正数仍然为 $-4''$。

(2)推算导线各边的坐标方位角

角度闭合差分配后,用改正后角值和起始边的已知坐标方位角,利用下式来推算导线各边的坐标方位角

$$\alpha_{前} = \alpha_{后} + 180° \pm \beta \qquad (7-8)$$

式中若 β 为左角取正号,β 为右角则取负号。计算中,如果 α 值大于 360°,应减去 360°;若小于 0°,则需加上 360°。

由于消除了角度闭合差,故终边的推算坐标方位角应与已知坐标方位角相等,否则,则说明计算有误,应检查计算。

(3)计算导线各边的坐标增量

导线各边的坐标方位角确定后,就可以根据各边坐标方位角和测得的水平距离计算各边的坐标增量。即

$$\left. \begin{aligned} \Delta x_{ij} &= D_{ij} \cos\alpha_{ij} \\ \Delta y_{ij} &= D_{ij} \sin\alpha_{ij} \end{aligned} \right\} \qquad (7-9)$$

(4)坐标增量闭合差的计算与调整

由图 7-10 可以看出,附合导线的纵坐标增量和横坐标增量的代数和应等于终点 C 和起点 A 的已知坐标值之差,即

$$\left. \begin{aligned} \sum \Delta x_{理} &= x_{终} - x_{始} \\ \sum \Delta y_{理} &= y_{终} - y_{始} \end{aligned} \right\} \qquad (7-10)$$

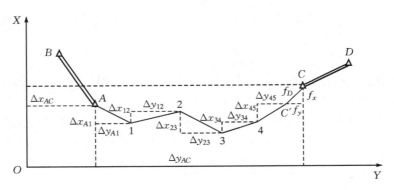

图 7-10 导线全长闭合差

由于量边的误差和角度闭合差调整后的残余误差,往往使纵坐标增量和横坐标增量的代数和不等于终点 C 和起点 A 的已知坐标值 x、y 之差,其差值称为坐标增量闭合差,纵、横坐标增量闭合差分别用以 f_x、f_y 表示。即

$$\left.\begin{array}{l} f_x = \sum \Delta x - (x_终 - x_始) \\ f_y = \sum \Delta y - (y_终 - y_始) \end{array}\right\} \tag{7-11}$$

由图 7-10 可以看出,从 A 点开始,按计算的各边的坐标增量确定出各点的位置,由于存在坐标增量的闭合差 f_x、f_y,使得 C' 点与已知的 C 点不重合,二者之间的距离 f_D,称为导线全长闭合差,并用下式计算

$$f_D = \sqrt{f_x^2 + f_y^2} \tag{7-12}$$

由于 f_D 的大小与导线总长有关,因此不能仅从 f_D 值的大小来判断导线测量的精度。导线测量的精度通常以 f_D 与导线总长 $\sum D$ 的比值,以分子为 1 的分数表示的导线全长相对闭合差 K(简称相对闭合差)来衡量。即

$$K = \frac{f_D}{\sum D} = 1 \Big/ \frac{\sum D}{f_D} \tag{7-13}$$

导线全长相对闭合差分母越大,精度越高。测量规范规定了各等级导线的全长相对闭合差的容许值 $K_容$,见表 7-1 和表 7-2。导线的相对闭合差若超过了容许值 $K_容$,应检查计算和检测所测边长。导线的全长相对闭合差若小于容许值 $K_容$,说明符合精度要求,则可以进行坐标增量闭合差的调整。

由于坐标增量闭合差与边长误差有关,应将纵、横坐标增量闭合差分别反号并按与各边边长 D_i 成比例分配到相应的纵、横坐标增量中,这一过程称为坐标增量平差。分配到纵、横坐标增量上的量称为纵、横坐标改正数,分别以 V_{x_i}、V_{y_i} 表示第 i 边的纵、横坐标增量的改正数,即

$$\left.\begin{array}{l} V_{x_i} = -\dfrac{f_x}{\sum D_i} D_i \\ V_{y_i} = -\dfrac{f_y}{\sum D_i} D_i \end{array}\right\} \tag{7-14}$$

纵、横坐标增量的改正数之和应满足

$$\left.\begin{array}{l} \sum V_x = -f_x \\ \sum V_y = -f_y \end{array}\right\} \tag{7-15}$$

加入改正数后的各边坐标增量,即为改正后的各边坐标增量(坐标增量平差值),即

$$\left.\begin{array}{l} \Delta x_改 = \Delta x + V_x \\ \Delta y_改 = \Delta y + V_y \end{array}\right\} \tag{7-16}$$

将各边改正后的坐标增量 $\Delta x_改$、$\Delta y_改$ 分别代入式(7-11),f_x、f_y 应等于 0,以作计算检核。

(5) 计算各导线点的坐标

根据导线起始点坐标和各边改正后的坐标增量,即可依次计算各导线点的坐标。即

$$\left.\begin{array}{l} x_前 = x_后 + \Delta x_改 \\ y_前 = y_后 + \Delta y_改 \end{array}\right\} \tag{7-17}$$

按式(7-17)计算各导线点坐标,由于消除了坐标增量闭合差,故终点的坐标计算值应与其已知坐标值相等。若不一致,则说明计算有误,应重新检查计算。

例 7.1 如图 7-11 所示,为某附合导线观测略图,A、B 点的坐标分别 $x_A=3923.008$ m,$y_A=5607.606$ m,$x_B=4184.673$ m,$y_B=5997.847$ m,MA、BN 的坐标方位角分别为 $\alpha_{MA}=108°12'33''$、$\alpha_{BN}=19°16'40''$。导线坐标计算见表 7-4。

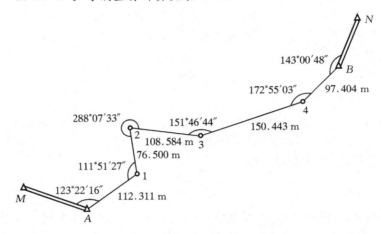

图 7-11　附合导线观测略图

导线坐标计算表填写步骤如下。

① 按导线推算方向填写导线点号,如表 7-4 第(1)列;将观测角度值抄录到表 7-4 第(2)列;将观测边长抄录到表 7-4 第(6)列;将已知边方位角和已知点坐标分别抄录到表 7-4 第(5)、(11)、(12)列的相应位置。

② 在表格下方备注栏内按式(7-5)计算角度闭合差并检查角度闭合差是否超限。若不超限,则按式(7-6)计算角度改正数,并将角度改正数填入表 7-4 第(3)列。

③ 将角度改正数与观测角值代数和,得改正后角值,填入表 7-4 第(4)列中。

④ 根据改正后的角度按式(7-8)依次推算各边的坐标方位角,填入表 7-4 第(5)列,推算到最后已知边的方位角应与已知值相等。

⑤ 根据各边坐标方位角及水平距离,按式(7-9)依次计算各边纵、横坐标增量,填入表 7-5 第(7)、(8)列。

⑥ 在表格下方备注栏内计算纵、横坐标增量闭合差,并检查全长相对闭合差是否超限。若不超限,则按式(7-14)计算纵、横坐标改正数,并将纵、横坐标改正数填入表 7-4 第(7)、(8)列中相应坐标增量数值上方并注意位数对齐。

⑦ 将纵、横坐标改正数按式(7-16)分别与纵、横坐标增量代数和,得改正后坐标增量,填入表 7-4 第(9)、(10)列中。

⑧ 根据改正后的坐标增量按式(7-17)依次计算各未知点坐标,填入表 7-4 第(11)、(12)列,计算到最后的已知点坐标应与已知坐标相等。

在上述附合导线中,也可给出 M、N 的已知坐标数据,而起始和终止边的坐标方位角则按式(5-6)反算得到。

表 7 - 4　附合导线坐标计算表

点号	观测角	改正数	改正后值	方位角	边长	坐标增量		改正后坐标增量		坐标值		点号
	° ′ ″	″	° ′ ″	° ′ ″	/m	Δx/m	Δy/m	Δx改/m	Δy改/m	x/m	y/m	
(1)	(2)	(3)	(4)	(5)	(6)	(7)	(8)	(9)	(10)	(11)	(12)	(13)
M				108 12 33								M
A	123 22 16	+3	123 22 19	51 34 52	112.311	−15 / 69.791	+11 / 87.994	69.776	87.105	3923.008	5607.606	A
1	111 51 27	+2	111 51 29	343 26 21	76.500	−10 / 73.327	+7 / −21.805	73.317	−21.798	3992.784	5695.611	1
2	288 07 33	+3	288 07 36	91 33 57	108.584	−14 / −2.967	+11 / 108.543	−2.981	108.554	4066.101	5673.813	2
3	151 46 44	+3	151 46 47	63 20 44	150.443	−20 / 67.490	+15 / 134.455	67.470	134.470	4063.120	5782.367	3
4	172 55 03	+2	172 55 05	56 15 49	97.404	−13 / 54.096	+9 / 81.001	54.083	81.010	4130.590	5916.837	4
B	143 00 48	+3	143 00 51	19 16 40						4184.673	5997.847	B
N												N
Σ	991 03 51	+16	991 04 07		545.242	261.737	390.188	261.665	390.241			

备注

$f_\beta = 108°12'33'' + 6×180° + 991°03'51'' - 19°16'40'' - 3×360°$
$= -16'' < f_{\beta容} = ±40\sqrt{6} = ±98''$

$f_x = 261.737 - 261.665 = +0.072$ m
$f_y = 390.188 - 390.241 = -0.053$ m

导线全长闭合差 $f_D = \sqrt{0.072^2+(-0.053)^2} ≈ ±0.089$ m

导线全长相对闭合差 $K = \dfrac{0.089}{545.242} = 1/6126 < K_容 = 1/3000$

2. 闭合导线的坐标计算

闭合导线的坐标计算步骤与附合导线基本相同，主要差别在于

① 如图 7-10 所示，由于闭合导线为一几何多边形，其角度闭合差应是多边形内角和与其理论值之差，即

$$f_\beta = \sum \beta_{内} - (n-2) \times 180° \tag{7-18}$$

式中：n 为多边形的顶点数（即导线边个数）。

闭合导线角度闭合差调整原则是将角度闭合差反符号，按内角数平均分配到各观测角值中。

闭合导线的连接角不参加角度闭合差计算，也不进行角度改正，因此，应特别注意连接角的观测和检查。

② 闭合导线的坐标增量闭合差的理论值应等于 0。因此，闭合导线的坐标增量闭合差 f_x、f_y 即为各边坐标增量之和，按下式计算

$$\left.\begin{array}{l} f_x = \sum \Delta x \\ f_y = \sum \Delta y \end{array}\right\} \tag{7-19}$$

闭合导线的全长闭合差、全长相对闭合差及其容许值的计算以及坐标增量的调整，与附合导线相同。

例 7.2 某闭合导线观测略图如图 7-12 所示，其已知方向 MA 的坐标方位角 $\alpha_{MA}=247°37'39''$，连接角 $\beta_0=79°54'03''$。A 点的坐标为 $x_A=3373.008$ m，$y_A=6024.556$ m。

首先根据已知方向 MA 的坐标方位角 α_{MA} 和连接角 β_0，计算出 AB 的坐标方位角 α_{AB}。

$$\alpha_{AB} = 247°37'39'' + 180° + 79°54'03'' = 507°31'42'' - 360° = 147°31'42''$$

然后按导线坐标计算步骤和公式计算，计算过程和结果列于表 7-5 中。

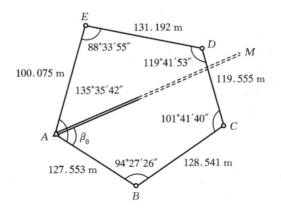

图 7-12　闭合导线观测略图

3. 支导线的坐标计算

由于支导线缺乏检核条件，无法计算闭合差，因此在坐标计算时不需要进行闭合差调整，其计算过程较闭合导线和附合导线简单，首先根据已知边的坐标方位角和导线的转折角观测值，推算支导线各边的坐标方位角，然后由各边的坐标方位角和导线边的长度计算各边的坐标增量，最后根据已知点坐标和各边的坐标增量逐次计算各导线点的坐标。

表 7-5 闭合导线坐标计算表

点号	观测角 ° ′ ″	改正数 ″	改正后角值 ° ′ ″	方位角 ° ′ ″	边长 /m	坐标增量 x/m	坐标增量 y/m	改正后坐标增量 x改/m	改正后坐标增量 y改/m	坐标值 x/m	坐标值 y/m	点号
A				147 31 42	127.553	+14 −107.611	−5 68.481	−107.597	68.476	3733.008	6024.556	A
B	94 27 26	−7	94 27 19	61 59 01	128.541	+14 60.379	−5 113.478	60.393	113.473	3625.411	6093.032	B
C	101 41 40	−7	101 41 33	343 40 34	119.555	+13 114.736	−5 −33.603	114.749	−33.608	3685.804	6206.505	C
D	119 41 53	−8	119 41 45	283 22 19	131.192	+14 30.341	−6 −127.635	30.355	−127.641	3800.553	6172.897	D
E	88 33 55	−7	88 33 48	191 56 07	100.075	+11 −97.911	−4 −20.696	−97.900	−20.700	3830.908	6045.256	E
A	135 35 42	−7	135 35 35	147 31 42						3373.008	6024.556	A
B												B
Σ	540 00 36	−36	540 00 00		606.916	−0.066	+0.025	0	0			

备注

$f_\beta = 540°00'36'' - (5-2)\times180°$

$= 36'' < f_{\beta容} = \pm40\sqrt{5} = \pm89''$

$f_x = -0.066$ m

$f_y = +0.025$ m

导线全长闭合差 $f_D = \sqrt{(-0.066)^2 + 0.025^2} \approx \pm0.071$ m

导线全长相对闭合差 $K = \dfrac{0.071}{606.916} = 1/8548 < K_容 = 1/3000$

7.3 查找导线测量错误的方法

在导线计算中,如果计算的角度闭合差或全长相对闭合差超过容许值,应查找错误原因。先检查计算所用数据与外业原始数据是否一致,再检查计算是否正确。如果上述过程均未发现错误,则需要检查外业工作,分析可能出现的错误,然后有针对性地进行返工重测。

1. 角度闭合差超限的检查

如果角度闭合差超过了容许值,可用以下方法查找测错的角度。

若是闭合导线,可按边长和角度,用一定比例尺绘出导线图,如图 7-13 所示,作闭合差 1-1' 的垂直平分线。如果垂直平分线通过或接近某点(如 2 点),则该点上所测角度出现错误的可能性最大。

若为附合导线,先将两个端点依一定比例按其坐标展绘在图上,然后分别自两端点按边长和角度的观测数据绘出两条导线,如图 7-14 所示,在两条导线的交点(如点 3)处发生测角错误的可能性最大。如果角度闭合差超出容许值较小,用上述图解法难以确定测角错误的点位,则可从导线的已知点,利用已知点坐标和观测数据,从两个方向计算各导线点的坐标。两个方向计算的坐标最接近的点,就是测角出现错误的点。

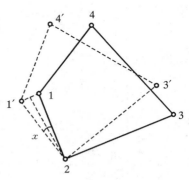

图 7-13 查找闭合导线测角错误

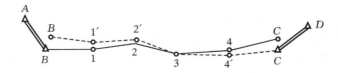

图 7-14 查找附合导线测角错误

2. 相对闭合差超限的检查

导线坐标计算过程中,如果角度闭合差符合要求,而导线相对闭合差远远超出容许值,则可能是边长测错。查找出现错误的边的办法是:先按边长和角度,用一定比例尺绘出导线图,如图 7-15 所示。然后找出与闭合差平行或大致平行的导线边(如边 12),则该边测错的可能性最大。

也可以用下式计算导线全长闭合差 $A-A'$ 的坐标方位角

$$\alpha_f = \arctan \frac{f_y}{f_x} \qquad (7-20)$$

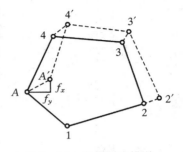

图 7-15 查找测边错误

如果某一条导线边的坐标方位角与 α_f 很接近,则该边边长出错的可能性最大,如图 7-15 中的 12 边。

上述查找导线测量错误的方法,仅适用于只有一个角测错或只有一个边距离测错的情况。

7.4 控制点的增补

当平面控制点的密度不能满足地形图测绘或施工测量的需要时,需要加密或增补控制点。增补控制点的方法,通常采用交会测量和极坐标等方法定点,其技术要求与图根导线相同。

▶ 7.4.1 测角交会

如图 7-16 所示,在已知坐标点 A、B 上设站观测水平角 α、β,根据已知点坐标和观测角值,可计算出待定点 P 的坐标,这种方法称为前方交会。

计算方法是根据已知点 A、B 的坐标 (x_A, y_A) 和 (x_B, y_B),通过坐标反算,可获得 AB 边的坐标方位角 α_{AB} 和边长 D_{AB},由坐标方位角 α_{AB} 和水平角 α 推算出坐标方位角 α_{AP},由正弦定理可得 AP 的边长 D_{AP}。由此,根据坐标计算公式即可由 A 点求得待定点 P 的坐标。同法也可由 B 点求得 P 点的坐标,以进行校核。通常是直接使用下式,计算 P 点的坐标。

$$\left. \begin{array}{l} x_P = \dfrac{x_A \cot\beta + x_B \cot\alpha + (y_B - y_A)}{\cot\alpha + \cot\beta} \\[3mm] y_P = \dfrac{y_A \cot\beta + y_B \cot\alpha - (x_B - x_A)}{\cot\alpha + \cot\beta} \end{array} \right\} \tag{7-21}$$

式(7-21)即为前方交会计算公式,通常也称为余切公式。

为了避免错误并提高交会点的精度,一般施测时要布设有三个已知点的前方交会,如图 7-17所示。此时,可分两组利用余切公式计算 P 点坐标。先按 $\triangle ABP$ 由已知点 A、B 的坐标和水平角 α_1、β_1,计算交会点 P 的坐标 (x_P', y_P'),再按 $\triangle BCP$ 由已知点 B、C 的坐标和观测角 α_2、β_2,计算交会点 P 的坐标 (x_P'', y_P''),若两组坐标的较差在允许值之内,则取两组坐标的平均值作为 P 点的坐标。采用前方交会增补图根控制点时,两组坐标的较差的允许值为

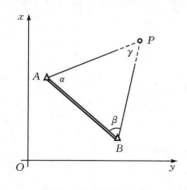

图 7-16 前方交会

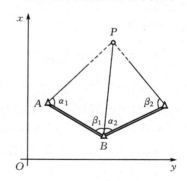

图 7-17 三点前方交会

$$\Delta D = \sqrt{\Delta x_P^2 + \Delta y_P^2} < 0.2M \quad (\text{mm}) \tag{7-22}$$

式中:M 为测图比例尺分母。

除了测角误差对会交会点精度产生影响外,交会点精度还受图形形状的影响。由待定点至两相邻已知点方向间的夹角称为交会角(γ)。交会角过小或过大都会影响 P 点的位置精度。因此,前方交会测量中,要求交会角一般应在 $30° \sim 150°$ 之间。

➤ 7.4.2 测边交会

在交会测量中,除测角交会法外,还可采用测边交会法定点,通常采用三边交会法。如图 7-18 所示,A、B、C 为已知坐标点,P 为待定点,A、B、C 逆时针方向排列,a、b、c 为边长观测值。

由已知点坐标反算出已知边的坐标方位角和边长分别为 a_{AB}、a_{BC} 和 D_{AB}、D_{BC}。在 $\triangle ABP$ 中,由余弦定理得

$$\cos\angle A = \frac{D_{AB}^2 + a^2 - b^2}{2aD_{AB}}$$

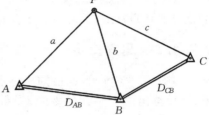

图 7-18 测边交会

顾及到 $a_{AP} = a_{AB} - \angle A$,则

$$\left.\begin{array}{l} x'_P = x_A + a\cos a_{AP} \\ y'_P = y_A + a\sin a_{AP} \end{array}\right\} \qquad (7-23)$$

同理,在 $\triangle BCP$ 中

$$\cos\angle C = \frac{D_{CB}^2 + c^2 - b^2}{2aD_{CB}}$$

顾及到 $\alpha_{CP} = \alpha_{CB} - \angle C$,则

$$\left.\begin{array}{l} x''_P = x_C + c\cos a_{CP} \\ y''_P = y_C + c\sin a_{CP} \end{array}\right\} \qquad (7-24)$$

按式(7-23)和式(7-24)计算的两组坐标,其较差在允许限差(同前方交会)内,则取其平均值作为 P 点的坐标。

➤ 7.4.3 极坐标法

极坐标法定点就是按照支导线的方法,测量水平角和水平距离,利用已知点坐标和已知边的坐标方位角,根据导线计算原理,计算出待定点的坐标。由于该方法观测无法检核,因此对水平角和水平距离要求精度较高。

➤ 7.4.4 全站仪自由设站法

将全站仪安置在待定点上,通过对两个以上的已知点进行观测,并输入各已知点的坐标,全站仪即可显示待定点的坐标,此方法也称为自由设站法(也称为两点后方交会法)。

当用全站仪进行两点后方交会时,必须观测待定点至两已知点方向间的夹角和两方向的距离。如图 7-19 所示,在 P 点安置仪器,按照全站仪的观测程序,输入已知点 A、B 的坐标,然后分别瞄准 A、B 点,测出夹角 β 和边长 D_{PA}、D_{PB},利用全站仪内置程序即可计算出 P 点的坐标。

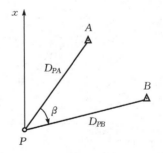

图 7-19 两点后方交会

7.5 三角高程测量

在地形起伏较大不便于进行水准测量的地区,通常采用三角高程测量进行高程控制测量。

三角高程测量方法具有简便灵活、不受地形限制等优点,但测量高差的精度比水准测量低。当用三角高程测量进行高程控制测量时,必须用水准测量的方法在测区内引测一定数量的水准点,作为高程起算的依据。

➤ 7.5.1 三角高程测量的原理

三角高程测量是根据两点间的水平距离(或斜距)和竖直角,来计算两点间的高差的。如图 7 - 20 所示,已知 A 的高程为 H_A,欲测定 B 的高程为 H_B。可在 A 点安置经纬仪,量取仪器高 i;在 B 点竖立觇标(标杆、标尺),量取目标高 v。用望远镜照准目标点,用中横丝切准目标高 v 处的标志,并观测其竖直角 α,根据 A、B 间的水平距离 D,则可计算出 A、B 间的高差 h_{AB}

$$h_{AB} = D \cdot \tan\alpha + i - v \qquad (7-25)$$

若已知 A 点高程 H_A,则 B 点高程 H_B 为

$$H_B = H_A + D \cdot \tan\alpha + i - v \qquad (7-26)$$

如在 A 点安置全站仪(或经纬仪加光电测距仪),在 B 点上安置反射棱镜,分别

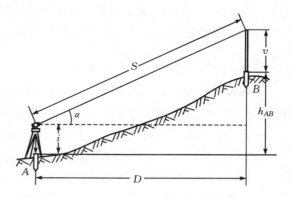

图 7 - 20 三角高程测量原理

量取仪器高 i 和棱镜高 v,直接瞄准反射棱镜中心标志,测得斜距 S 和竖直角 α,计算 A、B 间的高差,称为电磁波测距三角高程测量。A、B 间的高差也可按下式计算

$$h_{AB} = S \cdot \sin\alpha + i - v \qquad (7-27)$$

➤ 7.5.2 地球曲率与大气折光的影响

在第 1 章中述及地球曲率对高差影响比较大。而大气折光则是由于空气密度随着所在位置的高程而变化,位置越高其密度愈低,当光线通过由下而上密度均匀变化的大气层时,光线产生折射,形成一凹向地面的连续曲线,使测得的竖直角偏大。式(7 - 26)中并没有考虑其影响。当两点之间的距离较远时,必须顾及地球曲率的影响和大气折光的影响。

地球曲率对高差影响的改正,简称球差改正,用 f_1 表示,计算公式为

$$f_1 = \frac{D^2}{2R} \qquad (7-28)$$

式中:球差改正 f_1 恒为正值;R 为地球半径。

大气折光对高差影响的改正,简称气差改正,用 f_2 表示,计算公式为

$$f_2 = -\frac{K}{2R}D^2 \qquad (7-29)$$

式中:K 称为大气垂直折光系数,取 $K=0.14$。

上述球差改正与气差改正之和,称为两差改正(或球气差改正),用 f 表示,即

$$f = f_1 + f_2 = (1-K)\frac{D^2}{2R} = 0.43\frac{D^2}{R} \qquad (7-30)$$

因此,考虑两差改正 f 后,三角高程测量的高差计算公式为

$$h_{AB} = D\tan a + i - v + f$$
$$h_{AB} = S\sin a + i - v + f \qquad (7-31)$$

在水准测量中,地球曲率的影响可用前、后视距相等来抵消。三角高程测量也可将仪器设在两点等距处进行观测。为了消除或减弱地球曲率和大气折光的影响,当两点之间距离大于300 m时,一般要求三角高程测量在两点上分别安置仪器进行往返观测,即仪器设置在已知高程点上,观测该点与未知高程点之间的高差,称为直觇。仪器安置在未知高程点,测定该点与已知高程点之间的高差,称为反觇,这种观测称为对向观测(或双向观测)。通过对向观测,计算出各自所测得的高差并取其绝对值的平均值。

7.5.3 技术要求

三角高程控制测量一般是在平面控制网的基础上布设成高程导线附合路线、闭合环线或三角高程网。三角高程各边的高差测定应采用对向观测,也可像水准测量一样,设置仪器于两点之间测定其高差。电磁波测距三角高程测量的技术要求见表7-6。

表 7-6 电磁波测距三角高程测量的主要技术要求

等级	每千米高差全中误差/mm	边长/km	观测方式	对向观测高差较差/mm	附合或环线闭合差/mm
四等	10	≤1	对向观测	$40\sqrt{D}$	$20\sqrt{\sum D}$
五等	15	≤1	对向观测	$60\sqrt{D}$	$30\sqrt{\sum D}$

注:1. D 为测距边的长度(km)。

　　2. 路线长度不应超过相应等级水准路线长度的限值。

用于代替四等水准的电磁波测距三角高程导线,应起闭于不低于三等的水准点上;经纬仪三角高程导线应起闭于不低于四等的水准点上。三角高程网中应有一定数量的水准点作为高程起算数据。

采用电磁波测距三角高程测量方法进行高程控制测量时,两点之间水平距离和竖直角观测的技术要求见表7-7。

表 7-7 电磁波测距三角高程观测的主要技术要求

等级	竖直角观测				边长测量	
	仪器精度等级	测回数	指标差较差/″	测回较差/″	仪器精度等级	观测次数
四等	$2''$级仪器	3	≤2	≤7	10 mm级仪器	往返各一次
五等	$2''$级仪器	2	≤10	≤10	10 mm级仪器	往一次

注:当用 $2''$ 级光学经纬仪进行竖直角观测时,应根据仪器的竖直角检测精度,适当增加测回数。

7.5.4 三角高程测量的观测和计算

① 安置仪器于已知高程点上,量取仪器高 i 和标杆高 v,精确至毫米,量取两次。

② 用望远镜竖丝瞄准目标,并用中横丝与标杆顶部相切,将竖盘指标水准管气泡居中,读取竖直度盘读数,计算竖直角。按表 7 - 7 中规定的技术要求进行观测,结果记入表 7 - 8 中。

③ 观测结束后,再量取仪器高 i 和标杆高 v,取两次平均值作为最终结果,记入计入表 7 - 8 中。

④ 同法进行反觇观测。

⑤ 利用式(7 - 25)和式(7 - 26)计算高差及高程。

表 7 - 8　三角高程测量计算表

待求点	B	
起算点	A	
觇法	直	反
平距 D/m	377.674	377.674
竖直角 α	$+7°24'59''$	$-15°22'30''$
$D\tan\alpha$	49.161	-48.899
仪器高 i/m	1.403	1.398
标杆高/m	1.462	1.651
两差改正 v/m	0.010	0.010
高差 h_{AB}/m	$+49.112$	-49.142
平均高差 h_{AB}/m	$+49.127$	
起算点高程/m	415.453	
待求点高程/m	464.580	

当用三角高程测量方法测定平面控制点的高程时,高程导线应布设成附合路线、闭合环线或三角高程网。计算高差闭合差 f_h,当 f_h 不超过表 7 - 6 规定的容许值时,则按与边长成正比的原则,将高差闭合差 f_h 反符号分配到各高差中,然后用改正后的高差,由起始点的高程依次计算各待求点的高程。

思考与练习

1. 解释以下名词:

控制点;控制网;导线;图根点;导线全长相对闭合差;前方交会;两差改正。

2. 地形图测绘及施工测量为什么要先建立控制网? 控制网可分为哪几种?

3. 导线测量外业工作有哪些? 导线与高级控制点连测的目的是什么?

4. 闭合导线和附合导线计算有哪些不同?

5. 导线测量的精度是如何评定的?

6. 如图 7 - 21 所示为一附合导线,起算数据及观测数据如下。

起算数据: $x_B = 1200.000$ m　$x_C = 1155.372$ m　$\alpha_{AB} = 45°00'00''$

$y_B = 700.000$ m　$y_C = 1256.066$ m　$\alpha_{CD} = 116°44'48$

观测数据（右角）：$\beta_B = 120°30'00''$ $D_{B1} = 297.265$ m

$\beta_1 = 212°15'30''$ $D_{12} = 187.814$ m

$\beta_2 = 145°10'00''$ $D_{2C} = 93.402$ m

$\beta_C = 170°18'30''$

试按照表 7-4 的格式列表计算导线各点的坐标（计算精确到 mm）。

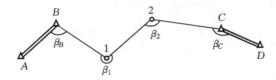

图 7-21

7. 如图 7-22 所示，已知 P_1 点的坐标 $x_{P1} = 9539.743$ m，$y_{P1} = 6484.086$ m，P_1P_2 边的坐标方位角 $\alpha_{12} = 143°07'15''$。闭合导线各内角和边长观测值如图 7-22 所注。试按照表7-5的格式列表计算闭合导线各点的坐标（计算精确到 mm）。

8. 三角高程测量，已知 A 点高程 $H_A = 154.745$ m，仪器安置在 A 点测得 AB 的水平距离 $D_{AB} = 224.442$ m，竖直角 $\alpha_{AB} = +2°38'07''$，仪器高 $i_A = 1.420$ m，目标高 $v_B = 3.500$ m；仪器安置 B 点测得 BA 的水平距离 $D_{BA} = 224.450$ m，竖直角 $\alpha_{BA} = -1°55'50''$，仪器高 $i_B = 1.510$ m，目标高 $v_A = 2.200$ m。试计算 B 点的高程 H_B。

9. 控制点的增补有哪几种方法？试绘草图说明每种方法需要的已知数据及测定要素。

10. 用前方交会法测定 P 点的位置，如图 7-23 所示，已知点 A、B 的坐标分别为：$x_A = 500.400$ m，$y_A = 825.360$ m，$x_B = 487.035$m，$y_B = 985.082$ m；水平角观测值为：$\beta_A = 64°25'54''$、$\beta_B = 59°33'09''$，试计算 P 点的坐标。

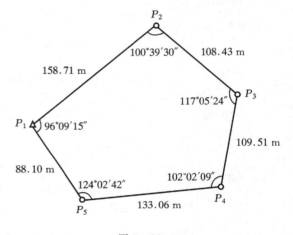

图 7-22

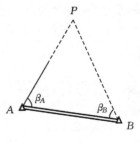

图 7-23

第8章 全球定位系统(GPS)简介

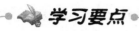

学习要点

1. GPS 定位系统的特点
2. GPS 系统的组成及原理
3. GPS 测量的实施
4. 网络 RTK

8.1 概述

卫星定位系统是利用在空间飞行的卫星,不断向地面广播发送某种频率并加载了某些特殊定位信息的无线电信号,来实现定位测量的定位系统。具有全球导航定位能力的卫星定位导航系统称为全球卫星导航系统(global navigation satellite system,GNSS)。当代全球卫星导航定位系统 GNSS,包括广泛应用的美国全球卫星定位系统(GPS),俄罗斯的全球卫星定位系统(GLONASS),以及正在发展研究的中国北斗导航定位系统和欧盟 GALILEO 系统。

全球定位系统(global positioning system,GPS)是由美国从 20 世纪 70 年代开始研制,于 1993 年全面建成的。它是一种能够定时和测距的空间交会定位的导航系统,可以向全球用户提供连续、实时、高精度的三维位置、三维速度和时间信息,为海、陆、空三军提供精密导航,还可以用于情报收集、核爆监测、应急通讯和卫星定位等一些军事目的。

GPS 定位系统的应用特点:高精度、全天候、高效率、多功能、操作简便、应用广泛等。

1. 定位精度高

应用实践已经证明,GPS 相对定位精度在 50 km 以内可达 10^{-6},100～500 km 可达 10^{-7},1000 km 可达 10^{-9}。在 300～1500 m 工程精密定位中,1 小时以上观测的解平面位置误差小于 1 mm,与 ME－5000 电磁波测距仪测定的边长比较,其边长较差最大为 0.5 mm,较差中误差为 0.3 mm。

2. 观测时间短

随着 GPS 系统的不断完善和软件的不断更新,目前,20 km 以内相对静态定位,仅需 15～

20 分钟;快速静态相对定位测量时,当每个流动站与参考站相距在 15 km 以内时,流动站观测时间只需 1～2 分钟,就可以实时定位。

3. 测站间无需通视

GPS 测量不要求测站之间相互通视,只需测站上空开阔即可,因此可节省大量的造标费用。由于无需点间通视,点的位置可根据需要选择,密度可疏可密,使选点工作变得非常灵活,也可省去传统大地网中的传算点、过渡点的测量工作。

4. 可提供三维坐标

传统大地测量通常是将平面与高程采用不同方法分别施测,而 GPS 可同时精确测定测站点的三维坐标(平面位置和高程)。目前通过局部大地水准面精化,GPS 水准可满足四等水准测量的精度。

5. 操作简便

随着 GPS 接收机的不断改进,自动化程度越来越高,有的已达"傻瓜化"的程度,接收机的体积越来越小,重量越来越轻,极大地减轻了测量工作的劳动强度,使野外测量工作变得轻松。

6. 全天候作业

目前,GPS 观测可以在一天 24 小时内的任何时间进行,不受阴天黑夜、起雾刮风、雨雪等气候变化的影响。

7. 功能多、应用广

GPS 定位系统不仅可用于测量、导航、变形监测,还可用于测速、测时。其中,测速的精度可达 0.1 m/s,测时的精度可达几十毫微秒。其应用领域非常广泛并不断扩大,有着极其广阔的应用前景。

8.2 GPS 的组成

GPS 系统由地面控制部分、空间部分和用户设备部分组成。图 8-1 所示为 GPS 定位系统的三个组成部分及其相互关系。

▶ 8.2.1 地面控制部分

GPS 地面控制部分由分布在全球的若干个跟踪站组成的监控系统所构成。根据其作用的不同,这些跟踪站又分为主控站、监控站和注入站。

1. 主控站

主控站有一个,位于美国科罗拉多的 Falcon 空军基地。它的作用是根据各监控站对 GPS 的观测数据,计算出卫星的星历和卫星时钟改正参数等,通过注入站注入到卫星中。另外,

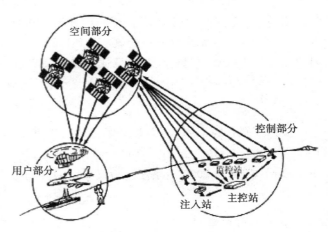

图 8-1 GPS 定位系统的组成

主控站对卫星进行控制,向卫星发布指令。当工作卫星出现故障时,调控备用卫星,替代失效的工作卫星工作,主控站还具有监控站的功能。

2. 监控站

监控站共有五个,除了主控站外,其他四个分别位于夏威夷、阿松森群岛(Ascencion)、迭哥伽西亚(Diego Garcia)和卡瓦加兰(Kwajalein)。监控站的作用是接收卫星信号,监测卫星的工作状态。

3. 注入站

三个注入站,它们分别位于阿松森群岛、迭哥伽西亚和卡瓦加兰。注入站的作用是将主控站计算的卫星星历和卫星时钟的改正参数等注入到卫星中去。

地面监控系统的另一个重要作用是确保各颗卫星处于同一时间标准——GPS 时间系统(GPST),这就需要地面站监测各颗卫星的时间,求出卫星钟差,然后由注入站注入卫星,再由卫星通过导航电文发给用户设备。

▷ 8.2.2 空间部分

GPS 空间部分由 21 颗工作卫星和三颗在轨备用卫星组成,记作(21+3)GPS 星座,如图 8-2所示。24 颗卫星均匀分布在六个轨道平面内,轨道倾角为 55°,各个轨道平面之间相距 60°,即各轨道面升交点的赤经相差 60°。同一轨道面内各颗卫星之间的升交角距相差 90°。GPS 工作卫星平均距离地面 20200 km,绕地球旋转一周的时间为 11 小时 58 分。

上述 GPS 的空间配置,保证了在地球上任何地点,任何时刻至少均能同时观测到四颗 GPS 卫星,最多可观测到 11颗,以满足精密导航与定位的需要。每颗 GPS 卫星上装备有四台高精度原子钟,它为 GPS 定位提供高精度的时间标准,另外还携带无线电信号收发机和微处理机等设备。在GPS 导航定位时,GPS 卫星是一个动态的已知点,为了计算测站的三维坐标,必须观测至少四颗 GPS 卫星,称为定位星座;其中,卫星的位置是依据卫星发射的星历(描述卫星运动及其轨道参数)计算得到。这四颗卫星在观测过程中与测站所形成的几何构形对定位精度有一定的影响。对于某地某时,不能测得精确的点位坐标,这种时间段叫做"间隙段"。但这种时间间隙段是很短暂的,并不影响全球绝大多数地方的全天候、高精度、连续实时的定位工作。

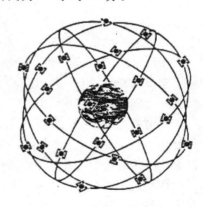

图 8-2　GPS 卫星星座

GPS 卫星信号有两种调制波组成:一种调制波组合了卫星导航电文、L_1 载波和两种测距码(C/A 码和 P 码);另一种调制波组合了卫星导航电文、L_2 载波和一种测距码(P 码)。卫星导航电文是用户用来导航和定位的基础数据,其内容包括:卫星星历、时间信息和时钟改正、电离层时延改正、卫星工作状态信息等。作为测量信号的载波是一种周期性的余弦波,根据波长不同,分为载波 L_1(波长为 19 cm)和载波 L_2(波长为 24 cm)。C/A 码用于粗略测距和捕捉GPS 卫星信号,故称为粗码,作为公开码,C/A 码的周期为 1 ms,一个周期中含有 1023 个码元,码元宽度(即波长)为 293.1 m,相应的测距误差约为 29.3～2.93 m。作为一种公开码,

C/A 码只调制在 L_1 载波上,不能精确地消除电离层延迟误差。P 码用于精确测距,周期为 7 天,每个周期中含有约 6.2 万亿个码元,每个码元宽度约为 29.3 m,相应的测距误差约为 2.93～0.293 m。P 码同时调制在 L_1 和 L_2 载波上,可以消除电离层延迟误差,但 P 码是保密码,只提供给特许用户使用。

8.2.3 用户设备部分

用户设备部分主要由 GPS 接收机、接收机天线和电源组成。其主要功能是按一定卫星高度截止角捕获 GPS 卫星的信号,并跟踪这些卫星的运行,对所接收到的 GPS 信号进行变换、放大和处理,以便测量出 GPS 信号从卫星到接收机天线的传播时间,解译出 GPS 卫星所发送的导航电文,实时地计算出测站的三维位置、三维速度和时间。

8.3 GPS 定位原理

GPS 定位原理是依据距离交会定位原理确定点位的。利用三个以上的地面控制点可交会确定出空中的卫星位置,反之,利用三个及以上卫星的已知空间位置同样也可以交会出地面未知点的位置。GPS 卫星不间断地发送自身的星历参数和时间信息,用户接收到这些信息后,经过计算求出接收机的三维位置、三维方向以及运动速度和时间信息。

8.3.1 绝对定位和相对定位

GPS 定位的方法,根据用户接收机天线在测量中所处的状态分类,分为静态定位和动态定位。若按定位的结果进行分类,则可分为绝对定位和相对定位。

所谓绝对定位,是在 WGS-84 坐标系中,独立确定观测站相对地球质心绝对位置的方法。相对定位同样在 WGS-84 坐标系中,是确定观测站与某一地面参考点之间的相对位置,或两观测站之间相对位置的方法。

所谓静态定位,即在定位过程中,接收机天线(待定点)的位置相对于周围地面点而言,处于静止状态。而动态定位正好与之相反,即在定位过程中,接收机天线处于运动状态,也就是说定位结果是连续变化的,如用于飞机、轮船导航定位的方法就属于动态定位。

各种定位方法可以有不同的组合,如静态绝对定位、静态相对定位、动态绝对定位、动态相对定位等。

利用 GPS 进行定位的基本原理,是以 GPS 卫星和用户接收机天线之间距离(或距离差)的观测量为基础,并根据已知的卫星瞬间坐标来确定用户接收机所对应的点位,即待定点的三维坐标 (x,y,z)。由此可见,GPS 定位的关键是测定用户接收机天线至 GPS 卫星之间的距离。

8.3.2 伪距定位和相对定位

1. 伪距定位

GPS 卫星能够按照星载时钟发射一种结构为"伪随机噪声码"的信号,称为测距码信号(粗码 C/A 码或精码 P 码)。该信号从卫星发射经时间 Δt 后,到达接收机天线;用上述信号传播时间 Δt 乘以电磁波在真空中的速度 C,就是卫星至接收机的空间几何距离 ρ。

$$\rho = \Delta t \cdot C \tag{8-1}$$

实际上,由于传播时间 Δt 中包含有卫星时钟与接收机时钟不同步的误差,测距码在大气中传播的延迟误差等等,由此求得的距离值并非真正的站星几何距离,习惯上称之为"伪距",用 ρ 表示,与之相对应的定位方法称为伪距法定位。

为了测定上述测距码的时间延迟,即 GPS 卫星信号的传播时间,需要在用户接收机内复制测距码信号,并通过接收机内的可调延时器进行相移,使得复制的码信号与接收到的相应码信号达到最大相关,即使之相应的码元对齐。为此,所调整的相移量便是卫星发射的测距码信号到达接收机天线的传播时间,即时间延迟。

假设在某一标准时刻 T_a 卫星发出一个信号,该瞬间卫星钟的时刻为 t_a,该信号在标准时刻 T_b 到达接收机,此时相应接收机时钟的读数为 t_b,于是伪距测量测得的时间延迟,即为 t_b 与 t_a 之差。

$$\hat{\rho} = \tau \cdot C = (t_b - t_a) \cdot C \tag{8-2}$$

由于卫星钟和接收机时钟与标准时间存在着误差,设信号发射和接收时刻的卫星和接收机钟差改正数分别为 V_a 和 V_b,则

$$\hat{\rho} = \tau \cdot C = (T_b - T_a) \cdot C + (V_b - V_a) \cdot C \tag{8-3}$$

$T_b - T_a$ 即为测距码从卫星到接收机的实际传播时间 ΔT。由上述分析可知,在 ΔT 中已对钟差进行了改正,但由 $\Delta T \cdot C$ 所计算出的距离中,仍包含有测距码在大气中传播的延迟误差,必须加以改正。设定位测量时,大气中电离层折射改正数为 $\delta \rho_I$,对流层折射改正数为 $\delta \rho_T$,则所求 GPS 卫星至接收机的真正空间几何距离 ρ 应为

$$\rho = \hat{\rho} + \delta \rho_I + \delta \rho_T - C \cdot V_a + C \cdot V_b \tag{8-4}$$

伪距测量的精度与测量信号(测距码)的波长、接收机复制码的对齐精度有关。目前,接收机的复制码精度一般取 1/100,而公开的 C/A 码码元宽度(即波长)为 293.1 m,故上述伪距测量的精度最高仅能达到 3 m($293.1 \times 1/100 \approx 3$ m),难以满足高精度测量定位工作的要求。

2. 伪距法绝对定位

GPS 绝对定位又称单点定位,其优点是只需用一台接收机即可独立确定待求点的绝对坐标,且观测方便,速度快,数据处理也较简单。主要缺点是精度较低,目前仅能达到米级的定位精度。

3. 载波相位测量

载波相位测量顾名思义,是利用 GPS 卫星发射的载波为测距信号。由于载波的波长比测距码波长要短得多,因此对载波进行相位测量,就可能得到较高的测量定位精度。

假设卫星 S 在 t_0 时刻发出一载波信号,其相位为 $\varphi(S)$,此时若接收机产生一个频率和初相位与卫星载波信号完全一致的基准信号,在 t_0 瞬间的相位为 $\varphi(R)$。假设这两个相位之间相差 N 个整周信号和不足一周的相位 $F_r(\varphi)$,由此可求得 t_0 时刻接收机天线到卫星的距离为

$$\rho = \lambda[\varphi(R) - \varphi(S)] = \lambda[N_0 + F_r(\varphi)] \tag{8-5}$$

载波信号是一个单纯的余弦波。在载波相位测量中,接收机无法判定所量测信号的整周数,但可精确测定其零数 $F_r(\varphi)$,并且当接收机对空中飞行的卫星作连续观测时,接收机借助于内含多普勒频移计数器,可累计得到载波信号的整周变化数 $Int(\varphi)$。因此,$\varphi = Int(\varphi) + F_r(\varphi)$ 才是载波相位测量的真正观测值。而 N_0 称为整周模糊度,它是一个未知数,但只要观

测是连续的,则各次观测的完整测量值中应含有相同的,也就是说,完整的载波相位观测值应为

$$\varphi = N_0 + \hat{\varphi} = N_0 + Int(\varphi) + F_r(\varphi) \qquad (8-6)$$

在 t_0 时刻首次观测值中 $Int(\varphi) = 0$,不足整周的零数为 $F_r^o(\varphi)$,N_0 是未知数,在 t_i 时刻 N_0 值不变,接收机实际观测值 φ 由信号整周变化数 $Int^i(\varphi)$ 和其零数 $F_r^i(\varphi)$ 组成。

与伪距测量一样,考虑到卫星和接收机的钟差改正数 V_a、V_b 以及电离层折射改正 $\delta \rho_I$ 和对流层折射改正 $\delta \rho_T$ 的影响,可得到载波相位测量的基本观测方程为

$$\hat{\varphi} = \frac{f}{c}(\rho - \delta \rho_I - \delta \rho_T) - fV_b + fV_a - N_0 \qquad (8-7)$$

若在等号两边同乘上载波波长,并简单移项后,则有

$$\rho = \hat{\rho} + \delta \rho_I + \delta \rho_T - C \cdot V_a + C \cdot V_b + \lambda \cdot N_0 \qquad (8-8)$$

以上两式比较可看出,载波相位测量观测方程中,除增加了整周未知数 N_0 外,与伪距测量的观测方程在形式上完全相同。

整周未知数的确定是载波相位测量中特有的问题,也是进一步提高 GPS 定位精度、提高作业速度的关键所在。目前,确定整周未知数的方法主要有三种:伪距法、N_0 作为未知数参与平差法和三差法。

4. 相对定位

相对定位是目前 GPS 测量中精度最高的一种定位方法,它广泛用于高精度测量工作中。GPS 测量结果中不可避免地存在着种种误差,但这些误差对观测量的影响具有一定的相关性,所以利用这些观测量的不同线性组合进行相对定位,便可能有效地消除或减弱上述误差的影响,提高 GPS 定位的精度,同时消除相关的多余参数,也大大方便了 GPS 的整体平差工作。实践表明,以载波相位测量为基础,在中等长度的基线上对卫星连续观测 1~3 小时,其静态相对定位的精度可达 $10^{-6} \sim 10^{-7}$。

静态相对定位的最基本情况是用两台 GPS 接收机分别安置在基线的两端,固定不动;同步观测相同的 GPS 卫星,以确定基线端点在 WGS-84 坐标系中的相对位置或基线向量,由于在测量过程中,通过重复观测取得了充分的多余观测数据,从而改善了 GPS 定位的精度。

考虑到 GPS 定位时的误差来源,当前普遍采用观测量的线性组合,称为差分法,其具体形式有三种,即单差法、双差法和三差法。

8.4 GPS 坐标系统

▷ 8.4.1 WGS-84 大地坐标系

由于 GPS 是全球性的定位导航系统,为了使用方便,其坐标系统也必须是全球性的。因此它是通过国际协议确定的,通常称为协议地球坐标系(coventional terrestrial system,CTS)。目前,GPS 定位测量中所采用的协议地球坐标系称为 WGS-84 世界大地坐标系(world geodetic system,1984)。该坐标系由美国国防部研制,自 1987 年 1 月 10 日开始使用。

WGS-84 世界大地坐标系的几何定义为:原点是地球质心 M,Z 轴指向国际时间局(BIH)

1984.0 定义的协议地球极（CTP）方向，X 轴指向 BIH1984.0 的零子午面和 CTP 赤道的交点，Y 轴与 Z 轴、X 轴均构成右手坐标系，如图 8-3 所示。

▶ 8.4.2 WGS-84 坐标基本公式

地球上任一点可以用三维直角坐标 (X,Y,Z) 表示，也可以用大地坐标 (B,L,h) 表示。两坐标系之间可以相互转换。如图 8-3 所示，已知地面点 K 的大地经度 L、纬度 B 和大地高 h，可用下式计算其三维直角坐标

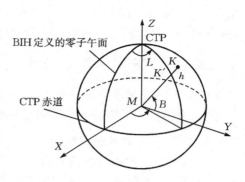

图 8-3 WGS-84 大地坐标系

$$X = (N+h)\cos B\cos L \tag{8-9}$$

$$Y = (N+h)\cos B\sin L \tag{8-10}$$

$$Z = \left[N(1-e^2+h)\right]\sin B \tag{8-11}$$

$$N = \frac{a}{\sqrt{1-e^2\sin^2 B}} \tag{8-12}$$

式中：a、e^2 为椭球元素。对于 WGS-84 椭球，长轴 $a=6378137.0$ m，第一偏心率平方 $e^2=0.00669437999$。这个关系式的逆运算为

$$\tan L = \frac{Y}{X} \tag{8-13}$$

$$\tan B = \frac{Z+Ne^2\sin B}{\sqrt{X^2+Y^2}} \tag{8-14}$$

$$h = \sqrt{\frac{X^2+Y^2}{\cos B}} - N \tag{8-15}$$

由式（8-14）可知，大地纬度 B 又是其自身的函数，因而需用式（8-14）和式（8-12）迭代解算。

另外，测量中还习惯用高斯平面直角坐标表示地面点的平面位置。WGS-84 坐标系和高斯平面直角坐标系之间也可以互相转换。具体公式和转换方法可参阅有关书籍。

在实际测量定位工作中，虽然 GPS 卫星的信号依据于 WGS-84 坐标系，但求解结果则往往是测站之间的基线向量或三维坐标差。在数据处理时，根据上述结果，并以现有的已知点（三点以上）的坐标值作为约束条件，进行整体平差计算，就可得到各测站点在当地现有坐标系中的实用坐标。

8.5 GPS 测量的实施

目前，GPS 测量的作业模式有多种，比如静态绝对定位、静态相对定位、快速静态定位、准动态定位、实时动态定位等。下面就工程测量中最常用的静态相对定位的方法与实施进行简单介绍。

静态相对定位是 GPS 测量中最常用的精密定位方法。它采用两台（或两台以上）接收机，分别安置于一条或数条基线的两个端点，同步观测四颗以上卫星。这种方法的基线相对定位

精度可达 $5\ mm + D \times 10^{-6}$，适用于各种较高等级的控制网测量。按照 GPS 测量实施的工作程序可分为技术设计、选点与建立标志、外业观测、成果检核与数据处理等阶段。

▷ 8.5.1　GPS 网的技术设计

GPS 网的技术设计是一项基础性的工作，这项工作应根据网的用途和用户的需求来进行，其主要内容包括精度指标的确定和网的图形设计等。

1. GPS 测量的精度指标

GPS 测量精度指标的确定取决于网的用途，设计时应根据用户的需求和现实的设备条件，根据表 8-1 和表 8-2 选择合适的 GPS 网精度等级。

GPS 网的精度指标通常用相邻点之间的距离误差 m_D 来表示

$$m_D = a + b \times 10^{-6} D \tag{8-16}$$

式中：a 为 GPS 接收机标称精度的固定误差（mm）；b 为 GPS 接收机标称精度的比例误差系数；D 为 GPS 网中相邻点间的距离（km）。

表 8-1　国家基本 GPS 控制网精度指标

级别	主要用途	固定误差 a/m	比例误差 b
A	国家高精度网的建立及地壳形变测量	≤5	≤0.1
B	国家基本控制测量	≤8	≤1

表 8-2　城市及工程 GPS 控制网精度指标

等级	平均距离/km	固定误差 a/m	比例误差系数 b	最弱边相对中误差
二等	9	≤10	≤2	1/120000
三等	5	≤10	≤5	1/80000
四等	2	≤10	≤10	1/45000
一级	1	≤10	≤10	1/20000
二级	<1	≤15	≤20	1/10000

2. GPS 网形设计

GPS 网形设计是根据用户的需求，确定具体的布网观测方案，目的是高质量、低成本地完成测量任务。

在 GPS 网形设计时，通常需要考虑测站选址、卫星选择、仪器设备装置以及后勤交通保障等因素。当网点位置、接收机数量确定之后，网的设计主要是确定观测时间、网形结构及各点设站观测的次数等。另外，GPS 布网方案不是唯一的，可根据实际情况进行灵活选择。

▷ 8.5.2　选点与建立标志

由于 GPS 测量具有测站间无需通视的特点，且 GPS 网的图形结构比较灵活，因此选点工作比较简便，且省去了建立高大标志的费用。但是，GPS 测量又有其自身的特点，点位选择应顾及测量任务和特点，考虑到以下要求。

① 点位周围高度角 15° 以上天空应无障碍物。

② 点位应选在交通方便、易于安置接收设备、视野开阔的位置,避免 GPS 信号被吸收或遮挡。

③ 点位附近不应有大面积积水域或强烈干扰卫星信号接收的物体,应远离大功率无线电发射源(如电视台、微波站等),远离高压输电线,以减弱多路径效应的影响。

④ 选择一定数量的平面点和水准点作为 GPS 点,以便进行坐标变换,这些点应均匀分布在测区中央和边缘。

点位选定后,按照要求埋设标石,并绘制点之记、测站环视图和 GPS 网选点图,作为提交的选点技术资料。

8.5.3　外业观测工作

GPS 外业观测工作是利用 GPS 接收机采集 GPS 卫星信号,并对其跟踪、处理,以获取所需要的定位信息和观测数据的工作。外业观测时应严格按照技术设计时所拟定的观测计划进行实施,以提高工作效率,保证测量成果的精度。此外,外业观测前还需对接收设备进行严格的检验。

GPS 外业作业过程大致分为天线的安置、接收机的操作以及观测记录三个部分。天线的妥善安置是实现精密定位的重要条件之一,其具体内容包括对中、整平、定向和量取天线高。接收机操作的自动化程度相当高,一般仅需摁相应功能键,就可以顺利地自动完成测量工作。观测记录的形式一般有两种:一种由 GPS 接收机自动进行,并保存在机载存储器中,供随时调用和处理,这部分内容主要包括接收到的卫星信号、实时定位结果及接收机工作状态信息;另一种测量手簿,由操作员随时填写,其中包括观测时的气象元素和其他有关信息。观测记录是 GPS 定位的原始数据,也是进行后续数据处理的依据,必须妥善保存。

8.5.4　观测成果检核与数据处理

观测成果的外业检核至关重要,它是确保外业观测质量,实现预期定位精度的重要环节。因此,当外业观测工作结束后,必须在测区及时对外业观测数据进行严格的检核,并根据情况采取淘汰或必要的重测、补测措施。观测成果检核无误之后,方可进行后续的平差计算和数据处理。

GPS 测量数据处理的过程比较复杂,主要包括:

① 数据传输与储存;

② 基线处理与质量评估;

③ 网平差处理;

④ 技术总结等。

在实际工作中,GPS 测量数据处理可利用计算机借助专门的平差软件,使数据处理工作的自动化达到相当高的程度,这也是 GPS 能够被广泛使用的重要原因之一。

8.6　GPS 新技术——网络 RTK

实时动态(real time kinematic,RTK)测量技术,是近年来在常规 RTK 和差分 GPS 的基础上发展起来的一种新技术。它是以载波相位观测量为根据的实时差分 GPS 测量技术,可以实时得到高精度的测量结果,是 GPS 测量技术的一个新突破。该技术广泛应用于道路放样、地形测量、精细农业、森林资源调查等诸多领域。

▶ 8.6.1 基本原理

实时动态测量技术的基本原理是在基站上安置一台 GPS 接收机,对所有可见卫星进行连续观测,并将其观测数据通过发射台实时地发送给流动观测站。在流动观测站上,GPS 接收机在接收卫星信号的同时通过接收电台接收基准站传送的数据,然后由 GPS 控制器根据相对定位的原理,实时地计算出流动站的厘米级三维坐标。

网络 RTK 在一个较大的区域内能稀疏地、较均匀地布设多个参考站,构成一个参考站网,借鉴广域差分 GPS 和具有多个参考站的局域差分 GPS 中的基本原理和方法,通过借助于 GPS 参考站系统的网络型解算模型进行 RTK 作业,通过观测值、模型及模拟与距离相关的系统误差源,消除或削弱各种误差的影响,从而获取均匀的、高精度的、可靠性的定位结果,这就是网络 RTK 的基本原理。

网络 RTK 是由基准站网、数据处理中心和数据通信线路组成的。基准站上应配备双频全波长 GPS 接收机,该接收机最好能同时提供精确的双频伪距观测值。参考站的站坐标应精确已知,其坐标可采用长时间 GPS 静态相对定位等方法来确定。此外,这些站还应配备数据通信设备及气象仪器等。参考站应按规定的采样率进行连续观测,并通过数据通信链实时将观测资料传送给数据处理中心。数据处理中心根据流动站送来的近似坐标(可根据伪距法单点定位求得)判断出该站位于由哪三个参考站所组成的三角形内,然后根据这三个参考站的观测资料求出流动站处所受到的系统误差,并播发给流动用户来进行修正以获得精确的结果,必要时可将上述过程迭代一次。参考站与数据处理中心间的数据通信可采用数字数据网 DON 或无线通信等方法进行,流动站和数据处理中心间的双向数据通信则可通过移动电话 GSM、GPRS、CDMA 等方式进行。

目前,网络 RTK 技术有 MAX(主辅站)技术、VRS(虚拟参考站)技术和 CBI(综合误差内差)技术等。一个主参考站和若干个辅站组成一个网络单元。图 8-4 为主辅站示意图,图 8-5 为虚拟参考站示意图。

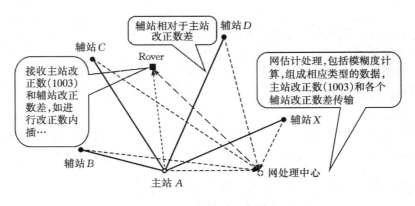

图 8-4　主辅站示意图

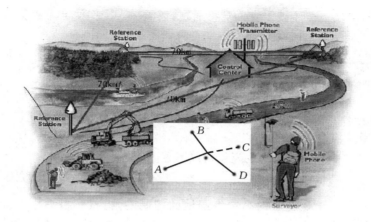

图 8-5　虚拟参考站示意图

网络 RTK 的主要优点如下。

① 费用将大幅度降低。参考站覆盖范围内用户不再架设自己的基准站。GSM、GPRS、CDMA 等灵活的数据通信方式使得网络 RTK 的通信费用大大降低。

② 与传统 RTK 相比,提高了精度。在 GPS 参考站系统内网络 RTK 作业时 1 ppm 的概念已经没有了,在 GPS 参考站网覆盖范围内,精度始终在 1～2 个厘米,同时不再受通信距离的限制。

③ 可靠性也提高了。由于采用了多个参考站的联合数据进行参考站网络的解算得到网解,从而大大提高了测量结果的可靠性。

④ 降低了作业条件要求。网络 RTK 技术不要求满足传统 RTK 技术的"电磁波通视",因此,和传统 RTK 测量相比,受通视条件、能见度、气候、季节、通讯等因素的影响和限制更小。

⑤ 更广的应用范围。诸如城市规划、市政建设、交通管理、机械控制、气象、环保、农业以及所有在室外进行的勘测工作均可应用该技术。

➤ 8.6.2　实时动态测量技术在地形图测绘中的应用

由于 RTK 测量技术进行实时定位可以达到厘米级的精度,因此,除了高精度的控制测量仍采用 GPS 静态相对定位技术之外,RTK 测量技术可应用于地形图测绘中的图根测量和碎部测量。

利用 RTK 测量技术测图时,地形数据采集由各流动站进行,测量人员手持流动站在测区内行走,系统自动采集地形特征点数据,执行这些任务的具体步骤有赖于选用的电子手簿 RTK 应用软件。一般应首先用 GPS 控制器把包括椭球参数、投影参数、数据链的波特率等信息设置到 GPS 接收机上,把 GPS 天线置于已知基站控制点上,安装数据链天线,启动基准站使基站开始工作。进行地面数据采集的各流动站,需在某一起始点上观测数秒或以上时间进行初始化工作。之后,流动站仅需一人持对中杆背着仪器在待测的碎部点上等待数秒钟时间,即可获得碎部点的三维坐标。在点位精度合乎要求的情况下,用便携机或电子手簿记录同时输入特征码。流动接收机将一个区域的地形点位测量完毕后,由专业测图软件编辑输出所要求的地形图。这种测图方式不要求点间严格通视,仅需一人操作便可完成测图工作,大大提高了工作效率。

8.7 GPS定位技术的应用

由于GPS是一种全天候、高精度的连续定位系统,并且具有定位速度快、费用低、方法灵活多样和操作简便等特点,使其在测量、导航及其相关学科领域,得到了极其广泛的应用。

GPS定位技术在测量中的应用主要包括以下方面。

1. 控制测量方面的应用

GPS定位技术可用于建立新的高精度的地面控制网,检核和提高已有地面控制网的精度,对已有的地面控制网实施加密,以满足城市测量、规划、建设和管理等方面的需要。

2. 航空摄影测量方面的应用

用GPS动态相对定位的方法可代替常规的建立地面控制网的方法,实时获得三维位置信息,从而节省大量的经费,而且精度高、速度快。

3. 海洋测量方面的应用

主要用于海洋测量控制网的建立、海洋资源勘探测量、海洋工程建设测量等。

4. 精密工程测量方面的应用

主要应用于桥梁工程控制网的建立、隧道贯通控制测量、海峡贯通与联接测量以及精密设备安装测量等。

5. 工程与地壳变形监测方面的应用

主要应用于地震监测、大坝的变形监测、建筑物的变形监测、地面沉降监测、山体滑坡监测等。

6. 地籍测量方面的应用

可用GPS快速静态定位或RTK技术来测定土地界址点的精确位置,以满足城区5 cm、郊区10 cm的精度要求,既减轻了工作量又保证了精度。

在导航方面,由于GPS能以较好的精度瞬时定出接收机所在位置的三维坐标,实现实时导航,因而GPS可用于舰船、飞机、导弹以及汽车等各种交通工具和运动载体的导航。目前,它不仅广泛用于海上、空中和陆地运动目标的导航,而且在运动目标的监控与管理,以及运动目标的报警与救援等方面,也获得了成功的应用。如在智能交通系统中,利用GPS技术可实现对汽车的实时监测与调度,对运钞车的监控,及各专业运输公司对车辆的监控等。

GPS定位技术在航空、航天器的姿态测量、弹道导弹的制导、近地卫星的定轨,以及气象和大气物理的研究等领域,也显示出了广阔的应用前景。

另外,利用GPS还可以进行高精度的授时,因此GPS将成为最方便、最精确的授时方法之一。它可以用于电力和通讯系统中的时间控制。如目前已生产出的GPS手表,可提供定位、导航、计时等多种功能的服务。

特别要提出的是,全球定位系统(GPS)与地理信息系统(GIS)、遥感技术(RS)相结合是当今地理信息科学发展的主要趋势。它可以充分发挥空间技术和计算机技术互补的优势,使地理信息科学应用于国民经济、军事、科研等各个领域乃至日常生活,产生不可估量的社会效益和经济效益。

思考与练习

1. 什么是 GPS 定位系统？它主要由哪几部分组成？各部分的作用是什么？

2. 简述 GPS 定位系统的特点。

3. GPS 定位误差主要来源于哪几个方面？

4. 简述 GPS 定位的基本原理。

5. 在一个测站上至少要接收几颗卫星的信号才能确定该点在世界大地坐标系中的三维坐标？为什么？

6. GPS 定位有哪些形式？工程测量中最常用的 GPS 定位模式是什么？

7. 应用 GPS 进行平面控制测量时,选点应注意哪些问题？

8. 简述实时动态测量的基本原理。

9. 简述网络 RTK 的定义。

10. 简述应用 RTK 测量技术进行地形图测绘的过程。

第9章 地形图的基本知识

学习要点

1. 地形图及地形图的比例尺
2. 地形图的矩形分幅和编号
3. 地物符号
4. 等高线及其特性

9.1 地形图概述

9.1.1 地图

地图是根据一定的数学法则,经过综合概括并用约定符号将地球表面上的各类信息在平面上表示的图形。具体说就是,地图能在一定范围内,根据其具体用途有选择地表示各种自然现象和社会现象的空间分布、变化状况和其相互间的联系。

概括起来,地图包括了三方面的基本内容,即数学要素、地理要素和地图整饰要素。

数学要素是指构成地图的数学基础,例如地图投影、比例尺、控制点、坐标网、高程系、地图分幅等。这些内容是决定地图图幅范围、位置,以及控制其他内容的基础,保证地图的精确性,是在图上量取点位、高程、长度、面积的可靠依据,并在大范围内能保证多幅图的拼接使用。

地理要素是指地图上表示的具有地理位置、分布特点的自然现象和社会现象。因此,又可分为自然要素(如水文、地貌、土质、植被等)和社会经济要素(如居民地、交通线、行政境界等)。

地图整饰要素(也称为辅助要素)主要是为了便于使用地图,在地图周围布置的说明性文字和工具性图表等辅助内容。一般包括了图名、图号、图廓、测图方法、测图时间、单位、密级等图外注记。

地图的构成内容使其具有了直观性、一览性和可量测性的特点。

9.1.2 地图的分类

按照地图表达内容的不同,地图一般可分为普通地图和专题地图。

　　普通地图是综合、全面地表达一定区域内的自然要素和社会经济现象等一般特征的地图。它包含的内容非常广泛,如地形、水系、土壤、植被、居民点、交通网、境界线等内容。普通地图分为地形图和普通地理图。普通地图广泛用于经济、国防和科学文化教育等方面,并可作为编制各种专题地图的基础。

　　专题地图,又称特种地图,着重表示一种或数种自然要素或社会经济现象的地图。又可分为自然地图和人文地图。如:地质、矿产分布图、气象地图、水文地图、人口分布图、地籍图等。专题地图的内容由两部分构成,一是图上突出表示的自然或社会经济现象及其有关特征的专题内容。二是地理基础,用以标明专题要素空间位置与地理背景的普通地图内容,主要有经纬网、水系、境界、居民地等。

　　从地图表现形式上,传统地图通常是绘制在纸上的,它具有直观性强、使用方便等优点。随着现代科技的发展,先后出现了“数字地图”和“电子地图”等新的表现形式。

　　数字地图是指用全数字的形式描述地图要素的属性、空间位置和相互关系信息的数据集合。其信息的采集采用数字化测量手段,通过计算机对数据进行传输、存储和管理,实现了对地理空间数据信息的自动化采集、实时更新、动态管理和现代化应用。

　　电子地图是数字地图符号化处理后的数据集合,它具有地图的符号化数据特征,并能快速实现图形的平面、立体和动态跟踪显示,供人们在屏幕上阅读和使用。

　　数字地图和电子地图这些“无纸地图”的出现,已经对国民经济和国家发展建设的许多领域,以及相关学科、专业产生了革命性的影响。随着社会的不断进步,国家实现现代化、自动化、科学化管理的迫切需要以及计算机的进一步普及,新型数字地图和电子地图必将发挥更大的作用。

▷ 9.1.3　地形图

　　地形图是指按一定的方法,将地面上的地物、地貌的平面位置和高程,用规定的符号,依照一定比例尺缩绘成的正射投影图。如图上只有地物,不表示地面起伏即地貌变化,则称为平面图。

　　在地形图中,地物指的是地面上固定的物体,包括人工地物和自然地物,如城镇、厂矿、建筑、道路、河流、湖泊等;地貌则是指地球表面高低起伏、倾斜变化的形态,如高山、峡谷、丘陵、平原、盆地等;而地形是指地球表面各类地物和地貌的总称。

9.2　地形图的比例尺

　　地形图的比例尺是指地形图上任意线段的长度与地面上相应线段的实际水平长度之比。

▷ 9.2.1　比例尺的种类

1. 数字比例尺

　　数字比例尺一般用分子为1的分数式来表示。设图上某线段的长度为 d,地面上相应线段的实际水平长度为 D,则图的比例尺为

$$\frac{d}{D} = \frac{1}{\dfrac{D}{d}} = \frac{1}{M} \qquad\qquad (9-1)$$

式中 M 为比例尺分母,表示将实地水平长度缩绘在图上的倍数。数字比例尺一般写为 $1:M$ 或 $1/M$。

比例尺的大小是以比例尺的比值来衡量的,即比例尺的分母越小,比值越大,则该比例尺越大。我国目前地形图使用的基本比例尺有 $1:10000$、$1:25000$、$1:50000$、$1:100000$、$1:250000$、$1:500000$ 和 $1:1000000$ 等。此外按照比例尺的大小,通常把 $1:500$、$1:1000$、$1:2000$ 和 $1:5000$ 的比例尺称为大比例尺地形图;$1:10000$,$1:25000$,$1:50000$,$1:1000000$ 的称为中比例尺地形图;$1:250000$,$1:500000$,$1:1000000$ 的称为小比例尺地形图。

不同比例尺的地形图有不同的用途。小比例尺地形图大都是根据各种资料编制而成,它是研究全国整个领土地形状况的重要资料,是制定国家发展战略的重要依据。中比例尺地形图是军事上的主要战术图,是国民经济建设中各种规划和设计的根据,是编绘其他地图的基础。大比例尺地形图主要用于城市规划、市政建设以及各项工程勘察设计。其中 $1:5000$ 比例尺地形图,多用于项目前期可行性研究,$1:500$、$1:1000$ 和 $1:2000$ 比例尺地形图多用于初步规划设计与施工图设计。

2. 图示比例尺

为了用图方便,以及减小由于图纸本身伸缩而引起的误差,在绘制地形图时,通常在图上绘制图示比例尺。图示比例尺分为两种,即直线比例尺和复式比例尺。

(1)直线比例尺

如图 9-1 所示为 $1:1000$ 的图示直线比例尺,在两条平行线上分成若干 2 cm 长的线段,称为图示比例尺的基本单位,每一基本单位相当于实地 $2 \text{ cm} \times 1000 = 20 \text{ m}$。左端一段基本单位又细分成 10 等份,每等份相当于实地 2 m,从图中可以看出直线比例尺可以精确读到 1/10 基本单位。

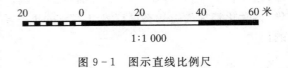

1:1 000

图 9-1 图示直线比例尺

(2)斜分比例尺

也称为斜线比例尺。如图 9-2 所示为 $1:10000$ 的斜分比例尺,其制作方法是在直线 AE 上以 2 cm 为基本单位截取若干段,在截点上作适当而等长的垂线 $AC, BD, \cdots, EF$,并在直线 AE 和 CF 之间用平行横线分成 10 等份;再将最左边的基本单位 AB 和 CD 上也分成 10 等份,然后上下错开 1/10 基本单位用斜线联起来,即成斜分比例尺。最左边基本单位的一小格 (GD) 为基本单位 CD 的 1/10。这样任意两相邻横线之间的差数均为 $GD/10$,即 $CD/100$。直线比例尺只能直接读到基本单位的 1/10,而复式比例尺可以直接读到基本单位的 1/100。

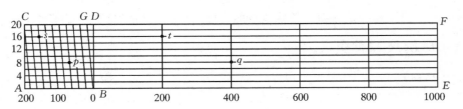

图 9-2 $1:10000$ 的复式比例尺

▶ 9.2.2 比例尺的精度

一般认为,人肉眼能分辨图上最小距离为 0.1 mm 的两点。因此通常把图上 0.1 mm 所表示的实地水平距离称为比例尺精度,即 0.1 mm×M。利用比例尺精度,根据比例尺可以推算出测图时量距应准确的程度。例如,1:1000 地形图的比例尺精度为 0.1 m,测图时量距的精度只需 0.1 m,小于 0.1 m 的距离在图上表示不出来。反之,按照地形图的用途,需要在图上能量出的最短长度,根据比例尺精度,可以确定测图比例尺。例如,欲表示实地最短线段长度为 0.5 m,则测图采用的比例尺不得小于 1:5000。

表 9-1 为几种不同比例尺的精度,可见比例尺越大,表示地物和地貌的情况就越详细,精度就越高。反之,比例尺越小,表示地面情况就越简略,精度就越低。但必须指出,同一测区面积,采用较大的比例尺测图往往比用较小比例尺测图的工作量和费用都要增加数倍,因此,需要采用多大的比例尺测图,应根据工程规划设计、施工实际需要决定,不应盲目追求更大比例尺的地形图。

表 9-1 不同比例尺的精度

比例尺	1:500	1:1000	1:2000	1:5000	1:10000
比例尺精度	0.05	0.10	0.20	1.50	1.00

作为参照,选用地形图比例尺时一般应遵循以下原则。
① 图面所显示地物、地貌的详尽程度和明晰程度能否满足设计要求。
② 图上点的平面位置和高程的精度是否能满足设计要求。
③ 图幅的大小应便于总图设计布局的需要。
④ 在满足以上要求的前提下,尽可能选用较小的比例尺测图。

9.3 地形图的分幅和编号

为了便于测绘、使用和科学管理地形图,需要将各种比例尺地形图进行统一的分幅和编号。

分幅就是将测绘区域面积很大的地形图,按照不同比例尺分层次划分成若干幅测绘区域面积较小的图幅。

编号就是将划分后的图幅,按比例尺大小,将同级各图幅与上一层图幅的相对位置关系,用统一规定的文字符号和数字符号进行标记排序。

地形图的分幅方法通常有两种,一种是按经纬线分幅的梯形分幅法(又称国际分幅法);另一种是按直角坐标格网分幅的矩形分幅法。根据测图采用的比例尺不同,分幅方法也不相同,中、小比例尺地形图采用梯形分幅法,而大比例尺地形图一般采用矩形分幅法。

▶ 9.3.1 地形图的梯形分幅与编号

1. 分幅

我国基本比例尺地形图均以 1:1000000 比例尺地形图为基础,按经度差和纬度差划分图幅。

按照国际规定,1:1000000 比例尺地形图采用国际标准分幅。按经度差 6°、纬度差 4°为一幅图,如图 9-3 所示。我国整个国土地域 1:1000000 地形图的分幅编号构成可参看图 9-4,由于我国幅员辽阔,所以 1:1000000 地形图就有 60 多幅。

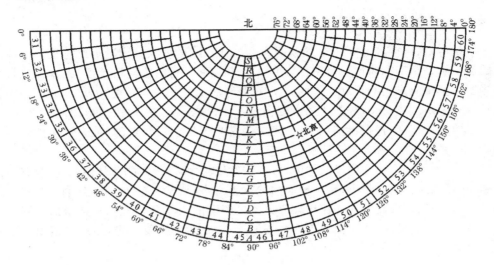

图 9-3　北半球东侧 1:1000000 比例尺地形图的国际分幅与编号

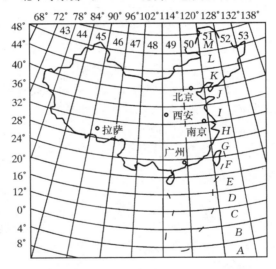

图 9-4　我国 1:1000000 地形图的分幅编号

　　一幅 1:1000000 地形图划分 2 行 2 列,形成 4 幅 1:500000 地形图,一幅 1:500000 地形图的范围是经度差 3°、纬度差 2°;一幅 1:1000000 地形图划分 4 行 4 列,形成 16 幅 1:250000 地形图,一幅 1:250000 地形图的范围是经度差 1°30′、纬度差 1°;一幅 1:1000000 地形图划分 12 行 12 列,形成 144 幅 1:100000 地形图,一幅 1:100000 地形图的范围是经度差 30′、纬度差 20′;一幅 1:1000000 地形图划分 24 行 24 列,形成 576 幅 1:50000 地形图,一幅 1:50000 地形图的范围是经度差 15′、纬度差 10′;一幅 1:1000000 地形图划分 48 行 48 列,形成 2304 幅 1:25000 地形图,一幅 1:25000 地形图的范围是经度差 7′30″、纬度差 5′;一幅 1:1000000 地形图划分 96 行 96 列,形成 9216 幅 1:10000 地形图,一幅 1:10000 地形图的范围是经度差 3′45″、纬度差 2′30″;一幅 1:1000000 地形图划分 192 行 192 列,形成 36864 幅 1:5000 地形图,一幅 1:5000 地形图的范围是经度差 1′52.5″、纬度差 1′15″。

　　各种比例尺图幅大小和 1:1000000 比例尺地形图图幅关系,如表 9-2 所示。

表 9 - 2　我国基本比例尺地形图分幅

地形图比例尺	图幅大小		1：1000000 图幅包含关系		
	纬差	经差	行数	列数	图幅数
1：1000000	4°	6°	1	1	1
1：500000	2°	3°	2	2	4
1：250000	1°	1°30′	4	4	16
1：100000	20′	30′	12	12	144
1：50000	10′	15′	24	24	576
1：25000	5′	7′30″	48	48	2304
1：10000	2′30″	3′45″	96	96	9216
1：5000	1′15″	1′52.5″	192	192	36864

2. 编号

（1）1：1000000 比例尺地形图的编号

采用国际 1：1000000 比例尺地图编号标准。如图 9 - 3 所示，从赤道起向北或向南，按纬差每 4° 划分一行，依次用字符码 A、B、…、V 表示；从经度 180° 起，自西向东按经差每 6° 划分一列，全球共划分为 60 列，依次用数字码 1、2、…、60 表示。每幅图的编号由该图幅所在的行号与列号组合而成。例如，北京某地的经度为东经 116°24′20″、纬度为北纬 39°56′30″，根据其经纬度分别确定其所在行号和列号，则该地所处 1：1000000 地形图的编号为 J50。

（2）1：500000～1：5000 比例尺地形图的编号

均以 1：1000000 地形图编号为基础，采用行列式编号法，即将 1：1000000 地形图按所含各种比例尺地形图的经纬差划分成相应的行和列，横行自上而下，纵列从左到右，按顺序均用阿拉伯数字编号，皆用 3 位数字表示，凡不足 3 位数的，则在其前补 0。该分幅编号系统的主要优点是编码系列统一于一个根部，编码长度相同，便于计算机处理。

最终各大、中基本比例尺地形图的图号均由其所在 1：1000000 地形图的图号、比例尺代码和各图幅的行列号五个元素十位码构成，如图 9 - 5 所示。各基本比例尺代码见表 9 - 3。例如，图 9 - 6 所示中，阴影部分所示 1：500000 地形图的图号为 J50B001002。

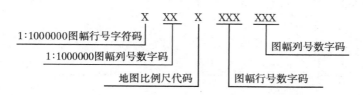

图 9 - 5　1：500000～1：5000 比例尺地形图编号构成

表 9 - 3　我国基本比例尺代码

比例尺	1：500000	1：250000	1：100000	1：50000	1：25000	1：10000	1：5000
代码	B	C	D	E	F	G	H

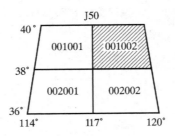

图 9-6 1：500000 地形图的分幅和编码

▷ 9.3.2 地形图的矩形分幅与编号

1. 分幅

为了适应各种工程设计和施工以及管理等方面的需要，对于大比例尺地形图，通常按直角坐标格网线进行等间距分幅，即采用矩形分幅。各大比例尺图幅之间关系，如图 9-7(a)和表 9-4 所示。

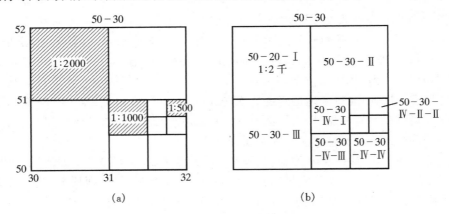

图 9-7 矩形分幅和编号

表 9-4 几种大比例尺地形图的图幅规格与面积大小

比例尺	图幅大小(cm×cm)	实际面积(km²)	1：5000 图幅内分幅数
1：5000	40×40	4	1
1：2000	50×50	1	4
1：1000	50×50	0.25	16
1：500	50×50	0.0625	64

2. 编号

采用矩形分幅时，大比例尺地形图的图幅编号，一般采用图幅西南角坐标公里数编号法。即由图幅西南角纵坐标 x 和横坐标 y 组成编号，形式为"$x-y$"。编号时，1：5000 比例尺地形图，坐标值取至 km，1：2000、1：1000 比例尺地形图取至 0.1 km，而 1：500 比例尺地形图则取至 0.01 km。如图 9-7(a)所示，1：5000 地形图图幅的西南角坐标为 $x=50$ km、$y=30$ km，则其编号为"50-30"。图 9-7(a)中带阴影 1：2000 图幅编号为"51.0-30.0"，带阴影 1：1000 图幅编号为"50.5-31.0"，带阴影 1：500 图幅编号为"50.75-31.75"。

　　大比例尺地形图的图幅编号,也可以采用基本图号法编号,即以 1∶5000 地形图作为基础,比例尺比其大的地形图图幅的编号,是在 1∶5000 地形图图幅编号后面加上相应罗马数字Ⅰ、Ⅱ、Ⅲ、Ⅳ,如图 9-7(b)所示。

9.4　地形图的辅助要素

　　为了使用方便,通常在地形图外进行一些注记,对地形图加以说明,这就是地形图图外注记。地形图图外注记构成地图的整饰要素,也称辅助要素。地形图图外注记包括图名、图号、接图表、图廓、三北方向图、坡度尺以及地形图采用的坐标系统、高程系统、比例尺、测绘时间和方式、测绘机关和人员、密级等其他内容。

➢ 9.4.1　图名和图号

　　图名即本幅图的名称,一般是以本图幅内最著名的地名、厂矿企业、街区和村庄的名称来命名的。

　　为了区别各幅地形图所在的位置关系,每幅地形图上都编有图号。图号是根据地形图分幅和编号方法编定的。图名和图号分别标注在北图廓上方的中央,如图 9-8 所示。

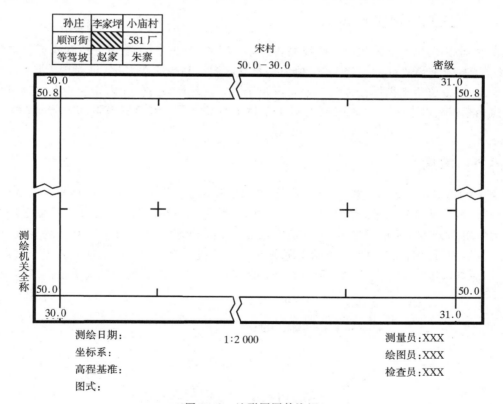

图 9-8　地形图图外注记

9.4.2 接图表

为了说明本图幅与相邻图幅的关系,方便查找相邻图幅,通常在北图廓左上方绘制一个由九个方格组成的表格,如图 9－8 所示。中间一格画有斜线,代表本图幅位置,四邻分别注明相应图幅的图号(或图名),这类表格称为接图表。在中比例尺各种图上,除了接图表以外,还把相邻图幅的图号分别注在东、西、南、北图廓线中间,进一步表明与四邻图幅的相互关系。

9.4.3 图廓

图廓是地形图的边界,矩形图幅的图廓有内、外图廓之分,如图 9－8 所示。内图廓就是坐标格网线,也是图幅的边界线。在内图廓外四角处注有坐标值,并在内廓线内侧,每隔 10 cm 绘有 5 mm 的短线,表示坐标格网线的位置。在图幅内绘有每隔 10 cm 的坐标格网交叉点。外图廓是最外边的粗线,距内图廓 12 mm,起装饰醒目作用。

在城市规划等设计工作中,有时需用 1∶10000 或 1∶25000 的地形图。这种图的图廓有内图廓、分图廓和外图廓之分。内图廓是经线和纬线,也是该图幅的边界线。内、外廓之间为分图廓,它绘成为若干段黑白相间的线条,每段黑线或白线的长度,表示实地经度差或纬度差 1′。分度廓与内图廓之间,注记了以公里为单位的平面直角坐标值。

9.4.4 三北方向关系图

在中、小比例尺地形图的南图廓线的右下方,还绘有真子午线、磁子午线和坐标纵轴(中央子午线)方向这三者之间的角度关系,称为三北方向图。利用该关系图,可对图上任一方向的真方位角、磁方位角和坐标方位角三者间作相互换算。此外,在南、北内图廓线上,还分别绘有标志点,该两点的连线即为该图幅的磁子午线方向,有了它利用罗盘可将地形图进行实地定向。

9.4.5 坡度尺

在 1∶10000、1∶25000 和 1∶50000 比例尺地形图的南图廓外的下方,还绘有坡度尺。如图9－9所示,坡度尺的水平底线下边一般注有两行数字,上行是用坡度角表示的坡度,下行是对应的倾斜百分率表示的坡度,即坡度角的正切函数值。坡度尺的用途是用于量测地形图上某一方向坡度,使用时,只需用卡规在地形图上相邻两条或六条等高线上任意两点卡量出水平距离,然后与坡度尺上纵向线段比量,相等的纵向线段下方所对应的度数即为量取的坡度。

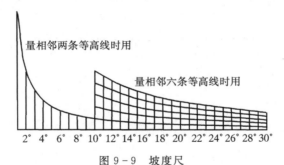

图 9－9 坡度尺

➤ 9.4.6 其他内容

在地形图上外图廓以外一般还应标注以下内容。

① 坐标系,是指本图采用的坐标类型,具体是采用独立平面直角坐标系、54 坐标系、80 大地坐标系还是城市坐标系等。

② 高程基准,是指本图采用的高程系统,具体是采用 85 国家高程基准、56 黄海高程系,还是假定高程系统等。

③ 图式,本图采用的《地形图图式》。

④ 本图采用的比例尺和等高距以及测绘机关、测绘时间、测绘人员、密级等信息。

9.5 地形图的地理要素

➤ 9.5.1 地物、地貌的表示

地面上不同的地物和地貌在地形图上都是通过不同的点、线和各种图形表示的,而这些点、线和图形被称为地形符号。地形符号分为地物符号、地貌符号两大类。它不仅要表示出地面物体的位置、类别、形状和大小,还要反映出各物体的数量及其相互关系,从而在图上可以精确地判定方位、距离、面积和高低等数据,使地形图具有一定的精确性和可靠性,以满足各种用图者的不同需要。

地形符号是表示地形图内容的主要形式。它有对各种物体和现象的概括能力,有对数量和特征的表达能力,能反映出测绘地区的地理分布规律和特征,是传输地形图信息的语言工具。地形符号的大小和形状,根据测图比例尺的大小不同而不同。各种比例尺地形图的符号、图廓、图内和图外注记的字体、位置与排列等,都有一定的格式,总称为《地形图图式》,简称图式。

为了所采用的图式以及用图的方便,我国地形图的图式由国家测绘局统一制定。它是符合国民经济建设各部门对地形图共性要求的国家标准,是绘制地形图的基本依据之一,图式统一了地形图上表示各种地物、地貌要素的符号和注记,并科学地反映了其形态特征。

目前颁布实施的国家地形图图式标准为《1∶500、1∶1000、1∶2000 地形图图式》。表 9-5 为该地形图图式中部分常用的符号示例。

表 9-5 《1∶500、1∶1000、1∶2000 地形图图式》示例

编号	符号名称	1∶500、1∶1000	1∶2000
1	一般房屋 混—房屋结构 3—房屋层数	混3	1.6
2	简单房屋		

编号	符号名称	1：500、1：1000	1：2000
3	建筑中的房屋	建	
4	破坏房屋	破	
5	棚房	45° ＼1.6	
6	架空房屋	砼4 ⋮⋮1.0 砼 砼4	1.0
7	廊房	混3 ⋮⋮1.0	⋮⋮1.0
8	台阶	0.6⋮⋮ 1.0 1.0	
9	无看台的露天体育场	体育场	
10	游泳池	泳	
11	过街天桥		
12	高速公路 a.收费站 0—技术等级代码	a 0 0.4	
23	稻田	0.2 ↓⋮3.0 1.0 ↓ ↓ 10.0 -10.0	

编号	符号名称	1：500、1：1000	1：2000
24	常年湖	青湖	
25	池塘	塘 | 塘	
29	三角点 凤凰山—点名 394.468—高程	△ 凤凰山 3.0 ̄394.468	
30	导线点 I16—等级、点号 84.46—高程	2.0 ▣ I16 84.46	
31	埋石图根点 16—点号 84.46—高程	1.6 ⊕ 16 84.46 2.6	
47	挡土墙	1.0 ⊥⊥⊥⊥⊥⊥ 0.3 6.0	
48	棚栏、栏杆	1.0 1.0	
49	篱笆	1.0 10.0	
50	活树篱笆	0.6 1.0 ●●●●●●●●●●● 0.6	
56	散树、行树 a.散树 b.行树	a ○ ̈ 1.6 10.0 1.0 b ○ ○ ○ ○ ○	
57	一般高程点及注记 a.一般高程点 b.独立性地物的高程	a b 0.5 ···● 163.2 ⚓ 75.4	

续表 9 - 5

编号	符号名称	1：500、1：1000	1：2000
58	名称说明注记	友谊路 团结路 胜利路	中等线体 4.0(18k) 中等线体 3.5(15k) 中等线体 2.75(12k)
59	等高线 a.首曲线 b.计曲线 c.间曲线	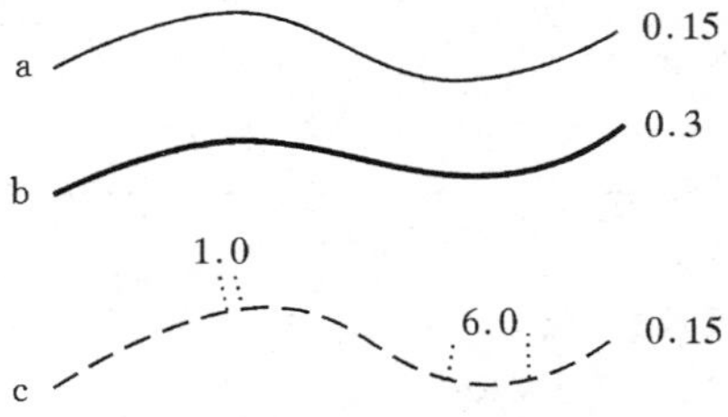 a 0.15 b 0.3 1.0 6.0 0.15 c	
60	等高线注记	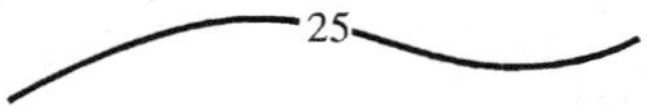 25	
61	示坡线	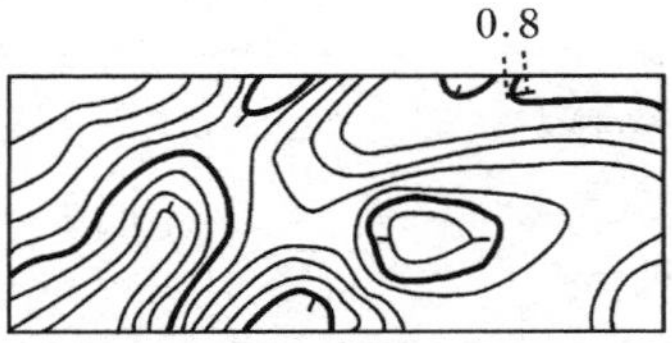 0.8	
62	梯田坎	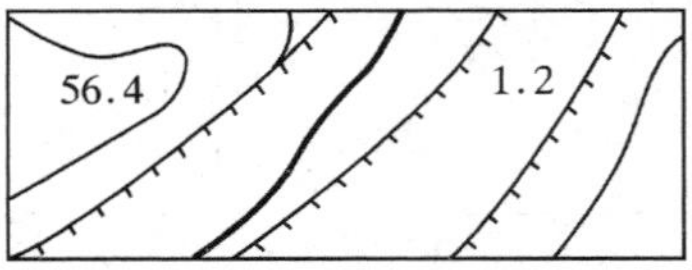 56.4 1.2	

▶ 9.5.2 地物符号

地面上人工建造或自然形成的固定的物体称为地物,如房屋、道路、管线、境界、河流、湖泊、植被、测量控制点及各种独立建筑物等,其类别、形状和大小及其地图上的位置,都是用规定的符号来表示的,即地物符号。根据地物的大小、测图的比例尺及描绘方法的不同,地物符号分为:比例符号、非比例符号、半比例符号、地物注记符号。

1. 比例符号

对于轮廓较大的地物,如房屋、湖泊、农田等,它们的形状和大小都能按比例尺缩绘在图上,表示这类地物的符号称为比例符号。这类符号不仅可以反映出地物的位置、类别,而且能反映出地物的形状轮廓特征和大小。

2. 非比例符号

一些轮廓较小的地物,如三角点、水准点、独立树、里程碑、水井等,无法将其形状和大小按测图比例尺在图上绘制出来,因此不考虑其实际大小,采用规定的概括形象特征的象征性符号表示,这类符号称为非比例符号。非比例符号只表示地物的几何中心位置和属性,不表示地物的实际形状和大小。

非比例符号不仅其形状和大小不依测图比例尺绘出,而且符号的中心位置与该地物实地的中心位置关系,也随各种地物不同而异,在测图和用图应加以注意。为此,《地形图图式》中规定了各类非比例符号定位中心的位置。

① 规则的几何图形符号,如圆形、矩形、三角形等,以图形的几何图形的中心为实地地物的中心位置。

② 宽底符号,如水塔、烟囱、蒙古包等,以符号底线中点为实地地物的中心位置。

③ 底部为直角形的符号,如风车、路标等,以符号的直角顶点为实地地物的中心位置。

④ 几种几何图形组合的符号,如路灯、消火栓等,以符号下方图形的几何中心点或交叉点为实地地物的中心位置。

⑤ 下方无底线的符号,如窑洞、纪念亭等,以符号下方两端点间的中点为实地地物的中心位置。

3. 半比例符号

对于一些带状延伸地物,如河流、道路、各类管线等,其长度可按测图比例尺缩绘,而宽度无法按测图比例尺表示的符号称为半比例符号。该类符号中心线位置一般为所绘地物的中心位置,但是城墙和垣栅等,其中心位置在其符号的底线上。

4. 地物注记符号

对于一些地物,仅用上述符号无法对其用途、材料、结构等属性表达完整,需用文字、数字或特定符号对地物加以说明,称为地物注记。如地区、城镇、河流、道路名称;江河的流向、道路去向以及林木、田地类别说明等。

➤ 9.5.3　地貌符号

地貌是指地表高低起伏的自然形态。地貌的形态是多种多样的,从大的形态范围来说,可分为山地、高原、盆地、丘陵和平原类型。对于一个地区而言,则可根据其地面倾斜、高差、高低变化情况等特征的不同,划分成多种地貌类型。如地势起伏小,地面倾斜角一般在 2°以下,高差一般不超过 20 m 的地面,称之为平地。

在图上表示地貌的方法有多种,对于大、中比例尺地形图而言,通常用等高线、特殊地貌符号和高程注记点相互配合起来表示地貌。

用等高线表示地貌不仅能表示地貌起伏的状态,同时也能准确表示出地面的坡度、坡向和实地高程。

1. 等高线

等高线是地面上高程相同的相邻点连接形成的连续闭合曲线,也就是不同高程的水准面与地面相交形成的闭合曲线。如图 9-10所示,设有一座岛屿,随水位高度的变化,不同高程的水面 1、2、3,与岛屿分别会有一条交线,显然,同一条交线上各点的高程都相等,且都是闭合曲线,这就是不同高程的等高线。将这组实地上的等高线沿铅垂线方向投影到水

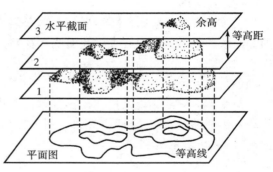

图 9-10　等高线原理

平面上,并按规定的比例尺缩绘到图上,就得到用等高线表示该岛屿地貌的地形图。用等高线表示地貌,客观地表达了地面起伏变化的形态,并且包括了地物的形状、大小和位置等信息。

2．等高距和等高平距

相邻等高线之间的高差称为等高距,用 h 表示。在同一幅地形图上,等高距是相同的,将其称为基本等高距。

地形图上等高线的疏密与所用等高距有关。对于用一定比例尺测图,若所用等高距过小,则图上等高线多而密,所表示的地貌形态尽管比较详细,但野外测图工作量也相应加大,而且等高线过密会影响图面清晰,不利于地形图的使用。反之,若所用等高距过大,则图上等高线少而疏,所表示的地貌形态比较粗略,不能满足使用要求。因此,实际工作中选择适当的等高距是十分重要的。应根据地形起伏情况和和所用比例尺,参照相应规范选用等高距。几种大比例尺地形图根据地形情况应选择的基本等高距,见表9-6。

表 9-6　地形图的基本等高距

地形类别	比例尺				备　注
	1:500	1:1000	1:2000	1:5000	
平地	0.5 m	0.5 m	1 m	2 m	等高距为 0.5 m 时,特征点高程可注至 cm,其余均为注至 dm。
丘陵	0.5 m	1 m	2 m	5 m	
山地	1 m	1 m	2 m	5 m	

相邻等高线间的水平距离称为等高线平距,用 d 表示。由于同一幅地形图采用的基本等高距是相同的,所以等高线平距 d 的大小直接与地面坡度有关。等高距 h 与等高线平距 d 的比值即为地面的坡度,用 i 表示。由图 9-10 可以看来,等高线平距愈大,表示地面坡度愈缓,反之愈陡,地面坡度与等高线平距成反比。因此,可以根据地形图上等高线的疏、密,来判定地面坡度的陡、缓。

3．等高线的种类

等高线一般分为四类。

（1）首曲线

按基本等高距描绘的等高线称为首曲线,也称基本等高线。首曲线用 0.15 mm 的细实线描绘,如图 9-11 中高程为 38 m、42 m 的等高线。

（2）计曲线

为了读图方便,从 0 米等高线起算,每隔 4 条基本等高线加粗描绘,并局部断开注记高程的等高线称为计曲线。计曲线也是高程能被 5 倍基本等高距的首曲线,用 0.3 mm 的粗实线描绘,如图 9-11 中高程为 40 m 的等高线。

（3）间曲线

当基本等高线不能反映出地面局部的起伏变化时,按二分之一基本等高距加密描绘的等高线称为间曲线,也称半距等高线。图上描绘时,间曲线用长虚线表示,可不闭合,如图 9-11 中高程为 39 m 的等高线。

（4）助曲线

当间曲线仍不能反映出地面局部地貌的变化时,还可用四分之一基本等高距加密描绘的

等高线,称为助曲线。助曲线一般用短虚线表示,描
绘时也可不闭合,如图 9-11 中高程为 38.5 m 的等
高线。

4. 典型地貌的等高线

地貌形态多种多样,对它们进行仔细分析,就会
发现它们实际上是一些典型地貌的综合。掌握用等
高线表示典型地貌的特征,将有助于测绘、识读和应
用地形图。典型的地貌有以下几种。

(1)山头和洼地(盆地)

表示山头和洼地的等高线,其特征都表现为一组
闭合曲线,只是它们的高程注记不同。为了区分山头
和洼地也可采用示坡线的方法。高程注记可在最高
点或最低点上注记高程,或通过等高线的高程注记字

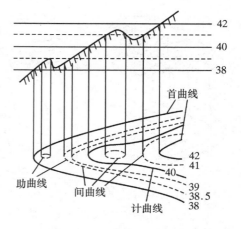

图 9-11 等高线的分类

头朝向确定山头(或高处);示坡线是从等高线起向下坡方向垂直于等高线的短线。如图 9-
12(a)所示为山头的等高线,由若干条闭合的曲线组成,高程自外向里逐渐升高。如图 9-12
(b)所示为洼地的等高线,也是由若干条闭合的曲线组成,但高程自外向里逐渐降低。

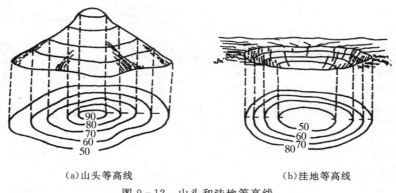

(a)山头等高线   (b)洼地等高线

图 9-12 山头和洼地等高线

(2)山脊和山谷

山脊是沿着一定方向延伸的高地,其最高棱线称为山脊线,又称分水线。山脊的等高线是
一组以向低处凸出为特征的曲线,如图 9-13(a)所示。山谷是沿着同一方向延伸的两个山脊
之间的凹地,贯穿山谷最低点的连线称为山谷线,又称集水线。山谷的等高线是一组向高处凸
出的曲线,如图 9-13(b)所示。

山脊线和山谷线是显示地貌基本轮廓的线,所以又统称为地性线,它在测图和用图中都有
重要作用。

(3)鞍部

鞍部是相邻两山头之间低凹部位呈马鞍形的地貌,俗称垭口,如图 9-14 所示。鞍部(S
点处)一般是两个山脊与两个山谷的会合处,往往是山区道路通过的地方。等高线由一对山脊
和一对山谷的等高线组成,其特征是四组等高线共同凸向一处。

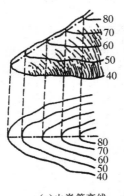

(a)山脊等高线

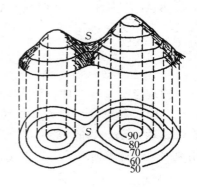

(b)山谷等高线

图9-13 山谷和山脊等高线

图9-14 鞍部等高线

（4）陡崖和悬崖

陡崖是坡度在70°以上的陡峭崖壁,有石质和土质之分。如图9-15(a)为石质峭壁等高线,几条等高线几乎重叠。如果几条等高线完全重叠,那么该处为峭壁。悬崖是上部突出、下部凹进的陡崖,等高线如图9-15(b)所示,等高线出现相交,高程高的等高线覆盖高程低的等高线,覆盖的部分用虚线表示。

（5）冲沟与梯田

冲沟又称雨裂,它是具有陡峭边坡的深沟,由于边坡陡峭不规则,所以用锯齿形符号来表示,见图9-16(a)。梯田等高线如图9-16(b)所示,峭壁等高线则是用图9-16(c)所示符号表示。

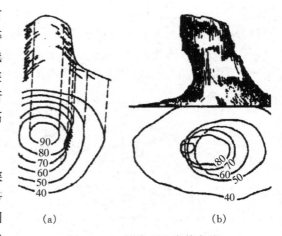

(a)　　　　　　　　(b)

图9-15 陡崖和悬崖等高线

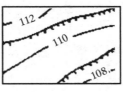

(a)冲沟等高线　　　(b)梯田等高线　　　(c)峭壁等高线

图9-16 冲沟、梯田和峭壁等高线

图9-17是几种典型地貌综合的局地地貌及其等高线图。

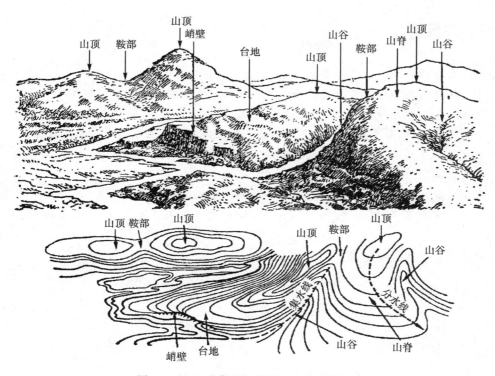

图 9-17　几种典型地貌综合的地貌等高线

5. 等高线的特性

根据等高线的原理和典型地貌等高线的规律,可归纳出等高线有如下特性。

① 同一条等高线上各点的高程相等。但高程相等的点,则不一定在同一条等高线上。

② 每一条等高线都应是闭合曲线。如不在本图幅内闭合,则必然穿越若干图幅闭合,即等高线不能在图幅内中断。所以凡不能在本幅图内自行闭合的等高线,都必须画至图廓线为止。

③ 除在悬崖或峭壁处外,等高线不能相交或重合。

④ 等高线与山脊线或山谷线成正交,即在通过点上,等高线的切线应与地性线垂直,如图9-13所示。

⑤ 同一幅地形图上,基本等高距相同。等高线平距越小,表示地面坡度越陡;平距越大,表示地面坡度越缓;平距相等则地面坡度相等。若等高线是一组间距相等且相互平行的直线,则表示该处地面为倾斜平面。

另外,等高线过河谷时不会直接横穿,而是先沿河谷一侧转向上游并逐渐靠近谷底,直至与谷底同高处,再垂直地穿过谷底而转向下游,如图9-17所示。

为了更清晰的识别等高线,一般还要对计曲线进行高程注记,一般注记在计曲线上。注记数字的中心线应与等高线方向一致,字头朝向高处,并中断等高线。

思考与练习

1.什么是地图？什么是地形图？

2.什么是比例尺和比例尺精度？比例尺精度在地形图测绘工作中有何用途？

3.地物符号有哪几种？

4.什么是等高线、等高距和等高平距？地形图上为什么要用等高线来表示地貌？

5.试用等高线表示出山头、洼地、鞍部以及山脊、山谷等典型地貌。

6.地形图的分幅方法有哪几种？

7.我国国家基本比例尺地形图是如何分幅的？某幅地形图的编号为 J50E020020,则该幅地形图的比例尺是多少？ 1∶1000000 地形图 I50 的图幅最西南角的 1∶10000 地形图的图号是多少？

8.简述等高线的主要特性。

第 10 章　大比例尺地形图测绘

学习要点

1. 测图前的准备工作
2. 经纬仪测绘法测绘地形图
3. 等高线勾绘
4. 全站仪的使用
5. 数字化测图

测量工作应遵循"从整体到局部,先控制后碎部"的原则。控制测量工作结束后,就可以根据图根控制点测定地物、地貌特征点的平面位置和高程,并按规定的比例尺和符号缩绘成地形图。

10.1　测图前的准备工作

地形图测绘是一项作业环节多、技术要求高、参与人员多、组织管理较复杂的测量工作。为顺利、有序、高效地进行地形图测绘工作,在测图之前,除了做好仪器、工具、测区已有资料以及根据测区实际情况和技术要求制定测绘技术方案的准备工作外,还应着重做好图纸准备、绘制坐标方格网和展绘控制点等工作。

▷ 10.1.1　图纸准备

为了保证测图的质量,应选用质地较好的图纸。对于测区面积较小的临时性测图,可选用韧性较好、厚度较厚的绘图纸,将其直接固定在图板上进行测绘;对于需要长期保存的地形图,为了减小图纸变形,应将图纸裱糊在专用的铝板或胶合板上。

对于测区面积较大、图幅数量较多且需要长期保存的地形图测图,大多采用聚酯薄膜代替绘图纸,它具有透明度好、伸缩性小、不怕潮湿、牢固耐用等特点。聚酯薄膜图纸的厚度为0.07~0.1 mm,由于薄膜表面比较光滑,须经打毛使其表面形成能吸附墨的毛面。清绘的聚酯薄膜原图可直接在底图上着墨复晒蓝图或制版印刷,如果表面不清洁,还可用水洗涤,因而方便和简化了成图的工序。但聚酯薄膜易燃,易折和老化,故在使用保管过程中应注意防火、防折。

测图时,测图用的图板通常采用铝板或胶合板作为底板,为便于看清薄膜上的铅笔线,最好在薄膜下垫一张白纸或硬胶板,然后用胶带纸或铁夹将其固定在图板上即可进行测图。

▶ 10.1.2 绘制坐标格网

地形图是在控制点上设置测站进行测绘的,因而在测图之前,需要将图根控制点准确地展绘到图纸上。首先要在图纸上精确地绘制 10 cm×10 cm 的直角坐标格网。绘制坐标格网可用坐标仪或坐标格网尺等专用仪器、工具绘制。少量的临时测图,也可用对角线法绘制格网。

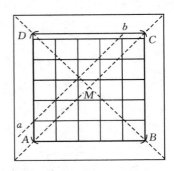

如图 10-1 所示,先用直尺在图纸上绘出两条对角线,以交点 M 为圆心,适当长度为半径画圆弧,分别交对角线于 A、B、C、D 点,用直线顺序连接各点,得矩形 ABCD,再从 A、D 两点起分别沿 AB、DC 方向每隔 10 cm 定一点;从 D、C 两点起分别沿 DA、CB 方向每隔 10 cm 定一点,连接矩形对边上的相应点,即得正方形坐标格网。坐标格网是测绘地形图的基础,每一个方格的边长都应该准确,纵横格网线应严格垂直。因此,坐标格网绘好后,要进行格网边长和垂直度的检查。小方格网的边长检查,可用比例尺量取,其值与 10 cm 的误差不应超过 0.2 mm,小方格网对角线长度与理论值(14.14 cm)的误差不应超过 0.3 mm。方格网

图 10-1 对角线法绘制坐标方格网

垂直度的检查,可用直尺检查格网的交点是否在同一直线上(如图中 ab 直线),其偏离值不应超过 0.2 mm。如检查值超过限差,应重新绘制方格网。

▶ 10.1.3 展绘控制点

根据控制点的坐标值将其点位在图纸上标定出来,称为展绘控制点。展点之前,首先按图的分幅位置或根据测区内控制点的最大和最小坐标值,确定坐标格网线的坐标值,以保证测区内地物、地貌都能描绘在图幅内。将其坐标值标注在相应方格网边线的外侧,如图 10-2 所示。

然后,将控制点按照测图比例尺展绘在图纸上的适当位置。展点时,首先要确定图根控制点所在的方格,如 A 点坐标为 $x_A = 639.28$ m,$y_A = 642.69$ m,可以确定其位置应在 plmn 方格内。然后按 y 坐标值分别从 p、l 点以测图比例尺向右各量 42.69 m,得 a、b 两点。从 p、n 两点以测图比例尺向上分别量取 39.28 m,可得 c、d 两点,连接 ab 和 cd,其交点即为 A 点位置。同法将其他各控制点展绘于图上,用比例尺量取相邻点间的长度,与相应的实际距离比较,其差值不应超过图上0.3 mm。经检查无误后,按图式规定绘出导线点符号,并在其右侧以分数形式注明点号及高程,如图 10-2 所示。

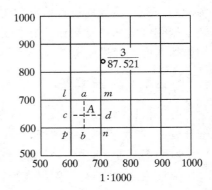

图 10-2 展绘控制点

10.2 碎部测量

地面上地物和地貌的特征点称为碎部点。依据控制点的平面位置和高程,使用仪器和一定方法来测定碎部点的平面位置和高程,并按测图比例尺缩绘在图纸上的工作称为碎部测量。碎部测量是地形图测绘工作中的主要内容,根据碎部测量的方法划分,地形图成图方法主要分为传统测绘法和现代数字化测图法两种。传统测绘法的实质是图解测图,就是将观测的数据按图解法转化为线划地形图。主要有经纬仪测绘法,经纬仪联合光电测距仪测绘法、平板仪测绘法等,本节主要介绍经纬仪测绘法。

▷ 10.2.1 碎部点选择

正确选择碎部点是碎部测量中十分重要的工作,它直接关系到测图的速度和质量。碎部点的位置是根据测图比例尺及测区内地物、地貌的情况来确定的,应选择在能反映地物、地貌特征的点位上。

地物特征点是指决定地物形状的轮廓线上的转折点、交叉点、弯曲点及独立地物的中心点等。如房屋角点、道路转折点或交叉点、河岸水涯线或水渠的转弯点等。连接这些特征点,就能得到地物的相似形状。对于形状不规则的地物,通常要进行取舍。一般规定主要地物凸凹部分在1:500比例尺地形图上大等于1 mm或其他比例尺地形图上大等于0.5 mm均应表示出来,否则可用直线连接。一些不能依比例表示的轮廓较小的地物,如独立树、纪念碑和电线杆等独立地物,其特征点应选在中心位置。

地貌表示地球表面高低起伏的状态。地貌特征点通常选在最能反映地貌特征的山脊线、山谷线等地性线上。如山顶、鞍部、山脊、山谷、山坡、山脚等坡度和方向发生变化处,如图10-3所示。利用这些特征点的高程勾绘等高线,即可将地貌在地形图上真实地反映出来。

图10-3 地貌特征点

碎部点的密度应该适当,过疏不能详细反映地形的细小变化,过密则增加野外工作量,造成浪费。碎部点在地形图上的间距约为2~3 cm,各种比例尺的碎部点视距长度,不应超过表10-1的规定。

表10-1 碎部点间距和最大视距

比例尺	最大视距长度/m			
	一般地区		城镇建筑区	
	地物	地形	地物	地形
1:500	60	100	—	70
1:1000	100	150	80	120
1:2000	180	250	150	200
1:5000	300	350	—	—

注:1.竖直角超过±10°时,视距长度应适当缩短;平坦地区成像清晰时,视距长度可放长20%。

2.城镇建筑区1:500比例尺测图,测站点至地物点的距离应实地丈量。

3.城镇建筑区1:5000比例尺测图不宜采用平板测图。

10.2.2 经纬仪测绘法

经纬仪测绘法实质是根据极坐标法原理确定碎部点在图上的位置。观测时将经纬仪安置在测站上,绘图板安置于测站旁,用经纬仪测定碎部点的方向与已知方向之间的水平角,并用视距测量方法测定出测站点至碎部点的距离,用三角高程方法测定出碎部点的高程。然后根据测定的水平角和视距,用量角器(又称半圆仪)按比例尺把碎部点的平面位置展绘在图纸上,并在点的右侧注明其高程,最后再对照实地描绘地物和地貌。经纬仪测绘法操作灵活,使用方便,适用于各类地区的地形图测绘。一个测站上的测绘工作操作步骤如下。

1. 仪器安置

如图 10-4 所示,在测站点(控制点)A 上安置经纬仪,量取仪器高 i,填入手簿。

2. 定向

用经纬仪盘左位置瞄准另一控制点 B,将水平度盘读数配置为 $0°00'00''$,作为后视点的起始方向,也称零方向或后视方向。在平板上固定好图纸,安置在测站附近,并使图纸控制边方向与地面上相应控制边方向大致相同。连接图上对应的控制点 a、b,适当延长 ab 线,ab 即为图上起始方向线。然后用小针通过量角器圆心插在 a 点上。

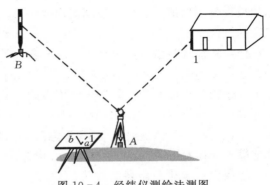

图 10-4 经纬仪测绘法测图

3. 立尺

依次在地物、地貌特征点上立尺。立尺点的位置、密度、远近及次序,会影响地形图的质量和测图效率。立尺员在立尺之前,应弄清实测范围和实地情况,选定立尺点,将视距尺依次立在相应的碎部点上。并根据实地情况及本测站实测范围,按照"概括全貌、点少、能检核"原则选定立尺点,与观测员、绘图员共同商定跑尺路线。比如在平坦地区跑尺,可由近及远,再由远及近的跑尺,结束时处于测站附近。在丘陵或山区,可沿地性线或等高线跑尺。

4. 观测

旋转照准部,瞄准地形点 1 上的标尺,如图 10-4 所示。依次读取水平度盘读数 β(即水平角,读至分即可)和上、下丝读数以及中丝读数 v;将竖直度盘指标水准管气泡居中,竖盘读数 L。同法测定其他各碎部点,工作中间每隔 20 至 30 个点和结束前应检查经纬仪的零方向是否符合要求。值得注意的是:中丝读数与竖盘读数是望远镜瞄准标尺上同一位置的读数。

5. 记录

将测得的标尺的上、中、下丝读数和竖盘读数及水平角依次填入地形测量手簿中,如表 10-2 所示。对特殊的碎部点,如道路交叉口、山顶、鞍部等,还应在备注中加以说明,以备查用。

6. 计算

根据上、下丝读数计算出尺间隔 l(上、下丝读数之差);根据竖盘读数按所使用仪器的竖盘注记形式，计算竖直角 α。然后根据 4.5 节视距测量原理和 7.5 节三角高程测量原理，计算测站点到碎部点的水平距离 D 和碎部点高程 H 为

$$D = 100l \cdot \cos^2\alpha$$

$$H = H_{测站} + D \cdot \tan\alpha + i - v$$

表 10 - 2　地形测量手簿

测站：A　后视点：B　仪器高：1.42 m　指标差：0　测站高程：417.40 m

点号	标尺读数/m			尺间隔 /m	竖盘读数 ° ′	竖直角 ° ′	高程 /m	水平距离 /m	水平角 ° ′	备注
	下丝	上丝	中丝							
1	1.562	1.108	1.336	0.454	89　48	0　2	417.64	45.4	68　54	房角
2	0.876	0.283	0.578	0.593	98　25	−8　25	409.46	59.37	265　06	山脚
3	1.032	0.742	0.888	0.290	92　36	−2　36	416.62	28.94	128　15	鞍部
4	1.986	1.248	1.616	0.738	83　13	6　47	425.86	72.77	12　56	山顶

7. 展绘碎部点

转动量角器，将量角器上等于水平角值 β（如瞄准碎部点 1 的水平角 114°00″）的刻画线对准起始方向线 ab，如图 10 - 5 所示。此时量角器的零方向便是碎部点 1 的方向。然后在零方向线上，根据测图比例尺按所测的水平距离 D 定出点 1 的位置，用铅笔在图上标定，并在点的右侧注明其高程。

同法，将其余各碎部点的平面位置及高程绘于图上。仪器搬到下一站时，应先观测前一测站所测的某些明显碎部点，以

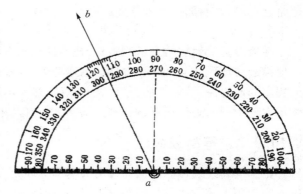

图 10 - 5　展绘碎部点

检测由两站测得该点的平面位置和高程是否相符，如相差太大，应查明原因，纠正错误，再继续进行测绘。

▷ 10.2.3　碎部测量的注意事项

① 高程点的选择。在平坦地区地形图上，主要是表示地物平面位置的相互关系，但地面各处仍有一定的高差，因此需要在图上加测某些高程注记点。高程点的选择：a. 在每块耕地、草地和广场上，应测定代表性的高程点，高程点的间距一般为图上 5～10 cm；b. 在主要道路中心线上每隔图上 10 cm 应测定高程点，在路的交叉口、转折处、坡度变化处、桥面上应测定高程点；c. 范围较大的土堆、洼坑的顶部和底部也应测定高程点；d. 铁路路轨的顶部、土堤、防洪墙的顶部应测定高程点。

② 高程点的测定方法。根据图根控制点的高程，用水准测量或视距测量的方法测定高程点的高程。用水准测量观测时，可采用仪高法安置一次水准仪测定若干个高程点。

③ 在测站上，测绘开始前，对测站周围地形的特点、测绘范围、跑尺路线和分工等应有统

一的认识,以便在测绘过程中配合默契,做到既不重测,又不漏绘。立尺员在跑尺过程中,除按预定的分工路线跑尺外,还应有其本身的主动性和灵活性,务必使测绘方便为宜;为了减少差错,对隐蔽或复杂地区的地形,应画出草图、注明尺寸、查明有关名称和量测陡坎、冲沟等比高,及时交给绘图员作为绘图时的依据。

④ 在测图过程中,对地物、地貌要做好合理的综合取舍。

⑤ 加强检查,及时修正,只有当确认无误后才能迁站。

⑥ 保持图面清洁,图上宜用洁净布绢覆盖,并随时使用软毛排刷刷净图面。

10.3　地形图绘制

外业工作中,当碎部点展绘在图上后,就可对照实地随时绘制地形图。主要内容包括地物、地貌的描绘,以及地形图的检查、拼接和整饰工作。

▷ 10.3.1　地物描绘

地形图上地物要按地形图图式规定的符号表示。依比例描绘的房屋轮廓要用直线连接,道路、河流的弯曲部分要逐点连成光滑的曲线。不依比例描绘的地物,需按规定的非比例符号表示。

在地形图上地物的表示原则是:凡能依比例表示的地物,将其水平投影位置的几何形状相似地描绘在地形图上,如双线河流、运动场等,或者将它们的边界位置表示在图上,边界内再绘上相应的地物注记,如森林、草地、沙漠等。对于不能依比例表示的地物,则用相应的地物符号表示在地物的中心位置上,如水塔、烟囱、纪念碑、单线道路、单线河流等。

▷ 10.3.2　等高线勾绘

由于等高线表示的地面高程均为基本等高距 h 的整倍数,因而需要在两碎部点之间内插以 h 为间隔的等高点。勾绘等高线时,首先用铅笔轻轻绘出山脊线、山谷线等地性线,再根据碎部点的高程勾绘等高线。不能用等高线表示的地貌,如悬崖、峭壁、陡坎、冲沟等,应按地形图图式规定的符号表示。

由于碎部点是选在地面坡度发生变化处,因此相邻碎部点之间可视为等坡度。这样就可以在两相邻碎部点的连线上,按平距与高差成正比例的关系,内插出两点间各等高线通过的位置。如图 10-6 所示,地面上两碎部点 A 和 B 的高程分别为 43.1 m 和 48.5 m,若取等高距为 1 m,则其间有高程为 44 m、45 m、46 m、47 m 和 48 m 的等高线通过。根据平距与高差成正比例的原理,先目估出高程为 44 m 的 m 点和高程为 48 m 的 q 点,然后将 mn 的距离四等分,定出高程为 45 m、46 m、47 m 的 n、o、p

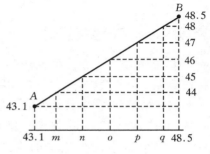

图 10-6　等比内插分点

点,这种方法称为内插分点。同法定出其他相邻两碎部点间等高线应通过的位置,如图 10-7(a)所示。将高程相等的相邻点连成光滑曲线,即为等高线,如图 10-7(b)和图 10-7(c)所示。

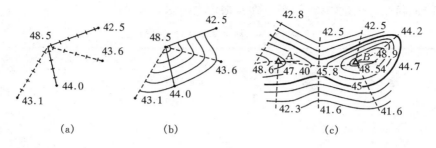

图 10-7　等高线勾绘

　　勾绘等高线时,要对照实地情况,先画计曲线,后画首曲线,并注意等高线通过山脊线、山谷线时的走向。地形图等高距的选择与测图比例尺及地面坡度有关,参见表 10-3。

表 10-3　等高距的选择

地面倾斜角	比例尺				备注
	1 : 500	1 : 1000	1 : 2000	1 : 5000	
0°~6°	0.5 m	0.5 m	1 m	2 m	等高距为 0.5 m 时,地形点高程可注至厘米,其余均注至分米。
6°~15°	0.5 m	1 m	2 m	5 m	
15°以上	1 m	1 m	2 m	5 m	

　　应该指出,如果在平坦地区测图,可能在很大范围内绘不出一条等高线,为表示地面起伏,需用高程碎部点(简称高程点)来表示。高程点位置应均匀分布在平坦地区内,各高程点在图上间隔以 2~3 cm 为宜。平坦地区有地物时则以地物点为高程碎部点,无地物时则应单独测定高程碎部点。

▷ 10.3.3　地形图拼接、检查和整饰

1. 地形图的拼接

　　测区面积较大时,整个测区划分为若干幅图进行施测。相邻图幅在拼接时,由于测量误差和绘图误差的影响,相邻图幅连接处,同一的地物轮廓线和同高程的等高线,往往不能完全吻合。如图 10-8 表示相邻两幅图相邻边的衔接情况。为了保证相邻图幅的互相拼接,测图时,每一幅图的四边,要测出图

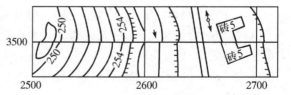

图 10-8　地形图的拼接

廓外 5 mm。如图 10-8 所示,将两幅图的同名坐标格网线重叠时,图中的房屋、河流、等高线、陡坎都存在接边差。若接边差小于表 10-4 规定的平面、高程中误差的 $2\sqrt{2}$ 倍时,取平均位置加以修正。拼接时,通常用宽 5~6 cm 的透明纸蒙在左图幅的接图边上,用铅笔把坐标格网线、地物、地貌描绘在透明纸上,然后再把透明纸按坐标格网线位置蒙在右图幅衔接边上,同样用铅笔描绘地物、地貌。若接边差在限差内,则在透明纸上用彩色笔取其平均位置,并将平均位置分别刺在相邻图边上,以此修正图内的地物、地貌。修正时,应注意保持地物、地貌相互位

置和走向的正确性。超过限差时,则应到实地检查纠正。

表 10 - 4　地形图接边误差允许值

地区类别	点位中误差 /图上 mm	邻近地物点间距中误差 /图上 mm	等高线高程中误差(等高距)			
			平地	丘陵地	山地	高山地
山地、高山地和设站施测困难的旧街坊内部	0.75	0.6	1/3	1/2	2/3	1
城市建筑区和平地、丘陵地	9.5	0.4				

2. 地形图的检查

(1)室内检查

检查图上地物、地貌是否真实可靠、清晰易读;各种符号、注记等是否正确;等高线与地貌特征点的高程是否相符,有无矛盾或可疑之处;相邻图幅的接边有无问题等。如发现错误或疑点,应到野外进行实地检查修改。

(2)外业检查

首先根据室内检查的情况,按计划的巡视路线,进行实地对照巡视检查。主要检查地物、地貌有无遗漏;勾绘的等高线是否逼真合理;各种符号、注记是否正确等。然后使用仪器进行设站检查,除对在室内检查和巡视捡查过程中发现的重点错误和遗漏进行补测和更正外,对一些怀疑点,地物、地貌复杂地区,图幅的四角或中心地区,也需抽样设站检查,仪器检查量每幅图一般为 10% 左右。

3. 地形图的整饰

当原图经过拼接和检查后,要进行清绘和整饰,使图面更加合理、清晰、美观。整饰应按照先图内后图外,先地物后地貌,先注记后符号的顺序进行。

地形图的整饰主要包括以下方面:

① 按图式规定,绘制测量控制点(三角点、导线点、水准点等)。

② 居民点、路名、山名、河名等注记要避开主要地物,注在适当位置。

③ 等高线要线型一致,连接光滑。计曲线要按规定确定,加粗线型,并在图幅中部的顺坡方向注记高程。等高线不能通过注记和地物。

④ 绘好内、外图廓,注记图名、图号、比例尺、坐标系、高程基准、测图日期、测图单位等。

10.4　全站仪数字化测图

数字化测图是近几年随着计算机技术的应用,迅速发展起来的一种全解析机助测图技术。与传统测图方法相比,数字化测图具有无与伦比的优势和前景,是测绘科学发展的技术前沿之一。

数字化测图就是将外业采集的地物和地貌信息转化为数字形式,通过数据接口传输给计算机进行处理,形成内容丰富的数字地形图,根据需要由电子计算机的图形输出设备(如显示器、绘图仪)绘出地形图或各种专题地图。数字化测图是通过数据采集点位信息、特征信息数据传输、绘草图数据处理、地物模型、地貌模型、屏幕编辑、绘图文件存盘等进行的。数字化测图具有点位精度高、劳动强度低、工作效率高、便于保存与更新、方便成果的深加工和利用等特点。

数字化测图系统是以计算机系统为核心组成的,包括硬件和软件两部分。硬件有全站仪(或其他采集设备)、数据记录器(电子手簿)、计算机主机(便携机或台式机)、绘图仪、打印机、数字化仪及其输入输出设备组成。软件部分是对采集的数据进行内业处理,包括编辑、整理、入库管理和成图输出等功能。本节主要介绍全站仪数字化测图方法。

10.4.1 全站仪

"全站型电子速测仪"简称"全站仪",它是把测距、测角和微处理机等部分结合起来形成于一体,能够自动控制测距、测角,自动计算水平距离、高差、坐标等工作的智能型测量仪器,同时可自动显示、记录、存储和数据输出。由于它能自动完成一个测站上的全部测量工作,故称它为"全站仪",它由机械、光学、电子元件组合而成。

全站仪的操作速度和精度,较传统的测量仪器均有较大提高。更重要的是全站仪内部大量地使用了微电子技术,可以实现数据自动记录、传输、检查、计算处理。利用全站仪不仅可以得到原始的或改正后的观测数据,而且还可以得到平差后的三维坐标。因此,全站仪是数字化的测量仪器。

1. 全站仪的工作原理

全站仪是由电子测角、电子测距、电子计算和数据存储系统等组成,它本身就是一个带有特殊功能的计算机控制系统。从总体上看,全站仪有下列两大部分组成。

① 为采集数据而设置的专用设备,主要有电子测角系统、电子测距系统、数据存储系统,还有自动补偿设备等。包含有测量的四大光电系统,即水平角测量系统、竖直角测量系统、水平补偿系统和测距系统。通过键盘可以输入操作指令、数据和设置参数。以上各系统通过 I/O 接口接入总线与微处理机联系起来如图10-9所示。

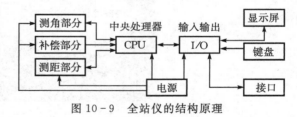

图10-9 全站仪的结构原理

② 过程控制机主要用于有序地实现上述每一专用设备的功能。过程控制机包括与测量数据相连接的外围设备及进行计算、产生指令的微处理机。微处理机(CPU)是全站仪的核心部件,主要有寄存器系列(缓冲寄存器、数据寄存器、指令寄存器)、运算器和控制器组成。微处理机的主要功能是根据键盘指令启动仪器进行测量工作,执行测量过程中的检核和数据传输、处理、显示、储存等工作,保证整个光电测量工作有条不紊地进行。输入输出设备是与外部设备连接的装置(接口),输入输出设备使全站仪能与磁卡和微机等设备交互通讯、传输数据。

只有上面两大部分有机结合,才能真正地体现"全站"功能,即既要自动完成数据采集,又要自动处理数据和控制整个测量过程。

2. 全站仪的基本结构

全站仪包括电子测距、测角、补偿、记录、计算、存储等部分。它将发射、接收、瞄准光学系统设计成同轴,共用一个望远镜,角度和距离测量只需一次瞄准,测量结果能自动显示,并能与外围设备双向通信。具有体积小、结构紧凑、操作方便、精度高等优点。

全站仪由照准部、基座、水平度盘等部分组成。和电子经纬仪一样,全站仪采用编码度盘或光栅度盘,读数方式为电子显示。有功能操作键及电源,还配有数据通信接口。如图10-10为拓普康GTS-330N系列全站仪。它的屏幕采用4行×20列的液晶显示,操作面板如图10-11所示,通过观测和键盘的操作,显示屏上显示出各种数据。

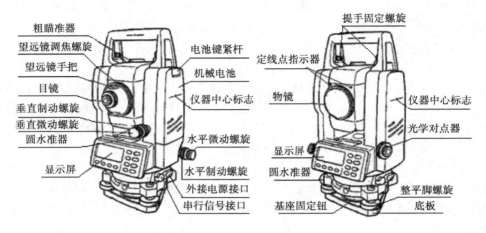

图 10-10   拓普康 GTS-330N 系列全站仪

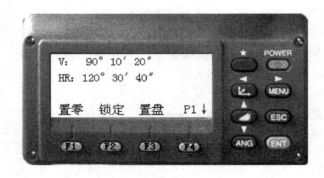

图 10-11   拓普康 GTS-330N 系列全站仪显示屏

3. 全站仪的基本功能

全站仪的测量功能分为基本测量功能和程序功能,基本测量功能如下。

① 测角功能:测量水平角、竖直角或天顶距。

② 测距功能:测量平距、斜距或高差。

③ 跟踪测量:即跟踪测距和跟踪测角。

④ 连续测量:角度或距离分别连续测量或同时连续测量。

⑤ 坐标测量:在已知点上架设仪器,根据测站点和定向点的坐标或定向方位角,对任一目标点进行观测,获得目标点的三维坐标值。

⑥ 悬高测量[REM]:可将反射镜立于悬物的垂点下,观测棱镜,再抬高望远镜瞄准悬物,即可得到悬物到地面的高度。

⑦ 对边测量[MLM]：可迅速测出棱镜点到测站点的平距、斜距和高差。

⑧ 后方交会：仪器测站点坐标可以通过观测两坐标值存储于内存中的已知点求得。

⑨ 距离放样：可将设计距离与实际距离进行差值比较迅速将设计距离放到实地。

⑩ 坐标放样：已知仪器点坐标和后视点坐标或已知仪器点坐标和后视方位角，即可进行三维坐标放样，需要时也可进行坐标变换。

⑪ 预置参数：可预置温度、气压、棱镜常数等参数。

⑫ 测量的记录、通讯传输功能。

程序测量功能包括：水平距离和高差的切换显示、三维坐标测量、对边测量、放样测量、偏心测量、交会定点测量、面积计算。显示的数据为观测数据经处理后的计算数据。

4. 全站仪的使用

不同型号的全站仪，其具体操作方法会有较大的差异，但测量方法基本相同。

(1) 测量前的准备工作

① 电池的安装。

② 仪器的安置。操作步骤与经纬仪相同。

③ 竖直度盘和水平度盘指标的设置。

④ 调焦与照准目标。操作步骤与一般经纬仪相同，注意消除视差。

(2) 水平角测量

① 摁角度测量键，使全站仪处于角度测量模式，盘左照准起始目标。

② 设置起始方向的水平度盘读数为 $0°00'00''$。

③ 顺时针旋转照准第二个目标，此时显示的水平度盘读数即为两方向间的水平角。

④ 同样方法可以进行盘右观测。

⑤ 如需观测竖直角，可在读取水平度盘的同时读取显示的竖直度盘读数。

(3) 距离测量

① 使全站仪处于距离测量模式。

② 设置棱镜常数，测距前须将棱镜常数输入仪器中，仪器自动对所测距离进行改正。

③ 设置大气改正值或气温、气压值。实测时，可输入温度和气压值，全站仪会自动计算大气改正值（也可直接输入大气改正值），并对测距结果进行改正。

④ 量仪器高、棱镜高并输入全站仪。

⑤ 距离测量，照准目标棱镜中心，摁测距键，距离测量开始，测距完成时显示斜距、平距、高差。全站仪的测距模式有精测模式、跟踪模式、粗测模式三种。精测模式是最常用的测距模式，测量时间约 2.5 秒，最小显示单位为 1 mm；跟踪模式，常用于跟踪移动目标或放样时连续测距，最小显示一般为 1 cm，每次测距时间约 0.3 秒；粗测模式，测量时间约 0.7 秒，最小显示单位为 1 cm 或 1 mm。在距离测量或坐标测量时，可摁测距模式（MODE）键选择不同的测距模式。应注意，有些型号的全站仪在距离测量时不能设定仪器高和棱镜高，显示的高差值是横轴中心与棱镜中心的高差。

(4) 坐标测量

① 首先从显示屏上确定是否处于坐标测量模式，如果不是，则摁操作键转换为坐标模式。

② 设定测站点的三维坐标。

③ 设定后视点的坐标或设定后视方向的水平度盘读数为其方位角。当设定后视点的坐

标时,全站仪会自动计算后视方向的方位角,并设定后视方向的水平度盘读数为其方位角。

④ 设置棱镜常数。

⑤ 设置大气改正值或气温、气压值。

⑥ 量仪器高、棱镜高并输入全站仪。

⑦ 照准目标棱镜,按坐标测量键,全站仪开始测距并计算显示测点的三维坐标。

▶ 10.4.2 数据采集

全站仪的数字采集功能和存储管理模式功能非常强大,可以获得野外控制点和碎部点的坐标数据文件,以便在室内利用成图软件绘制成图;也可以直接与掌上"测绘通"连接,在野外采集并成图,在室内进行编辑;还可以在野外与笔记本电脑(称作电子平板)直接成图。结合不同的电子设备,全站仪数据采集主要有三种模式,见图10-12。

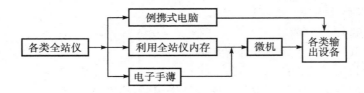

图10-12　全站仪地形测图模式

电子平板测图模式下的数据采集。该模式是以便携式电脑作为电子平板,通过通讯线直接与全站仪通讯、记录数据,实时成图。

测记模式下的数据采集。该模式使用全站仪内存或自带记忆卡,把野外测得的数据,通过一定的编码方式,直接记录,同时野外现场绘制复杂的地形草图,供室内成图时参考对照。

电子手簿或掌上电脑模式下的数据采集。该模式通过通讯线将全站仪与电子手簿或掌上电脑相连,把测量数据记录在电子手簿或便携式电脑上,同时可以进行一些简单的属性操作,并绘制现场草图。内业时把数据传输到计算机中,进行成图处理。

本节主要讲述测记模式下的数据采集。

1. 地形编码

数字测图中地形点的描述必须具备三类信息:测点的三维坐标;测点的属性,即地形点的特征信息;测点的连接关系,据此可以将相关的点连成一个地物。其中前一项是定位信息,后两项是绘图信息。数字测图是经过计算机软件自动处理野外数据,自动绘出所测的地形图,野外数据采集时仅测定碎部点的位置并不能满足计算机自动成图的需要,因此,对所采集的点位必须同时给出点位信息及绘图信息。测点的点位是由仪器在外业测量中测得的,测点时要标明点号,点号在测图系统中是唯一的,根据它可以提取点位坐标;测点的属性是用地形编码表示的,根据编码就可以知道它是什么点,用什么符号表示。同时,外业测量时根据所测地形点,就可以给出该点的编码并记录下来;测点的连接信息,是用连接点和连接线型表示的,也可以把连接信息作为地形编码的一部分。

地形编码是一种人为的约定,是联系内业和外业的纽带。外业观测时,用编码来描述地形点的属性特征;内业绘图时,测图软件通过解译编码来识别地形点,决定采用什么符号来绘制,如何进行进一步的数据处理。一般用按一定规则构成的符号串来表示地物属性信息和连接信息,有一定规则的符号串称为地形编码。编码按照 GB/T 14804－93《1:500、1:1000、1:2000 地形图要素分类与代码》进行。对于地物、地貌较简单且面积不大的区域,地形图测绘时,也可不采用统一编码,草图上地形点编号与所测时全站仪测点编号对应一致的方法。

2. 测记模式下的数据采集

在外业测绘开始前,首先做好准备工作。该工作主要包括控制点资料、仪器设备、人员以及绘制较详细的草图,绘制草图也可以在外业测量时,边观测边绘制。

若采用无编码测记作业方法施测,全站仪在一个测站上采集碎部点数据的操作步骤如下。

（1）安置全站仪

在测站点(图根控制点)上安置全站仪,进行对中、整平,量取仪器高。

（2）仪器参数设置

装上电池并开机,旋转照准部进行仪器初始化,设置气温、气压值和棱镜常数。不同厂家、不同型号的仪器,参数设置的方法也不尽相同,具体操作方法可参见仪器说明书。碎部测量时一般不需要进行仪器参数设置,使用出厂内部设置好的参数即可。

（3）测站定向

对于带有内存的全站仪,应在全站仪提供的工作文件中选取一个文件作为“当前工作文件”,用于记录本次测量成果。然后参照仪器菜单进行具体的测站定向。

首先在测站中找到测站定向菜单,输入测站点的坐标、高程及仪器高,然后选取与测站点相邻且较远的另一控制点作为后视定向点,精确瞄准定向点目标,输入其坐标(或者测站点与后视点连线的坐标方位角)、高程及瞄准高。测站定向后,选取测站点相邻的另一控制点,进行检核,坐标误差不得大于 $0.2M$ 毫米(M 为测图比例尺分母),高程较差不大于 1/6 倍等高距。

（4）碎部点测量

在碎部点上安置棱镜,全站仪瞄准待测碎部点上的棱镜,输入棱镜高,进行坐标测量,测量完成后全站仪根据设置,在显示屏上显示出测量结果,检查无误将碎部点测量数据,按与草图上一致的编号,保存到内存或电子手簿中。

（5）绘制草图

在数据采集时,应绘制工作草图。草图上应标注碎部点的编号、地物的相关位置、地貌的地性线、地物注记等。绘制时,对地物、地貌原则上尽可能采用规范规定的符号绘制。草图上所标注的测点编号应与数据采集中仪器记录的测点编号严格一致,地形要素之间的相关位置必须准确。草图可按地物相互关系逐块绘制,也可按测站绘制,地物密集处可绘制局部放大图。

（6）结束测站工作

重复(4)、(5)步直到完成一个测站上所有碎部点的测量工作。在每一测站数据采集工作结束之前,还应对后视定向进行检测,检测结果不应超过定向时的限差要求。

碎部点数据采集完后,可在室内通过数据通讯线,应用相应软件,将全站仪内的数据传输到计算机上,再用绘图软件绘制地形图。

有编码作业方法的碎部点数据采集与上述步骤大致相同,不同之处在于第(4)步,在测量完碎部点后接着输入碎部点的编码和连接码,然后再将测量数据保存到内存或电子手簿中。将数据传入计算机后,利用相应的成图软件自动绘制地形图,而不需要绘制详细的工作草图。

上述使用全站仪测定碎部点位置的方法,是在图根控制测量完成后进行的。在数字化测图中还可采用"一步测量法",即在图根控制点选定后,图根控制测量和碎部测量同时进行。

▷ 10.4.3 自动化成图

数字测图的内业自动化成图过程要借助数字测图软件来完成。由于数字测图的外业数据采集的方法不同,内业处理的作业过程也存在一定的差异。对于测记法,数据采集完成后,应进行内业处理。内业处理主要包括数据传输、数据处理、图形处理和地形图及成果输出。其作业流程用框图表示如图 10 - 13 所示。

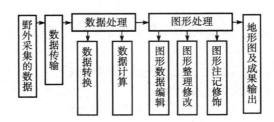

图 10 - 13　数字化测图自动化成图工作流程

1. 数据传输

将存储在全站仪中外业采集的观测数据按一定的格式传输到内业处理的计算机中,生成数字测图软件要求的数据文件。

2. 数据处理

传输到计算机中的观测数据需进行适当的数据处理,从而形成适合图形生成的绘图数据文件。数据处理主要包括数据转换和数据计算两个方面的内容。数据转换是将野外采集到的带简码的数据文件或无码数据文件转换为带绘图编码的数据文件,供计算机识别绘图使用。对简码数据文件的转换,软件可自动实现;对于无码数据文件,则需要通过草图上地物关系编制引导文件来实现转换。数据计算是指通过实测的离散高程点经过数学插值,从而为建立数字地形模型绘制等高线而进行的插值模型建立、插值计算、等高线光滑的工作。在计算过程中,需要给计算机输入必要的数据,如插值等高距、光滑的拟合步距等,其他工作全部由计算机完成。经过计算机处理后,未经整饰的地形图即可显示在计算机屏幕上,同时计算机将自动生成各种绘图数据文件并保存在存储设备中。

3. 图形处理

图形处理是对经数据处理后所生成的图形数据文件进行编辑、整理、修改、添加汉字注记、高程注记、填充各种面状地物符号,生成规范的地形图。对生成的地形图要进行图幅整饰和图廓整饰,图幅整饰主要利用编辑功能菜单项对地形图进行删除、断开、修剪、移动、复制、修改等操作,最后编辑好的图形即为所需地形图,并对其按图形文件保存。

4. 地形图及成果输出

编辑、整理经数据处理后所生成的图形数据文件,对照外业草图,修改整饰新生成的地形图,补测重测存在漏测或测错的地方。然后加注高程、注记等,进行图幅整饰,最后成图输出。

思考与练习

1. 试述地形图测图前的准备工作。

2. 简述经纬仪测绘法在一个测站上测绘地形图的工作步骤。

3. 什么是地形特征点?

4. 碎部测量中应注意哪些事项?

5. 什么是数字化测图?何谓地形编码?

6. 全站仪由哪几部分组成?各个部分有何作用?

7. 全站仪的主要测量功能有哪些?

第11章 地形图的应用

 学习要点

1. 地形图应用的基本内容
2. 在地形图上按指定方向绘制纵断面图
3. 按设计坡度在地形图上确定最短线路
4. 在地形图上进行场地平整

地形图是地形(地物、地貌)要素的集合,是地理信息的客观反映。因此,地形图是各种工程建设必不可少的基础资料。尤其是工程建设前期规划设计阶段,不仅要以大比例尺地形图为底图进行总平面布置,而且还要根据工程需要,在地形图上进行一定的量算工作,以便根据地形和地物分布等情况进行合理的规划和设计。

11.1 地形图应用的基本内容

11.1.1 求算图上点的平面位置

图上一点的平面位置,通常采用量取坐标的方法确定,内、外图廓线之间所注的数字就是坐标格网点的坐标值,它们是量取坐标的依据。

如图 11-1 所示,欲求图中 A 点的坐标,首先根据内、外图廓之间的坐标注记和 A 点的图上位置,绘出方格 $abcd$,再过 A 点分别做平行于 x 轴和 y 轴的直线 ef 和 gh。然后分别量出 ag 和 ae 的长度,则 A 点的坐标为

$$x_A = x_a + ag \cdot M$$
$$y_A = y_a + ae \cdot M \tag{11-1}$$

式中:M 为比例尺分母。

同时还应量出 gb 和 ed 的距离,作为校核。

由于图纸发生伸缩变形,致使图上方格长度

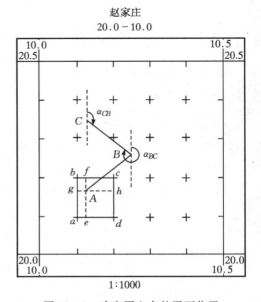

图 11-1 确定图上点的平面位置

往往不等于理论长度 $l(10\ \text{cm})$。为了取得较精确的坐标值,则应按比例关系求得图纸分别在 x、y 方向上的伸缩系数 K_x 和 K_y。

$$K_x = \frac{l}{ab}$$

$$K_y = \frac{l}{ad}$$

则 A 点的坐标为

$$x_A = x_a + K_x \cdot ag$$
$$y_A = y_a + K_y \cdot ae \tag{11-2}$$

▶11.1.2 确定图上直线的长度和方向

1. 确定直线的长度

当两点距离较长时,为了消除图纸伸缩变形的影响以提高精度,可用两点坐标计算距离。如图 11-1 所示,欲确定图上直线 AB 所代表的实地水平长度,可按上述方法,在图上求算出直线 AB 两端点 A 和 B 的坐标 x_A、y_A 和 x_B、y_B,然后按下式反算直线长度 D_{AB}。

$$D_{AB} = \sqrt{(x_B - x_A)^2 + (y_B - y_A)^2} \tag{11-3}$$

当 A、B 两点在同一幅图内距离较近时,如果不考虑图纸伸缩变形的影响,为了方便,也可以用毫米尺量取两点的图上距离,并按比例尺换算成实地水平距离。

2. 确定直线的方向

确定图上直线 AB 的方向,可在图上量算出直线 AB 两端点 A 和 B 的坐标 x_A、y_A 和 x_B、y_B,然后按下式反算直线 AB 的方位角 α_{AB}。

$$\alpha_{AB} = \arctan \frac{y_B - y_A}{x_B - x_A} \tag{11-4}$$

当 A、B 两点在同一幅图内时,为了方便,也可以用量角器直接量得。如图 11-1 所示,求直线 BC 的坐标方位角,先过 B、C 两点精确地作平行于坐标方格网纵线的直线,然后用量角器量测出 BC 的坐标方位角 α_{BC} 和 CB 的坐标方位角 α_{CB}。由于量测时存在误差,使得 α_{BC} 和 α_{CB} 的差值不等于 $180°$,则将量测的 CB 的坐标方位角 α_{CB} 加 $180°$,再与量测的 BC 的坐标方位角 α_{BC} 平均,如果大于 $360°$,就减去 $360°$,即得 BC 的坐标方位角精确值。

▶11.1.3 确定图上点的高程与直线的坡度

1. 确定点的高程

地形图上点的高程,可根据图上等高线及高程注记来确定。如果所求点位于某条等高线上,则该点的高程就等于该等高线的高程,如图 11-2 所示,E 点的高程为 54 m。否则,需要根据等高线采用比例内插的方法确定。如图 11-2 所示,F 点位于 53 m 和 54 m 等高线之间。过 F 点作一大致与两等高线垂直的直线,交两条等高线于 m、n 点。从图上量取 mn 的距离 d,再量取 mF 的距离 d_1,由等高线的等高距 h,可得 F 点的高程为

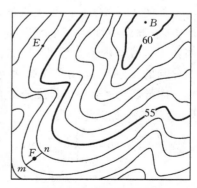

图 11-2 确定点的高程

$$H_F = H_m + \frac{d_1}{d}h \qquad (11-5)$$

在图上求某点的高程时，通常可以根据两相邻等高线的高程目估确定。例如图 11-2 中 F 点高程为 53.7 m，因此，其高程精度低于等高线本身的精度。规范中规定，在平坦地区，等高线的高程中误差不应超过 1/3 等高距；丘陵地区，不应超过 1/2 等高距；山区，不应超过一个等高距。由此可见，如果等高距为 1 m，则平坦地区等高线本身的高程误差允许到 0.3 m、丘陵地区为 0.5 m、山区可达 1 m。所以，用目估确定点的高程是允许的。

2．确定直线的坡度

设地面两点 A、B 的水平距离为 D_{AB}，两点之间的高差为 h_{AB}，而高差与水平距离之比称为坡度，用 i 表示，用下式计算

$$i_{AB} = \frac{h_{AB}}{D_{AB}} = \frac{h_{AB}}{d_{AB} \cdot M} \qquad (11-6)$$

式中：i_{AB} 为 AB 的地面坡度，通常用百分数或千分数表示；d_{AB} 为直线 AB 的图上距离，以米为单位；M 为地形图比例尺的分母。

11.2　面积量算

在进行工程建设的规划与设计时，经常需要在地形图上量算某一区域的面积，例如土地平整时填挖土方的面积，道路或渠道土方计算时的每个断面的填方、挖方面积，水库及桥涵设计时的汇水面积，森林面积，灌溉面积等。求面积的方法有很多种，本节介绍常用的几种。

➤ 11.2.1　方格法

将一张透明毫米方格纸覆盖在欲量测面积的图形上，如图 11-3(a)所示，统计整个图形内包括的整方格数 n_1 和边缘不完整方格数 n_2，不完整方格可近似地合二为一。则整个图形包含的整方格数为 $(n_1+\frac{n_2}{2})$，根据地形图的比例尺 1：M，图形代表的实地面积 A 为

$$A = (n_1 + \frac{1}{2}n_2)M^2 \times 10^{-6} \text{ m}^2 \qquad (11-7)$$

➤ 11.2.2　平行线法

如图 11-3(b)所示，在欲量算面积的图形上，绘制相等间距 h 的平行线，使最外边两条平行线与图形边缘相切，则相邻两平行线分割的图形可近似视为高为 h 的等高梯形。图形切割平行线的长度分别为 $l_1, l_2, \cdots, l_n$，则各梯形面积分别为

$$S_1 = \frac{1}{2}h(0 + l_1)$$

$$S_2 = \frac{1}{2}h(l_1 + l_2)$$

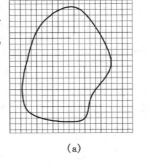
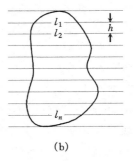

(a)　　　　　(b)

图 11-3　面积量算

$$S_n = \frac{1}{2}h(l_{n-1} + l_n)$$

$$S_{n+1} = \frac{1}{2}h(l_n + 0)$$

则该图形总面积 A 为

$$A = S_1 + S_2 + \cdots + S_n + S_{n+1} = h\sum_{i=1}^{n} l_i \qquad (11-8)$$

本法操作简单，量取平行线长度可用分规累加，故又名累加长度求面积法，多用于渠道、道路在横截面上填挖面积的计算。面积精度取决于平行线间隔的大小。其间隔越小，面积的误差也越小。

➤ 11.2.3　坐标计算法

如果欲量算面积的图形为任意多边形，且多边形各顶点坐标值已得到，可根据各顶点坐标计算图形面积。

如图 11-4 所示，任意多边形 $ABCD$，各顶点按顺时针方向编号为 1、2、3、4，对应坐标分别为 (x_1, y_1)、(x_2, y_2)、(x_3, y_3)、(x_4, y_4)。由图中可以看出，多边形 $ABCD$ 的面积 P 等于梯形 $1AB2$ 的面积 P_1 加梯形 $2BC3$ 的面积 P_2 减去梯形 $1AD4$ 的面积 P_3 和梯形 $4DC3$ 的面积 P_4。

即　　$P = P_1 + P_2 - P_3 - P_4$

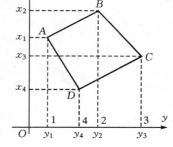

图 11-4　坐标计算法面积量算

将多边形各顶点坐标代入梯形面积公式，多边形 $ABCD$ 的面积为

$$P = \frac{1}{2}(x_1 + x_2)(y_2 - y_1) + \frac{1}{2}(x_2 + x_3)(y_3 - y_2)$$

$$- \frac{1}{2}(x_4 + x_1)(y_4 - y_1) - \frac{1}{2}(x_3 + x_4)(y_3 - y_4)$$

$$= \frac{1}{2}\big[y_1(x_4 - x_2) + y_2(x_1 - x_3) + y_3(x_2 - x_4) + y_4(x_3 - x_1)\big]$$

若图形为 n 边形，则上式可扩展为

$$P = \frac{1}{2}\big[y_1(x_4 - x_2) + y_2(x_1 - x_3) + \cdots + y_n(x_{n-1} - x_1)\big]$$

即

$$P = \frac{1}{2}\sum_{i=1}^{n} y_i(x_{i-1} - x_{i+1}) \qquad (11-9)$$

上式是将各顶点坐标投影于 y 轴算得的。若将各顶点坐标投影于 x 轴，同法可推出

$$P = \frac{1}{2}\sum_{i=1}^{n} x_i(y_{i+1} - y_{i-1}) \qquad (11-10)$$

值得注意的是，当 $i=1$ 时 x_{i-1} 和 y_{i-1} 用 x_n 和 y_n 表示。式(11-9)和式(11-10)可以互为计算检核。

此方法是利用多边形各顶点坐标值计算面积的，不仅适用于在地形图上求算多边形面积，同时也适用于可以获得多边形各顶点坐标值的其他情况。多边形顶点坐标的取得有以下几种来源。

① 进行现场实测。如某地块需求面积,利用控制点将地块各角点坐标测出(可以是假定坐标)。

② 根据设计条件中的边角关系,推算各顶点坐标值。

③ 在测得的地形图上量取各顶点坐标值。

11.2.4 求积仪法

求积仪是专门供图上量算面积的仪器。其优点是操作简便、速度快,适用于任何曲线图形的面积量取,并能保证一定的精度。求积仪有机械求积仪和电子求积仪两种,如图 11-5 所示。使用机械求积仪量算图形面积时,将底部具有小针的重物压于图纸上作为极点,然后将针尖沿着图形的轮廓线移动一周,在记数盘与测轮上读得分划值,从而算出图形的面积。使用电子求积仪量算图形面积时,对仪器设定好图形比例尺和计算单位后,用跟踪放大镜的中心,准确的沿着图形的边界线,顺时针移动一周后,再回到起点。其显示值即为图形的实地面积。为了提高精度,对同一面积要重复测量两次以上,取其平均值。

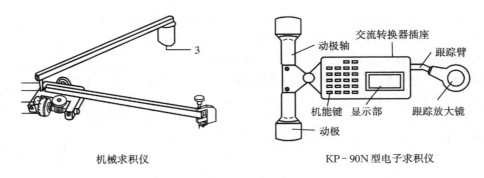

机械求积仪   KP-90N 型电子求积仪

图 11-5 求积仪

11.2.5 数字地形图的面积量算

1. 多边形面积的计算

在 CASS 绘图软件中计算面积的方法如下:

① 如果待量取面积的边界为一多边形,且已知各顶点的平面坐标,可打开 Windows 记事本,按下列格式输入多边形定点的坐标"点号,y,x,o",建立"多边形顶点坐标数据.dat"数据文件。

② 执行 CASS 下拉菜单"绘图处理 1 层野外测点点号"命令,在弹出的"输入坐标数据文件名"对话框中选择"多边形顶点坐标数据.dat"文件,展绘多边形顶点于 AutoCAD 的绘图区。

③ 将 AutoCAD 的对象捕捉设置为"节点捕捉(nod)",执行多段线命令 Pline,连接各个顶点形成一个封闭多边形。

④ 执行 AutoCAD 的面积命令"Area",命令行提示及操作过程如下。

命令: Area

指定第一个角点或【对象(O)/加(A)/减(S)】:O

选择对象:点取多边形上任意点

面积=A,周长=B

上述操作的意义是,通过点取多边形上任意点,选定多边形,然后通过 CASS 内部计算面积的程序,计算出所选多边形的面积。

2. 不规则图形面积的计算

如图 11 - 6 所示,当待量取面积的边界为一不规则曲线,只知道边界中的某个长度尺寸,曲线上点的平面坐标不易获得时,可用扫描仪扫描边界图形并获得该边界图形的 JPG 格式图像文件,在 AutoCAD 中的操作如下。

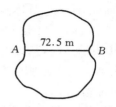

图 11 - 6 不规则图形
面积的量算

① 执行图像命令"Image",将该图形对象附着到 AutoCAD 的当前图形文件中;

② 执行对齐命令"Align",将图中 A、B 两点的长度校准为已知值;

③ 执行多段线命令"Pline",沿图中的边界描绘一个封闭多段线;

④ 执面面积命令"Area",即可测出该边界图形的面积和周长。

11.3 按指定方向绘制纵断面图

纵断面图是反映指定方向地面起伏变化的剖面图。在各种线路工程中,为进行填、挖土石方量的概算,以及合理地确定线路的纵坡,均需要较详细的了解沿线路方向上地面起伏的变化情况。

如图 11 - 7 所示,利用地形图绘制断面图时,首先要确定方向线 MN 与等高线交点 1,2,…,N 的高程及各个交点至起点 M 的水平距离,再根据点的高程及水平距离,按一定的比例尺绘

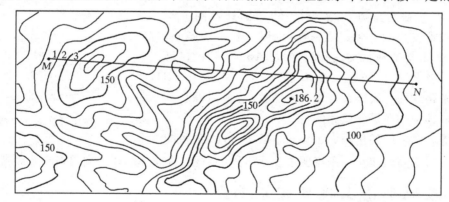

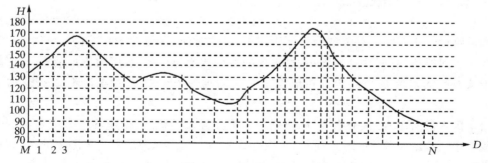

图 11 - 7 按指定方向绘制断面图

制成纵断面图。具体步骤如下。

① 绘制直角坐标轴线,横坐标 D 表示水平距离,其比例尺与地形图的比例尺相同,纵坐标轴 H 表示高程,其比例尺根据 M 到 N 的高差而定。为了明显的表示地面起伏的变化情况,高程比例尺往往比平距比例尺放大 10 到 20 倍。在纵轴注明标高时,其起始值选择要恰当,使断面图位置适中。

② 用分规在地形图上自 M 点沿 MN 方向分别量出到 $1,2,\cdots,N$ 点的距离,再在横坐标轴 D 上,以 M 起点按量取的长度定出 $1,2,\cdots,N$ 点的位置。

③ 根据各等高线高程,按比例内插法求得各个点的高程,对各个点做横轴的垂线,在垂线上按各个点的高程,对照纵轴标注的高程确定各个点在剖面上的位置。

④ 用光滑曲线连接各点,即得已知方向线 MN 的纵断面图。

11.4　按限制坡度确定最短线路

在山地或丘陵地区进行道路、管线等工程设计时,往往要求在不超过某一坡度的条件下,选定一条最短路线。如图 11-8 所示,需要从公路上 A 点,到高地 B 点选定一条路线,要求坡度 i 不大于 5%。设计所用的地形图比例尺为 1:2000,等高距 h 为 1 m。为了满足限制坡度的要求,根据式(11-6)计算出该线路经过相邻两条等高线之间的最小水平距离 d 为

$$d = \frac{h}{i \cdot M} = \frac{1}{0.05 \times 2000} = 0.01 \text{ m} = 1 \text{ cm}$$

在图中以 A 点为圆心,d 为半径,用圆规在图上与 54 m 等高线截交得到 a 和 a' 点;再分别以 a 和 a' 为圆心,用圆规与 55 m 等高线截交,分别得到 b 和 b' 点,依次进行直至 B 点。连接 $A-a-b-\cdots-B$ 和 $A-a'-b'-\cdots-B$ 得到的两条路线均为满足设计坡度 i 的路线,最后综合其他因素选取其中一条最佳线路。

如果等高线之间的平距大于 1 cm,以 1 cm 为半径的圆弧将不会与等高线相交。则说明坡度小于限制坡度。此时,线路方向可按最短距离绘出。

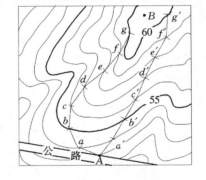

图 11-8　按设计坡度确定最短线路

11.5　在地形图上确定汇水面积

在道路设计中有时道路需要跨越河流或山谷,这时就必须建桥梁或涵洞,修建水库时必须筑坝拦水。而桥梁、涵洞孔径的大小,拦水坝的设计位置与坝高、水库的蓄水量等,都必须根据汇集于该地区的水流量来确定。在地面上汇集后通过某一断面的水流汇集范围称为汇水面积。

由于雨水沿着山脊线(分水线)向两侧的山坡分流,所以汇水面积的边界线是由一系列的山脊线连接而成的。如图 11-9 所示,由山脊线 ab、bc、cd、de、ef、fg 与公路上的 ga 线段所围成的面积,就是这个山谷的汇水面积。量测该面积的大小,再结合该地区的气象水文资料,便可以进一步确定流经公路 m 处的水流量,从而为桥梁或涵洞的设计提供依据。

汇水面积的边界线有以下特点。

① 边界线应与山脊线一致，且与等高线垂直。

② 边界线是经过一系列山脊线、山头和鞍部的曲线，并与河谷的指定断面（如公路或水库大坝的中心线）形成闭合环线。

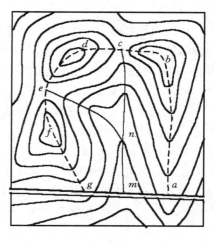

图 11-9　确定汇水面积

11.6　场地平整

在各种工程建设中，除对建筑物要做合理的平面布置外，往往还要对原地貌作必要的改造，以便适于布置各类建筑物，排除地面水以及满足交通运输和敷设地下管线等。这种地貌改造称为场地平整。在场地平整工作中，常需计算土石方量，即利用地形图进行填挖土石方量的概算，其方法主要有方格法、等高线法和断面法。

▶ 11.6.1　方格法

方格法常用于面积较大且地形高低起伏较小、地面坡度变化比较均匀的场地土石方填挖量计算。

1. 平整为水平场地

图 11-10 为 1∶1000 比例尺的地形图，要求按填、挖土方量平衡的原则，计算将场地平整成水平面，所需的填、挖土石方量其计算步骤如下。

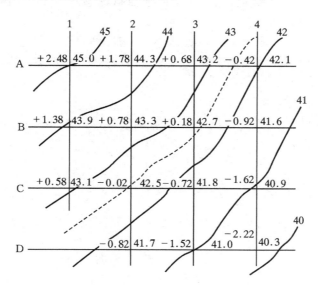

图 11-10　在图上用方格法平整水平场地

（1）在地形图上绘制方格网

根据地形复杂程度、地形图的比例尺以及土方量概算的精度要求，在地形图上需要平整的场地范围内绘制方格网。在设计阶段采用 1∶1000 或 1∶500 比例尺地形图时，根据地形复杂程度，方格网边长一般为实地 10 m 或 20 m。

（2）求方格顶点的地面高程

根据地形图上等高线高程，内插出每个方格顶点的地面高程，并标注在相应方格顶点的右上方，如图 11-10 所示。

（3）计算设计高程

按填挖方量平衡的原则，在将地面整理成水平面的情况下，水平面的设计高程 H_0，应该等于该场地现状地面的平均高程。先将每个方格顶点的高程相加除以 4，得到各方格的平均高程 H_i，再将每个方格的平均高程相加除以方格个数 n，就得到场地的设计高程 H_0。

$$H_0 = \frac{H_1 + H_2 + \cdots + H_n}{n}$$

由上述计算过程和图 11-10 可以看出：方格网点 A1、A4、C1、D2、D4 位于场地角上，称为角点，它们的高程各只用了一次。点 A2、A3、B1、B4、C4 位于场地边上，称为边点，其高程各用了二次。点 C2 位于场地拐角处，称为拐点，高程用了三次。点 B2、B3、C3 位于场地中间，称为中点，它们的高程各用了四次。因此，场地的设计高程的计算公式可写为

$$H_0 = (\sum H_\text{角} + 2\sum H_\text{边} + 3\sum H_\text{拐} + 4\sum H_\text{中})/4n \qquad (11-11)$$

现将图 11-10 中的各方格网点的高程代入式（11-11），即可计算出设计高程为 42.52 m。在图上内插出高程为 42.52 m 等高线（图 11-10 中的虚线），称为填挖边界线或填挖零线。

（4）计算挖、填高度

根据场地设计高程 H_0 和各方格顶点的原地面高程 H_i，即可计算出每一方格顶点的填、挖高度 h_i

$$h_i = H_i - H_0 \qquad (11-12)$$

正号为挖深，负号为填高。将计算出的图中各方格顶点的挖、填高度写于相应方格顶点的左上方。

（5）计算填、挖土方量

填、挖土方量可按角点、边点、拐点和中点分别按下式计算，列入表 11-1。

$$
\left.
\begin{array}{ll}
\text{角点：} & \text{填（挖）高} \times \dfrac{1}{4} \text{方格面积} \\[2mm]
\text{边点：} & \text{填（挖）高} \times \dfrac{2}{4} \text{方格面积} \\[2mm]
\text{拐点：} & \text{填（挖）高} \times \dfrac{3}{4} \text{方格面积} \\[2mm]
\text{中点：} & \text{填（挖）高} \times \dfrac{4}{4} \text{方格面积}
\end{array}
\right\} \qquad (11-13)
$$

表 11-1　填挖土方量计算

点号	挖深/m	填高/m	所占面积/m²	挖方量/m³	填方量/m³
A1	+2.48		100	248	
A2	+1.78		200	356	
A3	+0.68		200	136	
A4		−0.42	100		42
B1	+1.38		200	278	
B2	+0.78		400	312	
B3	+0.18		400	72	
B4		−0.92	200		184
C1	+0.58		100	58	
C2		−0.02	300		6
C3		−0.72	400		288
C4		−1.62	200		324
D2		−0.82	100		82
D3		−1.52	200		304
D4		−2.22	100		222
				∑:1460	∑:1452

从计算结果可以看出,挖方量与填方量基本相等,满足"填、挖平衡"的要求。

2. 平整为倾斜场地

为了充分利用自然地势,减少土方工程
量,以及满足场地排水的需要,在填挖平衡的
原则下,可将场地平整成具有一定坡度的倾
斜面。但是有时要求所设计的倾斜面必须包
含一些高程不能改动的地面点或线,例如,已
有道路的中线,永久性或重要建筑物的外墙
地坪等。因此,就必须依据这些高程不能变
动的控制点进行倾斜平面的设计,绘出设计
倾斜平面的等高线。如图 11-11 所示,a、b、
c 三点为不能改动的高程点,根据等高线内
插得它们的地面高程分别为 54.6 m、51.3 m
和 53.7 m,要求将原地形平整成通过三点的
倾斜平面,图上设计和计算步骤如下。

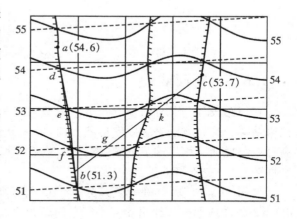

图 11-11　在图上用方格法平整倾斜场地

(1) 根据设计要求在图上绘出设计倾斜面的等高线

由于倾斜平面的等高线是一组平距相等且相互平行的直线。过 a、b 两点作直线,根据 a、
b 点的高程和设计倾斜面的等高线的等高距(通常和原等高线的等高距相同),在 ab 直线上分
别内插出高程为设计倾斜面的各等高线通过的点,如图中高程为 54 m、53 m、52 m 各点位置
d、e、f。

连接 b、c 两点,在 bc 直线上分别内插出高程为设计倾斜面的各等高线通过的点,如图中

高程为 52 m、53 m 点位置 g、k。

分别用虚线连接高程相同的点,如图中的 ek、fg,即为计倾斜面的等高线,并等间距平行绘出其他高程的等高线。

将设计倾斜面的等高线与地形图上原同高程等高线的交点分别依次连接起来,即得到填、挖边界线,如图中一侧绘有短线的曲线。绘有短线的一侧为填方区,另一侧为挖方区。

(2)计算填、挖土方量

在图上需要平整的场地范围内绘制方格网,根据图上原地貌等高线和设计倾斜面的等高线,分别内插出每一方格顶点的地面高程和设计高程,挖、填高度和填、挖土方量的计算与平整为水平场地的方法相同。

▷ 11.6.2 等高线法

当场地面积较小、地形起伏较大且较复杂,特别是山丘地形时,土石方填挖量计算常用等高线法。由于地形图上不同高程的等高线处于不同的水准面内,设想由这些不同高程的水准面切割立体,将得到若干个高度相同的不规则台体,如图 11 - 12 所示。根据面积量算的方法分别求出各台体上、下底面的面积,其平均值乘以台体高度即为该台体体积的近似值。各台体体积的和就是丘体的体积。

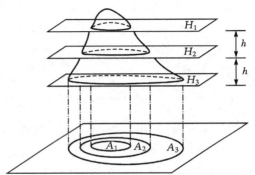

图 11 - 12 等高线法计算填挖方量

$$V_i = \frac{1}{2}(A_i + A_{i+1}) \cdot h$$
$$V = \sum V_i$$
$$(i = 1, 2, \cdots, n) \qquad (11 - 14)$$

▷ 11.6.3 断面法

在线路设计、施工的过程中,沿中线至两侧一定范围内带状区域的土石方量计算常用断面法来估算。这种方法是在线路中线方向,以一定的间隔绘制出断面图,先求出各个断面由设计高程线与地面高程线围成的填、挖面积,然后计算相邻断面之间的填、挖土石方量,最后将其求和即为总填、挖土石方量。

如图 11 - 13 所示,在比例尺为 1:1000、等高距为 1 m 的地形图中,施工场地设计标高为 47 m。先在地形图上绘出相互平行且间距为 L 的断面方向线 1 - 1,2 - 2,$\cdots$,6 - 6,断面间隔的大小视工程设计、施工需要而定,一般为 1~10 m。按一定的比例尺绘制相应的断面图(纵、横轴比例应尽量一致,常用比例尺为 1:100 或 1:200),将设计高程线展绘在断面图上,如图 11 - 13 中的 1 - 1、2 - 2 断面。然后在断面图上分别求出各个断面的设计高程线与地面高程线所包围的填、挖方面积 A_T、A_W;最后计算两个断面之间的填、挖土石方量。

图 11 - 13 中,1 - 1 断面和 2 - 2 断面间的填、挖方量为

填方: $$V_T = \frac{1}{2}(A_{T_1} + A_{T_2}) \cdot L$$

挖方: $$V_T = \frac{1}{2}(A_{W_1} + A_{W_2}) \cdot L$$

$$(11 - 15)$$

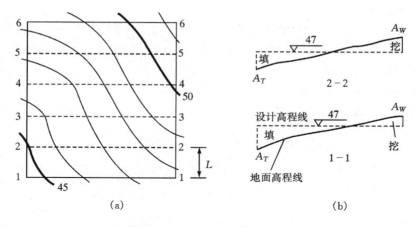

图 11-13　断面法计算填挖方量

同样计算其他两个相邻断面之间的土石方量,最后将所有的填、挖方量分别累加,便得到总的填、挖土石方量。

思考与练习

1. 地形图应用的基本内容有哪些?

2. 面积量算的常用方法有哪些?

3. 地形图上有一五边形 12345(按顺时针方向编号),图解得各顶点的坐标见表 11-2。试计算五边形 12345 的面积。

表 11-2

点号	坐标值/m	
	x	y
1	500.00	500.00
2	563.34	545.81
3	512.69	589.37
4	486.76	650.00
5	438.88	585.68

4. 欲在比例尺为 1:2000、等高距 2 米的地形图上,从 A 到 B 选择一条满足限制坡度为 5% 的线路,试计算该线路经过相邻两条等高线之间的最小平距。

5. 简述利用地形图将场地整平成水平面,计算填、挖土方量的步骤。

6. 利用图 11-14 完成下列作业。

(1) 求算图上 A、B、C、D 各点的坐标和高程。

(2) 求 A、B 两点的实地水平距离和空间直线距离。

（3）求 AB 直线的方向和坡度。

（4）按设计要求点 B、C、D 的高程分别为 438 m、442 m 和 443 m，将图中东南角方框区域平整成过 B、C、D 三点设计位置的倾斜平面。试绘出设计倾斜平面的等高线和填挖分界线，并标明填、挖区域。

（5）绘制 AB 方向的纵断面图。

（6）在图中绘出过 PR 的汇水范围。

第 12 章　测设的基本工作

学习要点

1. 测设的概念及任务
2. 水平距离、水平角和高程测设
3. 点的平面位置测设方法
4. 全站仪测设点的平面位置的一般原理与方法
5. 设计坡度线测设

12.1　测设工作概述

12.1.1　测设

工程进入施工阶段,首先要把图纸上设计好的待建物的位置和形状在实地标定出来,这一工作称为测设,又称为放样或放线。施工测设的基本任务就是将图纸上设计的建筑物、构筑物特征点的平面位置和高程,按照设计要求,以一定精度标定于实地,作为施工的依据。因此,测设是将设计变为现实的必不可少的工作,是连接设计和施工的桥梁。

测设和测定一样,其实质都是确定点的位置。测设同样是根据待测设点与控制点之间的距离、角度、高差等要素,依据控制点,用测量仪器在实地标定待测设点的位置,并设置标志。因此,测设的基本工作包括测设已知水平距离、测设已知水平角和测设已知高程,其中测设已知水平距离、测设已知水平角目的是为了标定点的平面位置。

12.1.2　测设工作的特点

测设和测定相比,具有以下特点。

① 测定时观测标志是已经设置好的;而测设时,地面点位置则是通过观测标定的,标志桩埋设的位置通常不允许选择。

② 测定是由观测者瞄准固定目标进行读数,一人观测有利于提高观测速度和精度;而测设往往由观测者指挥持目标者移动目标进行瞄准,操作时间长,且观测者与持目标者之间配合

的默契程度直接影响测设的速度和精度。

③ 测定的精度根据等级要求而定;而测设的精度是根据待测设物的形体大小、用途、结构形式、材料及施工方法的不同而不同。

④ 测设现场条件复杂、多变,因此对测量标志的埋设应特别稳固、不易被损坏和碰动,如有损坏应及时恢复,并且测设方案也要随现场条件的变化而变化。

12.2 水平距离、水平角和高程的测设

▷ 12.2.1 测设已知水平距离

测设已知水平距离是根据地面上给定的起点、方向和已知水平长度,标定另一端点位置的工作。例如,在施工现场,把建筑物轴线或管道中轴线的设计长度在地面上标定出来的过程等。

根据精度要求和使用的工具不同,测设已知水平距离的常用方法主要有钢尺丈量法和光电测距仪法。

1. 钢尺丈量法

当测设精度要求不高且场地比较平坦时,可从给定的起点出发,沿着指定方向,用钢尺直接丈量已知距离得到另一端点。当测设场地不平时丈量距离要求将钢尺抬水平,借助吊垂球的方法投点。当点位标定后,应进行往返丈量测设的距离,将丈量结果与已知值比较,相对误差应小于允许值。否则,应重新进行测设。

如果测设精度要求较高,应按照钢尺精密量距的方法进行测设,即对测设的距离进行改正。需要测设的距离是实际水平距离,而距离测设与距离丈量过程相反。因此进行测设时,需要根据使用的钢尺、测设时的温度和测设方向上的高差,将已知水平距离减去改正数,并改化为测设时的长度。

当需要测设的水平距离 D 小于所使用的钢尺的整尺长时,可以根据计算的测设长度,按下列步骤直接丈量。

① 用钢尺从起点沿给定方向,按已知距离概量出端点概略位置,测定出两点间的高差 h 及温度 t。

② 根据钢尺的名义长度 l_0 和检定的实际长度 l',计算出实地测设的名义倾斜长度 D'。

$$d = D - \Delta l_d - \Delta l_t$$
$$= D - \frac{l' - l_0}{l_0}D - \alpha(t - t_0)D \qquad (12-1)$$

式中:α 为钢尺的线膨胀系数,通常取 $\alpha = 1.25 \times 10^{-5}/℃$;$t$ 为钢尺量距时的温度;t_0 为钢尺检定时的标准温度,为 20 ℃。

需要说明的是:由于名义水平长度 d 未知,且名义水平长度 d 与实际水平长度 D 应该相差很小,所以为了方便,式中直接使用实际水平长度 D

$$D' = \sqrt{d^2 + h^2} \qquad (12-2)$$

③ 施加标准拉力,用钢尺从起点沿给定方向,测设名义倾斜长度 D',即得满足水平距离 D 要求的终点。

例 12.1 拟测设水平距离 $D=25.000$ m,概量后打下终点桩。经水准测量测得起点与终点桩顶之间的高差为 $h=+0.240$ m。测设时的温度 $t=29$ ℃,使用的钢尺名义长度 $l_0=30$ m,实际长度 $l'=29.992$ m,膨胀系数 $\alpha=1.25\times10^{-5}$,钢尺检定时的标准温度 $t_0=20$ ℃。求测设时在地面上应量出的长度 D'。

解 名义水平长度

$$d = D - \frac{l'-l_0}{l_0}D - \alpha(t-t_0)D$$

$$= 25 - \frac{29.992-30}{30}\times25 - 1.25\times10^{-5}(29-20)\times25$$

$$= 25.004 \text{ (m)}$$

测设时在地面上应量出的长度

$$D' = \sqrt{d^2+h^2}$$

$$= \sqrt{25.004^2+0.24^2}$$

$$= 25.005 \text{ (m)}$$

当需要测设的水平距离 D 超过所使用的钢尺的整尺长时,可以根据已知的水平距离 D 间接丈量,具体步骤如下。

① 将经纬仪安置在起点上,标定出给定的直线方向,沿该方向概量并在地面打上尺段桩和终点桩,桩顶刻以十字标志。

② 用水准仪测定各相邻木桩桩顶之间的高差。

③ 按精密量距的方法先量出整尺段的距离,并加尺长改正、温度改正,计算出每尺段的实际水平距离及各尺段实际水平距离之和,得最后结果 D_0。

④ 用应测设的已知水平距离 D 减去已标定的实际水平距离,得应继续测设的余长 q,即 $D-D_0=q$。然后按式(12-1)和式(12-2)计算出余长应在实地测设的名义倾斜长度 q'。

⑤ 根据 q' 在地面上测设余长段,并在终点桩上作出标志,即为所测设的终点。如果终点超出了原设定的终点桩时,应另设终点桩。

2. 光电测距仪法

在起点上安置光电测距仪(或全站仪),测出气象参数,输入仪器,瞄准给定的直线方向。一人手持反光棱镜杆立在方向线上根据测设距离目测的终点附近,测量水平距离 D',观测者根据测得水平距离 D' 与应测设的已知水平距离 D 的差值 ΔD,指挥手持棱镜者沿已知方向前、后移动棱镜位置,当显示的水平距离等于待测设的水平距离值时,在地面上作标记并打上木桩,即为所测设的终点桩。然后,采用同样的测设方法在木桩上标定出终点的精确位置。为了检核,实测起点到终点间的水平距离,若与已知水平距离差值超出限差要求,应进行修正,直到符合限差要求为止。

▷ 12.2.2 测设已知水平角

测设已知水平角是根据已知水平角给定的顶点、一个已知方向和已知角值,把该角的另一方向在地面上标定出来,使两个方向之间所夹的水平角等于已知设计值。根据测设精度要求的不同,可分为一般方法和精确方法两种。

1. 一般方法

当测设水平角的精度要求不高时,可用一般方法(又称直接测设法)进行测设。如图 12-1 所示,设 AB 为地面上已有的方向线,以 A 为顶点 AB 为起始方向,向右测设已知水平角 β。为此,先把经纬仪安置于 A 点上,用盘左位置瞄准 B 点并将水平度盘读数调至 $0°00'00''$。松开水平制动螺旋,顺时针旋转照准部,使水平度盘读数为测设角值 β,在此视线方向上定出 C' 点。为了消除仪器的一些误差、提高测设精度,用盘

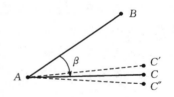

图 12-1　一般方法测设水平角

右位置按照上述步骤再测设一次,得 C'' 点,取 C' 和 C'' 连线的中点 C,则 ∠BAC 就是要测设的已知水平角 β。故此法又称为盘左、盘右(正、倒镜)分中法。

2. 精确方法

当测设水平角的精度要求较高时,可采用归化修正法测设。如图 12-2 所示,在欲测设水平角的顶点 A 点上安置经纬仪,以给定的方向线 AB 为起始方向,先用一般方法测设 β 角,在地面定出 C 点,并测出 AC 的距离 D。再用测回法观测水平角 ∠BAC 几个测回,精确地测得其角值为 $β'$。由于测量误差使得 $β'$ 与欲测设的已知角值 β 不相等,其差值 $\Delta β = β - β'$。然后根据测得的 AC 的距离 D 和 $\Delta β$,计算沿垂线改正值 CC_0。

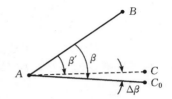

图 12-2　精密方法测设水平角

$$CC_0 = AC\tan\Delta β \approx AC\,\frac{\Delta β''}{\rho''} \tag{12-3}$$

此方法也称为垂线改正法。改正时应注意改正方向,当 CC_0 为正,即 β 大于 $β'$ 时,过 C 点作 AC 的垂线,从 C 点沿垂线向外侧量 CC_0 定出 C_0 点,则 ∠BAC_0 即为测设的 β 角;反之,则向内改正。为检查测设是否正确,还须进行检查。

12.2.3　测设已知高程

在场地平整、开挖基坑、路线坡度及桥台、桥墩设计标高测定等建筑工程中,常需要测设设计高程的位置。测设已知高程通常利用附近的水准点,用水准测量的方法,标定出设计高程的位置。它与水准测量的区别在于:水准测量是测定两点间的高差,而高程测设则是根据一个已知高程的水准点,测设另外一个点,使其高程值为设计值。在建筑设计和施工过程中,为了计算方便,通常把建筑物室内地坪标高以 ±0.000 表示,基础、门窗等的标高都是以 ±0.000 为依据起算的。根据已知高程与水准点之间的高差大小,测设高程方法有几何水准法和高程传递法。

1. 几何水准法

将设计高程测设于实地时,一般采用几何水准法,如图 12-3 所示。设 A 为水准点,其高程为 H_A,欲在附近的墙面(或木桩)上,测设设计高

图 12-3　几何水准法测设高程

程为 H_B 的 B 点位置。为此，在 A 点与墙面之间安置水准仪（尽可能前、后视距相等）。瞄准 A 点上水准尺，读取后视读数为 a，则视线高程为 $H_i = H_A + a$。根据水准测量原理，欲使 B 点的高程即为设计高程 H_B，则底部位于 B 点位置时水准尺读数应为

$$b = H_i - H_B \qquad\qquad (12-4)$$

于是，将水准尺紧贴墙面（或木桩），上下移动水准尺，直至前视读数等于 b 时，在墙面（或木桩）上，沿水准尺底部划一红线标记，则此线即为设计高程 H_B 的 B 点位置。

例 12.2　在设计图上查得某待建建筑物的室内地坪设计高程 $H_B = 21.500$ m，附近有一水准点 A，其高程 $H_A = 20.950$ m。现要求把建筑物的室内地坪标高测设到木桩 B 上，在木桩 B 和水准点 A 的中间安置水准仪，读得 A 点上水准尺读数为 1.675 m。问 B 处水准尺读数为多少时，尺子底部即为待建建筑物室内地坪的位置？

解　视线高程为

$$H_i = H_A + a = 20.950 + 1.675 = 22.625 \text{ (m)}$$

B 点水准尺上的读数应为

$$b = H_i - H_B = 22.625 - 21.500 = 1.125 \text{ (m)}$$

2. 高程传递法

当要测设的高程与已知水准点之间的高差很大，超过水准尺工作长度时（如较深的基坑和较高的建筑物），可以用水准仪配合悬挂钢尺的办法进行高程传递。如图 12-4 所示，水准点

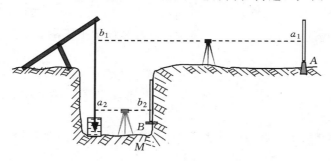

图 12-4　高程传递法测设高程

A 的高程为 H_A，为了在深基坑内测设出设计高程 H_B 的位置，在深基坑一侧悬挂钢尺，尺的零端在下，并挂一个重量约等于钢尺检定时拉力的重锤。在地面上安置水准仪，读出 A 点水准尺上的读数为 a_1，钢尺上的读数为 b_1，然后将水准仪安置在基坑内，此时读取钢尺上的读数为 a_2。则欲使 B 点的高程即为设计高程 H_B，则底部位于 B 点位置时水准尺读数 b_2 应为

$$b_2 = H_A + a_1 - (b_1 - a_2) - H_B \qquad\qquad (12-5)$$

上下移动 B 点处水准尺，直至前视读数等于 b 时，在 B 点坑壁上，沿水准尺底部作一标记，即为设计高程 H_B 的位置。

12.3　点的平面位置测设

点的平面位置测设就是根据已知控制点，按照图纸上设计的点的平面位置数据，将点平面位置在地面上标定出来。

点的平面位置测设方法有直角坐标法、极坐标法、角度交会法、距离交会法等。随着全站仪的广泛应用,在一些大型工程施工中,用全站仪测设点的平面位置也已经非常普遍。测设时应根据场地上施工控制网的形式、控制点的分布、地形情况及现场条件等,合理选择适当的测设方法。

➤ 12.3.1 直角坐标法

直角坐标法适用于拟测设的建筑物附近已布置了相互垂直的控制轴线(如建筑方格网),且与坐标轴方向平行。

如图 12-5 所示,OM、ON 为相互垂直的放样控制主轴线,O 点坐标已知,建筑物的④轴线和⑧轴线分别与 OM、ON 平行。且建筑物的四条轴线交点 A、B、C、D 的设计坐标值已知,分别为 (x_A, y_A)、(x_B, y_B)、(x_C, y_C)、(x_D, y_D)。测设方法如下。

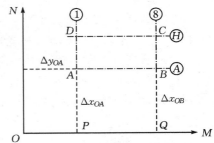

图 12-5 直角坐标法测设点的平面位置

① 在 O 点安置经纬仪,瞄准 M 点定线。沿 OM 方向从 O 点测设水平距离 Δy_{OA}($\Delta y_{OA} = y_A - y_O$),得 P 点;再测设水平距离 Δy_{OB}($\Delta y_{OB} = y_B - y_O$),得 Q 点。

② 经纬仪安置于 P 点,瞄准 M 点定向,向左测设 90° 角,给出 PD 方向;沿 PD 方向从 P 点测设水平距离 Δx_{OA}($\Delta x_{OA} = x_A - x_O$),得 A 点;再测设水平距离 Δx_{OD}($\Delta x_{OD} = x_D - x_O$),得 D 点。

③ 经纬仪安置于 Q 点,瞄准 O 点定向,向右测设 90° 角,给出 QC 方向;沿 QC 方向从 Q 点测设水平距离 Δx_{OB}($\Delta x_{OB} = x_B - x_O$),得 B 点;再测设水平距离 Δx_{OC}($\Delta x_{OC} = x_C - x_O$),得 C 点。

④ 检验。测量各边的长度是否等于设计值,建筑物的四个角是否等于 90°,误差在允许范围内即可。

上述方法计算简单、施测方便、精度较高,是在工程中广泛应用的一种方法。

➤ 12.3.2 极坐标法

极坐标法是根据水平角和水平距离测设点的平面位置的方法。适用于测设点距控制点较近,且便于量距的情况。

如图 12-6 所示,A、B 为场地上已知控制点,坐标分别为 (x_A, y_A)、(x_B, y_B),P 点为待测设点,坐标设计值为 (x_P, y_P)。根据控制点坐标和待测设点坐标,可计算点 P 的测设数据 β 和 D_{AP}。

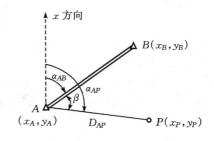

图 12-6 极坐标法测设点的平面位置

$$\alpha_{AB} = \arctan \frac{y_B - y_A}{x_B - x_A}$$

$$\alpha_{AP} = \arctan \frac{y_P - y_A}{x_P - x_A}$$

$$\beta = \alpha_{AP} - \alpha_{AB}$$

$$D_{AP} = \sqrt{(x_P - x_A)^2 + (y_P - y_A)^2}$$

根据计算出的 β 和 D_{AP}，即可进行 P 点的测设。将经纬仪安置于 A 点，后视 B 点定向，测设水平角 β，定出 AP 方向；再沿视线方向从 A 点测设水平距离 D_{AP}，可得到 P 点的平面位置。同法可以测设建筑物的其他点，最后丈量距离，应与设计值一致，以资检核。

极坐标法测设灵活方便，安置一次仪器可以连续测设多点，适用于复杂形状的建筑物定位。当使用测距仪测设时，应用极坐标法的优越性更为明显。

▷ 12.3.3 角度交会法

角度交会法又称方向交会法，是指根据两个或两个以上已知角度的方向线交会出点的平面位置。它适用于待测设点距控制点较远或不便量距的情况。

如图 12-7 所示，根据 P 点的设计坐标及控制点 A、B、C 坐标，首先算出测设数据 β_1、β_2、β_3。然后将经纬仪分别安置在 A、B 两个控制点上测设水平角 β_1、β_2。分别沿 AP、BP 方向线，在 P 点附近各打两个小木桩（称为骑马桩），桩顶钉上小钉，以表示 AP、BP 两个方向线。将各方向的两个方向桩上的小钉用细线绳连接，即可交出 AP、BP 两个方向的交点，此点即为所求得的 P 点。

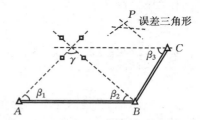

图 12-7 角度交会法测设点的平面位置

从第三个控制点 C 上，测设 β_3 角。由于测量误差的影响，从第三个控制点测设的方向线与前两条方向线往往不交于一点，而是形成一个误差三角形，如图 12-7。若误差三角形三边长在允许值范围内，则取其重心作为欲测设的 P 点位置，否则需要重新测设。

▷ 12.3.4 距离交会法

距离交会法是根据两个或两个以上的已知距离交会出点的平面位置。该方法适用于待测设点距离控制点不超过一个整尺段长，且场地平坦、便于量距的情况。

如图 12-8 所示，设 1、2 是待测设点，从设计图上得到 1、2 点的坐标，并从有关测量资料中得到现场附近控制点 A、B、C、D 各点的坐标，从而计算出 1、2 点距附近控制点的距离 D_{A1}、D_{B1}、D_{C2}、D_{D2}。用钢尺分别从控制点 A、B 量取 D_{A1}、D_{B1}，并以此为半径在地面上画圆弧，其交点即为 1 点的位置。同样的方法可交会出 2 点。为了检核，还应量取 1 点和 2 点间的距离，与设计长度的差值应在允许的范围内，否则应重新进行距离交会。

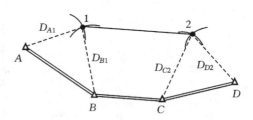

图 12-8 距离交会法测设点的平面位置

12.4 全站仪测设点的平面位置

全站仪测设点的平面位置的实质是极坐标法。它能适应各类地形和施工现场情况，并具有相当高的精度，其测设步骤如下。

① 测站定向。在测站点(控制点)安置全站仪,选择放样菜单,输入测站点坐标。

② 后视定向。瞄准另一控制点(后视点),并输入后视点坐标或后视方向的坐标方位角。

③ 输入待测设点的坐标,仪器自动计算测设数据。全站仪则选择显示待测设点与测站点的坐标差,或待测设点离测站点的距离和测设方向与此时望远镜所指方向的水平角差等模式。

④ 选择水平角差模式,旋转全站仪照准部至水平角差变为 0°时,指挥手持棱镜者沿视线方向前行,根据待测设点离测站点的距离,目估待测设点位置竖立反光棱镜,进行测量,仪器即显示此时反光棱镜位置与待测设点位置的水平距离差。按水平距离差前、后移动棱镜位置,当仪器显示的水平距离差为 0 时,反光棱镜所在的位置即为所测设点的位置,然后在地面上作出标志。

如果需要测设下一个点位,只需重新输入或调用待测设点的坐标,按上述方法进行。

用全站仪放样点位时,可以事先输入气象参数,即现场的湿度和气压,仪器会自动进行气象改正。

12.5 设计坡度线的测设

在平整场地、敷设管道及道路施工等工程中,经常需要在地面上测设设计坡度直线。坡度线的测设是根据附近水准点的高程、设计坡度和坡度线端点设计高程,采用水准测量的方法将设计坡度线上各点的设计高程位置标定在地面上。

测设方法有水平视线法和倾斜视线法两种。

▷ 12.5.1 水平视线法

如图 12-9 所示,A、B 为设计坡度线的两端点,其设计高程分别为 H_A、H_B,AB 直线的设计坡度为 i_{AB},为了施工方便,要在 AB 方向上,每隔距离 d 定一木桩,并在木桩上标定出坡度线。测设方法如下。

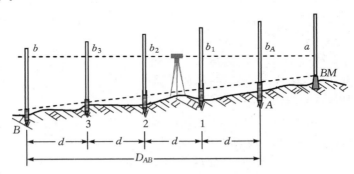

图 12-9 水平视线法测设设计坡度线

① 沿 AB 方向,用钢尺定出水平间距为 d 的中间点 1、2、3 的位置,打下木桩。

② 计算各桩点的设计高程:

1 点 $H_1 = H_A + i_{AB} \times d$

2 点 $H_2 = H_A + i_{AB} \times 2d$

3 点 $H_3 = H_A + i_{AB} \times 3d$

B 点　　　$H_B = H_A + i_{AB} \times 4d$

或　　　　　$H_B = H_A + i_{AB} \times D_{AB}$（检核）

③ 安置水准仪于水准点附近，瞄准水准点上水准尺，读取后视读数为 a，得视线高程 $H_i = H_{BM} + a$，然后根据各点的设计高程 H_j 计算测设各中间点水准尺应读取的前视读数

$$b_j = H_i - H_j \quad (j = A, 1, 2, 3, B)$$

④ 将水准尺分别贴靠在各木桩的侧面，上下移动水准尺，直至尺子上的读数为 b_j 时，沿尺子底部划一横线，各木桩上横线的连线即为 AB 的设计坡度线。

▶ 12.5.2　倾斜视线法

如图 $12-10$ 所示，现要从高程为 H_A 的 A 点，沿 AB 方向到距 A 点水平距离为 D_{AB} 的 B 点测设出一条设计坡度为 i 的直线。先根据 A 点的高程、设计坡度 i 和 A、B 两点间的水平距离 D_{AB}，计算出 B 点的设计高程

$$H_B = H_A + i \times D_{AB} \tag{12-6}$$

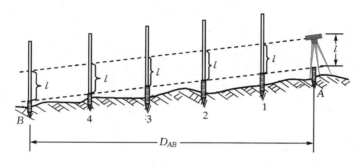

图 $12-10$　倾斜视线法测设设计坡度线

再按测设已知高程的方法，将 B 点的高程测设出来。在坡度线中间的各点则可用经纬仪的倾斜视线进行标定。若坡度不大也可以用水准仪进行测设。如图 $12-10$ 所示，在 A 点安置水准仪，使水准仪的一个脚螺旋在 AB 方向线上，而另两个脚螺旋的连线垂直于 AB 方向线，量取仪器高 l，在准备好的标杆上高度为 l 处作一标记。标杆立于测设好的 B 点上，旋转位于 AB 方向线上的脚螺旋，望远镜瞄准标杆上的标记，此时仪器的视线即平行于设计坡度线。标杆分别贴靠在 AB 方向中间各点 1、2、3…木桩的侧面上下移动，直至仪器视线瞄准标记，沿标杆底部划一横线，各木桩上横线的连线即为 AB 的设计坡度线。

🔖 思考与练习

1. 测设的基本工作包括哪几项？测设与测定有何不同？

2. 测设点的平面位置有哪几种方法？各适用于什么情况？

3. 用尺长方程式为 $L_t = 30 + 0.002 + 1.25 \times 10^{-5}(t - 20\,℃) \times 30$ m 的钢尺，测设一段设计水平距离为 25.000 m 的 AB。测设时的温度为 $12\,℃$，所施加的拉力与钢尺检定时的拉力相同，概量后测得 A、B 两点桩顶间的高差为 $h = +0.30$ m。试计算测设时在实际地面应丈量的

长度。

4. 在地面上要求测设一个直角,先用一般方法测设出∠AOB,再测量该角若干测回,算得其平均值为 $90°00'30''$。如图 12-11 所示。又知 OB 的距离为 150 m,问在垂直于 OB 的方向上,B 点应该向何方向(OB 内侧或外侧)移动多少距离才能得到 $90°$ 的水平角。

5. 已知 $\alpha_{MN}=180°00'00''$,已知点 M 的坐标为 $x_M=14.225$ m,$y_M=86.712$ m。若在 M 点安置仪器,采用极坐标法测设设计坐标为 $x_A=42.343$ m,$y_A=85.008$ m 的 A 点,试计算测设数据并简述测设过程。

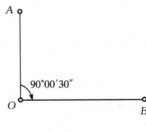

图 12-11

第 13 章　建筑施工测量

学习要点

1. 施工平面控制测量
2. 民用建筑定位
3. 高层建筑物的轴线投测
4. 工业厂房柱列轴线测设及构件安装测量
5. 竣工总平面图的编绘

13.1　建筑施工测量概述

在建筑施工阶段进行的一系列测量工作,称为建筑施工测量。包括施工控制网的建立、建筑物的放样、竣工测量和施工期间的变形观测等。在土木工程施工的全过程中都需要施工测量工作给予密切的配合,施工测量是土木工程测量的任务之一。

▶13.1.1　建筑施工测量的目的和内容

建筑施工测量的目的是把图纸上规划设计的建(构)筑物的平面位置和高程,按照设计要求,使用测量仪器,以一定的方法和精度标定在地面上,并设置标志,作为施工的依据;并在施工的过程中进行一系列的测量工作,以衔接和指导各工序间的施工。

施工测量贯穿于整个施工过程中,从建筑场地平整到建筑物竣工,都离不开施工测量。其内容主要包括:

① 施工前的施工控制网的建立;

② 建(构)筑物定位测量,测设主要轴线;

③ 基础放线,包括标定基坑、基础开挖线和测设桩位等;

④ 主体工程施工中各道工序的细部测设,如基础模板测设、主体工程砌筑、构件和设备安装等;

⑤ 工程竣工后,为了便于管理、维修和扩建,还应进行竣工测量并编绘竣工图;

⑥ 施工和运营期间对高大或特殊建(构)筑物进行变形观测。

▷ 13.1.2　施工测量的特点

由于建(构)筑物施工的要求和施工现场条件的不同,施工测量具有如下特点。

1. 精度要求高

由于施工测量直接关系到建(构)筑物的尺寸、形状、相邻建(构)筑物的衔接关系,乃至建(构)筑物的安全。一般情况下,施工测量的精度比测绘地形图的精度要求要高。根据建(构)筑物的形体大小、用途、结构形式、建筑材料及施工方法的不同,对施工测量的精度要求也有所不同。例如,高层建筑物的施工测量精度高于多层建筑物,工业建筑的施工测量精度高于民用建筑,框架结构建筑物的施工测量精度高于砖混结构建筑物,钢结构建筑物的施工测量精度高于钢筋砼的建筑物,装配式建筑物的施工测量精度高于非装配式建筑物等。

为了确保工程质量,防止因测量放线的差错造成损失,必须在整个施工的各个阶段和各主要部位做好验线工作,每个环节都要仔细检核。

2. 工程知识要求全面

由于施工测量贯穿于施工全过程,施工测量工作直接影响工程质量及施工进度,所以测量人员必须了解工程有关知识,并详细了解设计内容、性质及对测量工作的精度要求,熟悉并验证有关图纸上的尺寸和高程数据,了解施工的全过程,掌握施工现场的变动情况,使施工测量工作与施工密切配合。

3. 现场条件复杂

建筑施工现场多为地面与高空各工种交叉作业,并有大量的土方填挖,地面情况变动很大,再加上动力机械及车辆频繁出现,因此,对测量标志的埋设应特别稳固,使其不易被损坏,并要妥善保护,经常检查,如有损坏应及时恢复。在高空或危险地段施测时,应采取相应措施,确保人员和仪器安全。

4. 方法多样

建筑施工现场工种、工序较多,立体交叉作业频繁,为保证各工种间的相互配合和工序间的衔接,施工测量工作要与设计、施工等方面密切配合,并要事先做好充分准备,制定切实可行的施工测量方案。根据建筑平面、立面造型,因地、因时制宜,灵活适应,选择切实可行的测量方法,配备功能和精度相适应的测量仪器。

▷ 13.1.3　施工测量的原则

1. 从整体到局部,先控制后碎部

在一些大中型建设项目施工现场,各种建(构)筑物分布较广,各单体并非同时施工,施工现场往往较为杂乱。为了保证分段施工的各部分正确衔接,各个建(构)筑物在平面和高程上都能符合设计要求,平面和高程统一;为了减少误差积累,保证放样精度,施工测量和测绘地形图一样,也应遵循"从整体到局部,先控制后碎部"的工作原则。首先在施工现场建立统一的平面控制网和高程控制网,用较精确的测量和计算方法,确定出这些点的平面位置和高程,然后以此为基础,测设出各建(构)筑物的轴线、基础及其细部。采取这一原则还可以保证整体精度,提高工效和缩短工期。

2. 逐步检查

为了避免错误发生,保证施工质量,施工测量还必须遵循"逐步检查"的原则,检查有关图纸的设计尺寸和测设数据,以及观测数据、施工测量成果的精度等。

13.1.4　施工测量的准备工作

为了保证施工测量的顺利实施,施工前必须做好充分的准备工作。

① 检查图纸:核对设计图纸、检查总尺寸和分尺寸是否一致,总平面图和大样详图尺寸是否一致,不符之处应向设计单位提出,进行修正。

② 制定方案:对施工现场进行实地踏勘,根据实地控制点等情况编制施工测量技术方案,计算测设数据和绘制测设草图。

③ 检校仪器:对测量仪器、工具应进行检验、校正,必要时送专门仪器鉴定部门鉴定,鉴定不合格的仪器不得使用。

④ 人员培训:对测量作业人员进行技术培训,持证上岗。对测量作业人员还要进行安全生产教育(仪器安全和人身安全),并采取必要的安全防护措施,确保施工测量顺利进行。

13.2　施 工 控 制 测 量

对于一些大型建设工程,为了便于勘测设计,前期已建立了控制网。但它是为测绘地形图而建立的,未考虑后期施工要求,控制点的分布、密度和精度难以满足施工测量的要求。另外,大部分控制点在平整场地时会遭到破坏,因此,施工之前,在建筑场地上要重新建立施工控制网,作为建筑物施工测量的依据和基础。大、中型的施工项目,应先建立场区控制网,再分别建立建筑物施工控制网;对于小规模或精度高的独立施工项目,可直接布设建筑物施工控制网。施工控制测量同样分为平面控制测量和高程控制测量。

13.2.1　平面控制测量

施工平面控制网的布设形式,应根据建筑物的布置、场地大小和地形条件等因素来确定。对于大型建筑施工场地,施工平面控制网多采用由正方形和矩形格网组成的建筑方格网(或矩形网)。在面积不大又比较平坦的建筑场地上,常布设一条或几条基线,作为施工测量的平面控制,称为建筑基线。由于电子技术的发展,全站仪的逐步普及,使得测量距离非常方便,因此,在一些面积较大、地面复杂、通视条件较差的建筑场地上,多采用导线网作为施工测量的平面控制网。

1. 建筑方格网

(1) 建筑方格网的布置

建筑方格网的布置应根据建筑总平面设计图上,各已建和待建的建(构)筑物、道路及各种管线的布设情况,结合现场地形条件,先选定建筑方格网的主轴线 *MON* 和 *COD*,如图 13 - 1 所示。然后再布设其他方格网点。当建设面积较大时,常分两级,首级可采用"十"字形、"口"字形或"田"字形,然后再加密方格网。当建设面积不大时,可布置成全面方格网。建筑方格网布置时应注意以下几点。

① 主轴线应尽可能布设在建筑场区的中央,并与主要建筑物的主轴线、道路或管线方向

平行,长度应能控制整个建筑区;

　　② 方网格点、线在不受施工影响条件下,应尽量靠近建筑物;

　　③ 方格网的纵、横边应严格互相垂直;

　　④ 方格网边长一般为 $100\sim200$ m,矩形方格网的边长应尽可能为 50 m 或其整倍数;

　　⑤ 方格网的边应保证通视且便于量距和测角,点位标识应能长期保存。

　　(2) 施工坐标与测量坐标的换算

　　为了工作上的方便,设计和施工部门常采用一种独立坐标系统,称为施工坐标系或建筑坐标系。如图 13-1 所示,施工坐标系中的 A、B 轴一般与建设区内的主要建筑物或主要道路、管线、主轴线方向平行,坐标原点设在总平面图的西南角,使所有建筑物和构筑物的设计坐标均为正值。因此,施工坐标系与测量坐标系往往不一致。

　　为了利用测量控制点测设方格网主点,常需要将施工坐标转换成测量坐标。施工坐标系和测量坐标系的关系,可用施工坐标系原点 O' 在测量坐标系中的坐标 $(x_{O'}, y_{O'})$ 及 A 轴在测量坐标系中的坐标方位角 α 来确定。如图 13-2 所示,点 P 在施工坐标系中的坐标为 A_P、B_P,则点 P 在测量坐标系中的坐标为

$$\left.\begin{array}{l} x_P = x_{O'} + A_P\cos\alpha - B_P\sin\alpha \\ y_P = y_{O'} + A_P\sin\alpha + B_P\cos\alpha \end{array}\right\} \tag{13-1}$$

若将 P 点在测量坐标系中的坐标转化为施工坐标系中的坐标,其转换公式为

$$\left.\begin{array}{l} A_P = (x_P - x_{O'})\cos\alpha + (y_P - y_{O'}\sin\alpha \\ B_P = (y_P - y_{O'})\cos\alpha - (x_P - x_{O'})\sin\alpha \end{array}\right\} \tag{13-2}$$

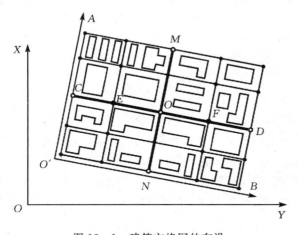

图 13-1　建筑方格网的布设

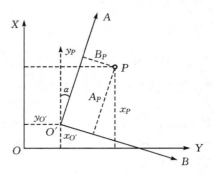

图 13-2　施工坐标与测量坐标的关系

　　(3) 建筑方格网的测设

　　① 主轴线的测设。如图 13-1 所示,CD、MN 为建筑方格网的主轴线,是建筑方格网扩展的基础。E、C、O、D、F 和 M、N 是主轴线的定位点,称为主点。测设主点时,首先应将主点的施工坐标换算成测量坐标系中的坐标,再根据场地测量控制点和仪器设备情况,选择测设方法,计算测设数据,然后分别测设出主点的概略位置,并用混凝土桩把主点固定下来。混凝土桩顶部常设一块 10 cm×10 cm 的钢板,供调整点位使用。

　　由于主点测设误差的影响,致使 C'、O'、D' 主点位置一般不在同一条直线上,如图 13-3(a)

所示。因此,需要在 O' 点安置经纬仪精确测量 $\angle C'O'D'$ 的角值 β,若 β 与 $180°$ 之差超过 $\pm 5''$ 时应进行调整。调整时,C'、O'、D' 均应沿 COD 的垂直方向移动同一改正值 δ,分别至 C、O、D 位置,使三主点成一直线。δ 值可按式(13 – 3)计算。

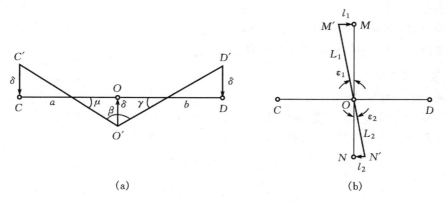

图 13 – 3 建筑方格网主点点位调整

图 3 – 3(a)中,由于 μ 和 γ 角均很小,故

$$\mu = \frac{\delta}{\dfrac{a}{2}} \cdot \rho'' = \frac{2 \cdot \delta}{a} \cdot \rho''$$

$$\gamma = \frac{\delta}{\dfrac{b}{2}} \cdot \rho'' = \frac{2 \cdot \delta}{b} \cdot \rho''$$

而

$$180° - \beta = \mu + \gamma = \left(\frac{2 \cdot \delta}{a} + \frac{2 \cdot \delta}{b} \right) \cdot \rho'' = 2 \cdot \delta \cdot \left(\frac{a+b}{a \cdot b} \right) \cdot \rho''$$

$$\delta = \frac{a \cdot b}{2 \cdot (a+b)} \cdot \frac{1}{\rho''} (180 - \beta) \qquad (13 - 3)$$

移动 C'、O'、D' 三点之后,再测量 $\angle COD$,如果测得的结果与 $180°$ 之差仍超限时,应再进行调整,直到误差在规范允许的 $\pm 5''$ 范围之内为止。

C、O、D 三个主点测设好后,如图 13 – 3(b)所示,将经纬仪安置在 O 点,瞄准 C 点,分别向左、右测设 $90°$ 角,测设另一主轴线 MON,同样用混凝土桩在地上定出其概略位置 M' 和 N',再精确测出 $\angle COM'$ 和 $\angle CON'$,分别算出它们与 $90°$ 之差 ε_1、ε_2,如果超过 $\pm 5''$,按下式计算改正值 l_1 和 l_2

$$l = L \cdot \frac{\varepsilon''}{\beta''} \qquad (13 - 4)$$

式中:L 为 OM' 或 ON' 的距离。

将 M' 沿垂直方向移动距离 l_1 得 M 点,同法定出 N 点。然后,还应实测改正后的 $\angle MON$,它与 $180°$ 之差应在限差范围内。

最后,精确测量 OC、OD、OM、ON 的距离,并与设计边长比较,其相对中误差不得超过 $1/30000$,否则沿纵向予以调整,最后在钢板上刻出其点位。

② 详细测设。如图 13 – 4 所示,主点测设好后,分别在主轴线端点 C、D 和 M、N 上安置经纬仪,均以 O 点为起始方向,分别向左、向右测设 $90°$ 角,这样就交会出田字形方格的四个角

点 G、H、P 和 Q。为了进行检核，还要安置经纬仪于方格网点上，精密测量各角是否为 90°，误差应小于 ±5″；并精确测量各段的距离，看是否与设计边长相等，相对中误差应小于 1/2000。最后，用混凝土桩标定。以这些基本点为基础，用角度交会或导线测量方法测设方格网所有各点，并用大木桩或混凝土桩标定。

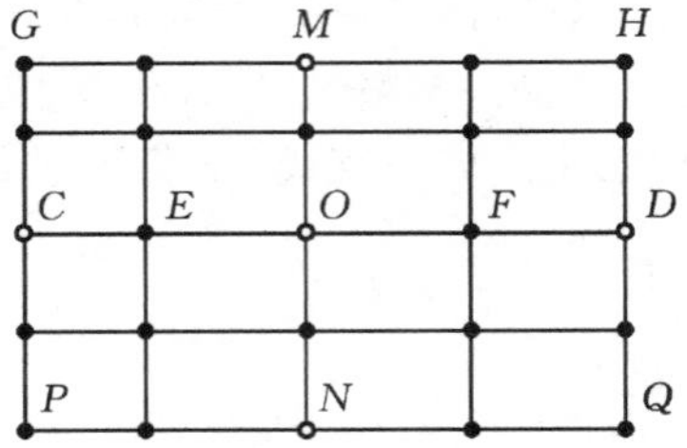

图 13-4　建筑方格网详细测设

2. 建筑基线

（1）建筑基线的布设

建筑基线的布设形式是根据建筑总平面设计图上建筑物的分布、现场地形条件以及原有控制点的分布情况来确定的，常见的布设形式如图 13-5 所示。

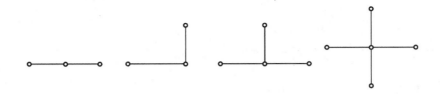

图 13-5　建筑基线的形式

建筑基线布设时应注意以下几点。

① 建筑基线应靠近主要建筑物，并应平行或垂直于主要建筑物的轴线，以便于采用直角坐标法测设建筑物轴线。

② 为了便于检查建筑基线点有无变动，基线点应不少于三个。

③ 相邻点间应互相通视，基线点应选在不易破坏、便于长期保存的地方，并要按照永久性控制点埋设方法进行埋设，如设置成混凝土桩或石桩。

（2）建筑基线的测设

① 根据已有的控制点测设。在图上选定建筑基线的位置，根据建筑物的设计坐标，确定建筑基线点的坐标；再利用附近已有的测量控制点，根据现场情况选择测设方法，解算测设数据，将建筑基线点测设在地面上。并根据设计值对角度和距离进行检查，若与设计值的差值超过允许值，则按测设建筑方格网轴线的方法调整。

② 根据建筑红线测设。建筑红线，也称"建筑控制线"，指城市规划管理中，控制城市道路两侧沿街建筑物或其附属物（如外墙、台阶等）靠临街面的界线。任何临街建筑物或其附属物不得超过建筑红线。

建筑红线由道路红线和建筑控制线组成。道路红线是城市道路（含居住区级道路）用地的规划控制线；建筑控制线是建筑物基底位置的控制线。基底与道路邻近一侧，一般以道路红线为建筑控制线，如果因城市规划需要，主管部门可在道路线以外另定建筑控制线，一般称后退道路红线建造。

如图 13-6 所示，直线 12 和 23 为两条相互垂直的建筑红线，根据建筑红线点 1、2、3，利用直角坐标法，分别向内测设规划设计距离 d_1、d_2，标定出基线点 A、O、B，便得到建筑基线 OA 和 OB。然后，还要观测 $\angle AOB$ 是否等于 90°，其差值应小于 ±20″；测量 OA、OB 的距离，分别与设计值比较,其相对中误差应小于 1/10000。否则,应予以调整。

如果施工现场没有控制点或施工精度要求不高,可根据建筑基线与现有建(构)筑物间的几何关系直接进行测设。建筑基线测设好后,应进行检核。

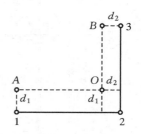

图 13 - 6　根据建筑红线
测设建筑基线

13.2.2　高程控制测量

无论复杂还是简单的建设项目,施工前都必须在建筑场地上设置一定数量(不少于 2 个)的高程控制点(水准点)。水准点距施工建筑物小于 200 m,安置一次水准仪即可测设出建筑物所需的高程点。水准点应布设在不受施工影响、无振动、便于永久保存的地方。在一般情况下,采用四等水准测量方法测定各水准点高程。而对连续生产的车间或下水管道等,则采用三等水准测量的方法测量各水准点的高程。为了便于成果检核和提高测量精度,场地高程控制网应布设成闭合水准路线或附合水准路线。

在一些大型的建筑场区,一般在布设建筑方格网的同时,在方格网点桩面上中心点旁设置一个突出的半球状标志兼作高程控制点。若格网点密度较大,可把主要方格网点或高程测设要求较高的建筑物附近方格网点纳入闭合或附合水准路线,其余点以支水准路线施测。

为了施工测设方便和减少误差,还要在建筑物的外墙或内部,测设出高程为建筑物一层室内地坪设计高程的 ±0 水准点或高出 ±0 位置 50 cm 的"50 线"。值得注意的是,不同建(构)筑物的 ±0 的设计高程不一定相同,应严格加以区别。建(构)筑物 ±0 的设计高程与水准点的高程必须为同一高程系统,否则,必须予以换算。

13.3　民用建筑施工测量

民用建筑是对供人们居住和进行公共活动的建筑的总称。民用建筑按使用功能可分为居住建筑和公共建筑两大类,住宅、办公楼、食堂、俱乐部、医院和学校等建筑物都属于民用建筑。按建筑物的层数和高度民用建筑分为:低层建筑(1~3 层)、多层建筑(4~6 层)、中高层建筑(7~9 层)、高层建筑(10 层以上或高度超过 24 m)和超高层建筑(100 m 以上)。

民用建筑施工测量的任务是按照设计要求,把建筑物的位置测设到地面上,并配合施工以保证工程质量。建筑物类型不同,其施工测量的方法和精度虽有所差别,但施工测量过程和内容上基本相同。民用建筑施工测量内容包括建筑物定位、轴线测设、基础施工测量、轴线投测和标高传递等。在建筑场地完成了施工控制网后,就可按照施工的各个工序进行施工放样工作。

13.3.1　建筑物定位

建筑物定位就是根据设计图,利用已有建筑物或场地上的平面控制点,将建筑物的外轮廓轴线交点(见图 13 - 7 中 M、N、P、Q)测设在地面上,然后再根据这些点进行细部放样。根据施工现场条件和设计情况不同,建筑物定位有以下几种方法。

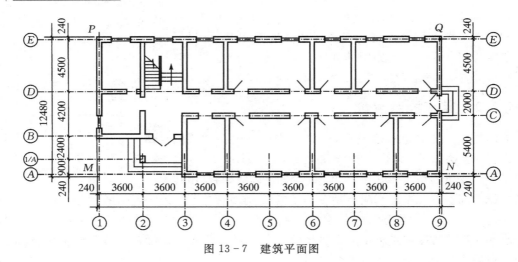

图 13 - 7　建筑平面图

1. 利用控制点定位

　　如果建筑总平面图上给出了建筑物的位置坐标（一般是建筑物外墙角坐标），可根据给定坐标和建筑物施工图上的设计尺寸，计算出建筑物定位点（外轮廓轴线交点）的坐标。利用场地上的平面控制点，采用适当的方法将建筑物定位点的平面位置测设在地面上，并用大木桩固定（俗称角桩）。然后进行检查，其偏差不应超过表 13 - 1 的规定。

表 13 - 1　建筑施工放样、轴线投测和标高传递允许偏差

项　目	内　容		允许偏差/mm
基础桩位放样	单排装或群桩中的边桩		±10
	群　桩		±20
各施工层上放线	外廓主轴线长度 L/m	$L \leqslant 30$	±5
		$30 < L \leqslant 60$	±10
		$60 < L \leqslant 90$	±15
		$90 < L$	±20
	细部轴线		±2
	承重墙、梁、柱边线		±3
	非承重墙边线		±3
	门窗洞口线		±3
轴线竖向投测	每　层		3
	总高 H/m	$H \leqslant 30$	5
		$30 < H \leqslant 60$	10
		$60 < H \leqslant 90$	15
		$90 < H \leqslant 120$	20
		$120 < H \leqslant 150$	25
		$150 < H$	30

续表 13-1

项 目	内 容		允许偏差/mm
标高竖向传递	每 层		±3
	总高 H/m	$H \leqslant 30$	±5
		$30 < H \leqslant 60$	±10
		$60 < H \leqslant 90$	±15
		$90 < H \leqslant 120$	±20
		$120 < H \leqslant 150$	±25
		$150 < H$	±30

2. 利用建筑红线定位

图 13-8 为一建筑物总平面设计图，A、B、C 是建筑红线点，图中给出了拟建建筑物与建筑红线距离关系。现欲利用建筑红线测设建筑物外轮廓轴线交点 M、N、P、Q。由于总平面图

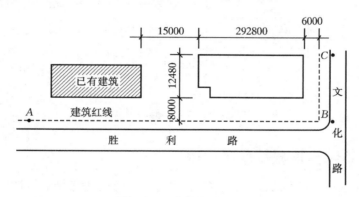

图 13-8 建筑总平面图

中给出的尺寸是建筑物外墙到建筑红线的净距离，再根据图 13-7，建筑物④轴和⑨轴到建筑红线的距离分别为：8.24 m 和 6.24 m。如图 13-9 所示，测设时，可先在 B 点上安置经纬仪，瞄准 A 点，沿视线方向从 B 点向 A 点用钢尺分别量取 6.24 m 和 35.04 m(6.24 m+28.8 m)，依次定出 1、2 点。然后在 1 点安置经纬仪，后视 A 点，测设 90°角，沿视线方向用钢尺从 1 点分别量取 8.24 m 和 20.24 m

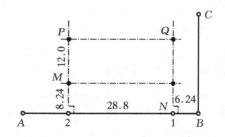

图 13-9 利用建筑红线进行建筑物定位

(8.24 m+12.0 m)得 M、P 两点。同样，在 2 点安置经纬仪，后视 B 点，向左测设 90°角，沿视线方向用钢尺从 2 点分别量取 8.24 m 和 20.24 m(8.24 m+12.0 m)得 N、Q 两点。最后，用经纬仪检测四个角是否等于 90°，并用钢尺检测四条轴线的长度，是否满足表 13-1 要求。

3. 利用已有建筑物定位

如图 13-8 所示,根据总平面图设计要求,拟建建筑物外墙皮到已有建筑物的外墙皮距离为 15.000 m,南侧外墙平齐,并由图 13-7 可知,拟建建筑物的外轮廓轴线偏外墙向里 0.240 m,现欲进行建筑物定位。如图 13-10 所示,测设时,首先沿已有建筑的东、西外墙,用钢尺向外延长一段距离 $l(l$ 不宜太长,可根据现场实际情况确定)得 1、2 两点。将经纬仪安置在 1 点上,瞄准 2 点,分别从 2 点沿 12 延长线方向量出 15.240 m(15.000 m+0.240 m)和 44.040 m(15.000 m+0.240 m+28.800 m)得 3、4 两点,直线 34 就是用于测设拟建建筑物平面位置的建筑基线。然后将经纬仪安置在 3 点上,后视 1 点向右测设直角,沿视线方向从 2 点分别量取 $l+0.24$ m 和 $l+0.24$ m+12.0 m,得 M、P 两点。再将经纬仪安置在 4 点上,以相同方法测设出 N、Q 两点。M、N、P、Q 四点即为拟建建筑物外轮廓定位轴线的交点。最后,检查 PQ 的距离是否等于 28.8 m,$\angle P$ 和 $\angle Q$ 是否等于 90°。点位误差应满足表 13-1 要求;验证 MP 轴线距已有建筑物外墙皮距离是否为 15.24 m。

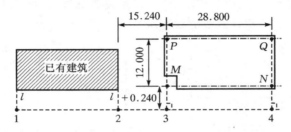

图 13-10　利用已有建筑物进行建筑物定位

➤ 13.3.2　设置轴线控制桩或龙门板

建筑物定位以后,所测设的轴线交点桩(或称角桩),在开挖基础时将被破坏。为了方便地恢复各轴线位置,一般把轴线延长到基坑开挖区以外,并做好标志。延长轴线的方法有两种:轴线控制桩法和龙门板法。

1. 轴线控制桩

轴线控制桩又称轴线引桩,设置在基础轴线的延长线上,作为基坑开挖后各施工阶段确定轴线位置的依据,如图 13-11 所示,1,2,…,8 为轴线引桩。轴线控制桩离基坑外边线的距离根据施工场地的条件而定。如果附近有稳定的建筑物,也可将轴线一端投设在建筑物的墙上,另一端必须设置引桩。为了便于使用全站仪或测距仪在基坑内恢复轴线,应测量引桩到该轴线交点的距离。

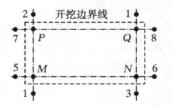

图 13-11　设置轴线引桩

2. 龙门板

对于一般小型的民用建筑物,为了方便施工,在建筑物四角和隔墙两端基槽开挖线外一定距离(一般 1.5~2 m)处设置龙门板,如图 13-12 所示。钉设龙门板的步骤如下。

① 钉设龙门桩:龙门桩要钉得竖直、牢固,木桩外侧面与基槽平行。

② 钉设龙门板:根据建筑场地水准点,用水准仪在龙门桩上测设建筑物±0 标高线。根据±0

标高线把龙门板钉在龙门桩上,使龙门板的顶面水平且与±0 标高线一致,误差一般不超过±5 mm。

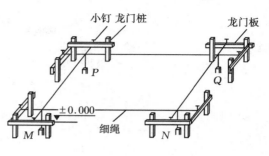

图 13-12　龙门板

③ 投测轴线:经纬仪安置于轴线交点桩上,瞄准同一轴线上另一交点桩,沿视线方向在龙门板上定出一点,用小钉标志,纵转望远镜在另一龙门板上也钉一小钉。同法将各轴线投测到龙门板上。要求不高时,也可以用线绳悬挂铅垂来标定。偏差不超过 5 mm。

④ 用钢尺沿龙门板顶面,检查轴线(用小钉标明)的间距,经检验合格后,以轴线钉为准将墙线、基槽开挖线标在龙门板上。

➤ 13.3.3　基础施工测量

基础开挖前,根据轴线控制桩(或龙门板)的轴线位置和基坑开挖外放宽度,并顾及基坑开挖时应放坡的尺寸,在地面上用白灰标出基槽边线(或基坑开挖线)。

1. 控制开挖深度

开挖基坑(槽)时,不得超挖基底,要随时注意挖土的深度,当基坑(槽)挖至接近坑(槽)底设计标高时,用水准仪在坑(槽)壁上每隔 2～3 m 和拐角处测设一些水平桩,俗称腰桩,如图 13-13 所示,使桩的上表面距坑(槽)底设计标高 0.5 m(或整分米),作为控制基槽深度及清理槽底和铺设垫层的依据。水平桩的标高允许偏差≤±10 mm。

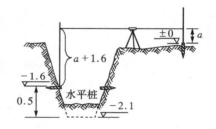

图 13-13　测设水平桩

2. 投测轴线和标高

垫层浇注好后,根据轴线控制桩或龙门板上的轴线钉,用经纬仪或线绳悬挂铅垂,把轴线投测到垫层上,经检核满足要求后,再按照基础设计图,在垫层上用墨线弹出轴线的基础边线,以便浇注基础。

垫层标高可根据水平桩在坑(槽)壁上弹出设计标高水平线控制,或者在坑(槽)底设置小木桩控制,使小木桩桩顶标高为垫层顶面的设计标高。若垫层需要支模,则可直接在模板上测设标高控制线。

13.4　复杂平面形状建筑物的施工放线

随着社会的发展和人们审美观念的不断提高,城市建筑的型体改变了原来单一的矩形建筑形式,在建筑中添加曲线结构,不但可以增加建筑物的美感而且能大大增加建筑空间。更加美观、更加复杂多样的平面形状,在一些公共建筑和旅游建筑中广泛采用。例如圆弧形、椭圆形、双曲线性和抛物线形等,如图 13-14 所示。测设这样的建筑物,首先根据设计要素(如轮廓坐标、曲线半径和圆心坐标等)和平面曲线的数学方程式以及控制点坐标,计算出测设数据。然后按总平面图的设计要求,利用场地上的测量控制点,采用一定的测量方法,测设出建筑物的主要轴线,根据主要轴线再进行细部测设。

(a) 某塔式圆弧形住宅平面图

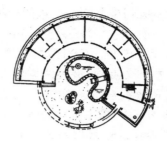

(b) 某实验幼儿园平面图

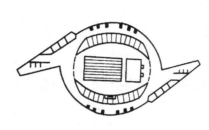

(c) 某游泳馆平面图

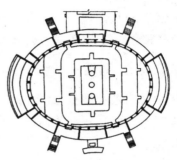

(d) 某体育馆平面图

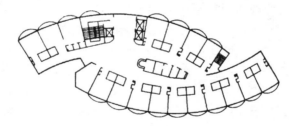

(e) 某饭店平面图

(f) 某体育馆外景

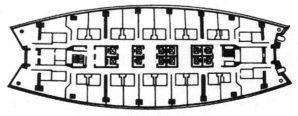

(g) 某石油中心平面

图 13-14 复杂平面形状建筑物

▷ **13. 4. 1 圆弧形平面形状的建筑物放线**

1. 画圆拨角法

首先根据控制点情况,采用直角坐标法或极坐标法,将圆心测设于实地。再在圆心上安置经纬仪测设设计水平角,标定出各开间的辐射形轴线,从圆心按设计半径测设水平距离,依次标定出各特征点,即为圆弧。

2. 中矢距等分圆弧法

如图 13 - 15(a),圆弧 AC 为某建筑物圆弧轴线。现要求根据圆弧的起点 A、终点 C 和圆弧的半径 R,测设圆弧。

由图 13 - 15(b)可知

$$d_0 = \frac{1}{2}AC$$

圆弧的中矢矩为

$$h_0 = R - OO_0 = R - (R^2 - d_0^2)^{\frac{1}{2}} \tag{13-5}$$

故在弦 AC 的中点 O_0 测设垂距 h_0,标定出圆弧的中点 D。

又 $$AD = (d_0^2 + h_0^2)^{\frac{1}{2}} \tag{13-6}$$

实测 AD 的距离,与利用式(13 - 6)的计算值进行比较,其相对误差应满足要求。

同理,由式(13 - 5)可得

$$h_1 = R - OO_1 = R - (R^2 - d_1^2)^{\frac{1}{2}} \tag{13-7}$$

因此,在弦 AD、CD 的中点 O_1、O_2 上测设垂距 h_1,即可定出圆弧的四等分点 M、N。依次等分加密,以平滑曲线连接各等分点,即可得到圆曲线轴线。

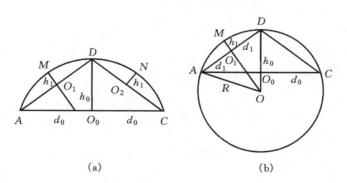

(a)　　　　　　　(b)

图 13 - 15　中矢距等分圆弧法

3. 直角坐标法

例 13.1　如图 13 - 16(a)所示,为一圆弧形建筑平面示意图,内圆弧半径 R 为 100 m,每开间的内弦长为 10 m,进深为 15 m,共有 10 个开间。现需要测设轴线交点 $A1, A2, \cdots, A11$ 与 $B1, B2, \cdots, B11$。

现以测设内圆弧右半侧轴线交点为例,来说明测设元素的计算。每开间弦长所对的圆心角为

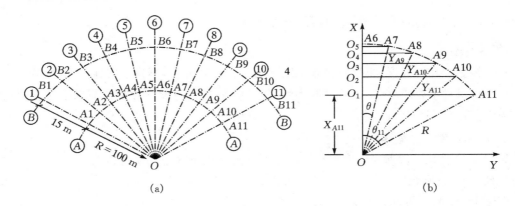

图 13－16　直角坐标法进行圆弧形建筑物放线

$$\theta = 2\arcsin\frac{10/2}{100} = 5°43'55''$$

如图 13－16(b)所示,假定以 O—$A6$ 方向为 x 轴,则点 $A7$ 的坐标为

$$\begin{cases} x_{A7} = R \cdot \cos\theta = 99.500 \text{ m} \\ y_{A7} = R \cdot \sin\theta = 9.987 \text{ m} \end{cases}$$

圆弧 $A6$—$A11$ 所对的圆心角

$$\theta_{11} = 5\theta = 28°39'35''$$

则点 $A11$ 的坐标为

$$\begin{cases} x_{A11} = R \cdot \cos\theta_{11} = 87.748 \text{ m} \\ y_{A11} = R \cdot \sin\theta_{11} = 47.961 \text{ m} \end{cases}$$

同理,可依次计算其他各交点的坐标。

测设步骤如下。

(1) 测设圆弧起、终点

① 按设计数据测设出圆弧起点 $A1$ 和终点 $A11$。

② 标定出整个圆弧弦的中点 O_1。

③ 实测 O_1 到 $A11$ 的距离,并与计算出的 y_{A11} 值进行比较,相对精度应满足要求。

(2) 测设圆弧中点和测站点

在 O_1 点上安置经纬仪,以端点 $A1$ 或 $A11$ 定向,测设直角。沿望远镜视线方向分别测设水平距离 O_1—$A6$($R-x_{A11}$)、O_1O_2($x_{A10}-x_{A11}$)、O_1O_3($x_{A9}-x_{A11}$)…依次标定出圆弧中点 $A6$ 和 O_2、O_3、O_4、O_5 各测站点。

(3) 测设圆弧中点和测站点

依次在 O_2、O_3、O_4、O_5 点上安置经纬仪,以 $A6$ 定向,测设直角。沿望远镜视线方向分别测设水平距离 y_{A10}、y_{A9}、y_{A8}、y_{A7},标定出 $A10$、$A9$、$A8$、$A7$ 各点。以平滑曲线连接各轴线交点,即得到圆曲线轴线。

4. 偏角法

如图 13－17(a)所示,为一圆弧形建筑平面示意图,内圆弧半径为 R,每开间的进深为 L,共有 6 个开间,已知轴线交点 1、6 的设计坐标分别为 x_1、y_1 和 x_6、y_6。现需要测设轴线交点

$1,2,\cdots,6$ 与 $1',2',\cdots,6'$。

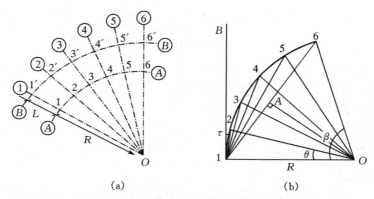

(a)   (b)

图 13 - 17 偏角法进行圆弧形建筑物放线

现以测设内圆弧轴线交点为例,来说明测设元素的计算。如图 13 - 17(b)所示,由点 1、6 的坐标可得两点的距离为

$$D_{16} = \sqrt{(X_6 - X_1)^2 + (Y_6 - Y_1)^2}$$

圆弧 16 所对的圆心角为

$$\beta = 2\arcsin \frac{D_{16}/2}{R}$$

则,每开间弧长所对的圆心角为

$$\theta = \beta/5$$

弦切角 $$\tau = \theta/2$$

每开间圆弧的弦长

$$d = 2R\sin \frac{\theta}{2}$$

测设步骤如下。

① 按设计坐标,根据平面控制点用极坐标法测设出圆弧起点 1 和终点 6。

② 安置经纬仪于圆弧起点 1 上,以终点 6 定向,逆时针方向测设水平角 5τ,标定出 $1B$ 方向。

③ 以 B 方向定向,测设水平角 τ,沿视线方向从 1 点测设水平距离 d,标定出 2 点;再测设水平角 2τ,以 2 点为圆心,弦长 d 为半径画弧,与视线相交于 3 点。同法依次测设出 4、5、6 各点,并以 6 点进行附合检核。

5. 切线支距法

如图 13 - 18 所示,切线支距法是以曲线起点 ZY 或终点 YZ 为坐标原点,切线方向为 X 轴,过原点的半径方向为 Y 轴。按各点坐标测设曲线上各细部特征点 i。

设细部点 i 至 ZY 点或 YZ 点的弧长为 l_i。

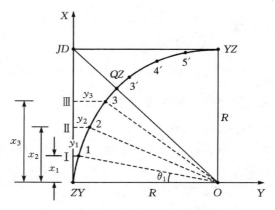

图 13 - 18 切线支距法进行圆弧形建筑物放线

弧长所对的圆心角 θ_i,曲线半径为 R,则 i 点的坐标可按下式计算

$$\left.\begin{array}{c} \theta_i = \dfrac{l_i}{R} \cdot \rho \\[2mm] x_i = R \cdot \sin\theta_i \\[2mm] y_i = R(1 - \cos\theta_i) \end{array}\right\} \qquad (13-8)$$

施工测设时,分别从曲线的起点和终点向中点 QZ 各标定曲线的一半。首先,根据设计数据标定出交点 JD 与圆曲线主点 ZY、YZ、QZ。其次,沿切线方向,用钢尺测设水平距离 x_1、x_2、x_3…依次标定出测站点 Ⅰ、Ⅱ、Ⅲ…最后,依次在各测站点上安置经纬仪,以 JD 方向定向,测设直角,分别沿视线方向测设水平距离 y_1、y_2…逐个标定出各细部点。

6. 全站仪测设法

用全站仪进行圆曲线测设时,首先由设计图中给定的坐标或方位以及各轴线点的相互关系,计算出曲线上各细部点的坐标。根据场地上的控制点逐点进行测设。用全站仪还可以按偏角法测设圆曲线上的各点。

▷ 13.4.2 椭圆形平面形状的建筑物放线

1. 直接拉线法

① 如图 13-19(a)所示,先在实地测设出椭圆的长轴 AB 和短轴 CD。

② 计算椭圆的焦距值 f,确定焦点 F_1、F_2 的位置($F_1O = F_2O = f$,椭圆方程式为 $\dfrac{x^2}{a^2} + \dfrac{y^2}{b^2} = 1$)。

$$f = \sqrt{a^2 - b^2} \qquad (13-9)$$

③ 取一细铁丝,使其长度等于 $F_1C + F_2C$,如图 13-19(b)所示,将铁丝两端固定于 F_1 点和 F_2 点,用铁笔套住铁丝拉紧慢慢移动,即可将椭圆画于实地,然后每隔一定弧长打桩标定。

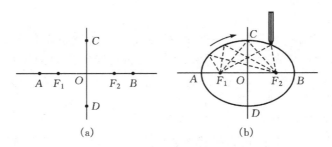

图 13-19 直接拉线法进行椭圆形建筑物放线

此法适用于测设长、短轴均较短的椭圆。

2. 四心圆法

先在图纸上求出四个圆心的位置和半径值,再进行实地测设。如图 13-20 所示,作图方法如下:

① 作椭圆的长轴 AB 和短轴 CD;

② 以 O 为圆心,OA 为半径画圆弧,交 CD 延长线于 E 点;

③ 以 C 为圆心，CE 为半径画圆弧，交 AC 于 F 点；

④ 作 AF 的垂直平分线，交长轴于 O_1，交短轴（或其延长线）于 O_2；

⑤ 在 OB 上截取 $OO_3=OO_1$，在 OC 轴上截取 $OO_4=OO_2$；

⑥ 分别以 O_1、O_2、O_3、O_4 为圆心，以 O_1A、O_2C、O_3B、O_4D 为半径画圆弧，使各弧段在 O_2O_1、O_2O_3 和 O_4O_1、O_4O_3 的延长线上的 G、I、H、J 四点处相交，即得近似的椭圆曲线。

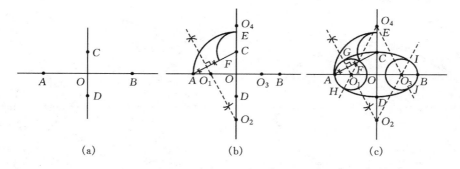

(a)　　　　　　　　(b)　　　　　　　　(c)

图 13-20　四心圆法进行椭圆形建筑物放线

实地测设时，该椭圆可作为四段圆弧进行测设。

3. 坐标计算法

如图 13-21 所示，通过椭圆中心建立直角坐标系，椭圆的长、短轴即为该坐标系的 x、y 轴。已知椭圆方程式为 $\dfrac{x^2}{a^2}+\dfrac{y^2}{b^2}=1$，将 $x=0$、1、2、$\cdots$、m 代入方程，求出相应的 y 值，将结果列表表示。实地测设时，根据相应的 x_i、y_i 值即可定出椭圆上 $x>0$ 的点位。根据对称原理，可按上述类似方法定出另一半椭圆的点位。

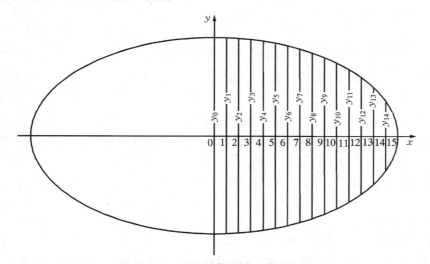

图 13-21　坐标计算法建立直角坐标系

例 13.2 某体育馆的平面形状如图 13-22 所示，椭圆形平面的长、短轴设计尺寸为：长轴 $2a=80$ m，短轴 $2b=60$ m，周围设 44 根柱子（各柱中心位于椭圆圆周上）。

按坐标计算法进行施工放线的方法步骤如下。

（1）根据长、短轴的设计尺寸，首先在图纸上用四心圆法作一椭圆，如图 13-23 所示。图解求得以下结果。

① 四段圆弧的圆心与椭圆中心 O 的距离

$$OO_1 = OO_3 = 15.000 \text{ m}$$
$$OO_2 = OO_4 = 20.000 \text{ m}$$

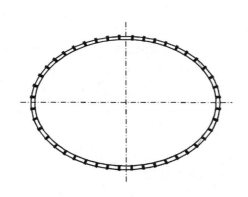

图 13-22　某体育馆平面形状　　　　图 13-23　四心圆法进行椭圆形建筑物放线

② 长轴方向圆弧半径　$R_1 = b + OO_2 = 50.000$（m）

　短轴方向圆弧半径　$R_2 = a - OO_1 = 25.000$（m）

　R_1 与短轴的夹角　$\alpha_1 = 36°52'12''$

　R_2 与长轴的夹角　$\alpha_2 = 53°07'48''$

③ 计算整个椭圆周长

长轴方向圆弧长：$(R_1 \times 2\alpha_1 \times \dfrac{\pi}{180°}) \times 2 = 128.700 \text{ m}$

短轴方向圆弧长：$(R_2 \times 2\alpha_2 \times \dfrac{\pi}{180°}) \times 2 = 92.729$（m）

椭圆周长：　　　$128.700 + 92.729 = 221.429$（m）

④ 周围 44 根柱子的柱距为

$$221.429/44 = 5.032 \text{（m）}$$

（2）根据设计总平面图上该椭圆形建筑物的长、短轴方向，椭圆焦点、中心与建筑方格网或相邻建筑物的关系，用直角坐标法测设出椭圆的中心点及长、短轴的方位桩。

（3）将经纬仪安置于椭圆中心 O 上，分别瞄准长、短轴方向，沿视线方向用钢尺分别量取 OO_1、OO_3 和 OO_2、OO_4 距离，用木桩和小钉标定出四个圆心 O_1、O_2、O_3、O_4 的位置。

（4）将经纬仪安置于 O_2 点，分别瞄准 O_1 和 O_3，从 O_1 点分别沿 O_2O_1、O_2O_3 方向用钢尺量取距离 R_2，即可定出长、短轴方向圆弧交界点 m_1 和 m_2。将经纬仪安置于 O_4，同法即可定出 m_3 和 m_4。

（5）用测设圆弧形平面形状的建筑物方法，每隔一定距离测设一个曲线细部点，逐一划线连接，所得的封闭图形，即为所要确定的过 44 根柱子中心的平面椭圆曲线。

（6）根据设计要求，1 号柱位于从 B_2 点顺时针方向量柱距的一半，即可定出 1 号柱中心的位置。再从 1 号柱中心顺时针方向沿椭圆周量一个柱间距，得 2 号柱中心位置。同法，可将 44 根柱子的中心位置在实地标定出来。但要注意，前面计算的柱间距（5.032 m）是弧长，而实际测设的是柱间距的弦长,故测设前还应计算出柱间距的弦弧差,以便修正。本例以 R_1 为半径的圆弧段内,柱间距的弦弧差为 2 mm;以 R_2 为半径的圆弧段内,柱间距的弦弧差为 9 mm。

(7) 确定四周矩形柱的方位。

如图 13 - 24 所示,椭圆形平面四周矩形柱柱轴线的方位,应该以椭圆周上柱中心点 $(1,2,\cdots,44)$ 的法线方向为最合理方位。为此,以椭圆中心 O 点为坐标原点,根据几何原理先计算出 $1,2,\cdots,44$ 号柱中心的坐标值 $x_i,y_i(i=1,2,\cdots,44)$。实际只需计算第 I 象限的 1~11 号柱中心坐标。根据对称性,其他象限的柱子中心坐标也可求得。而椭圆周上 (x_i,y_i) 点的法线方程为

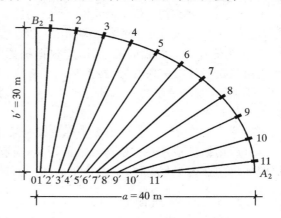

图 13 - 24　确定四周矩形柱的方位

$$(x'_i - x_i)\frac{y_i}{b^2} - (y'_i - y_i)\frac{x_i}{a^2} = 0$$

$$(13 - 10)$$

式中:x'_i、y'_i 分别为过椭圆上 $(x_i$、$y_i)$ 点的法线上的动点。若设 $y'_i = 0$,再将柱中心坐标代入式 $(13 - 10)$,即可求出过柱中心的法线在椭圆长轴上的截距 x'_i。同样由于对称性仅需计算第 I 象限内的法线在椭圆长轴上的截距值。本例计算的第 I 象限内 11 个截距值如表 13 - 2 所示。

表 13 - 2　第 I 象限内 11 个截距值　　　　　　　　　　(单位:m)

x'_1	x'_2	x'_3	x'_4	x'_5	x'_6	x'_7	x'_8	x'_9	x'_{10}	x'_{11}
1.100	3.290	5.446	7.548	9.572	11.500	13.310	14.896	16.114	17.005	17.445

根据以上计算的 $\pm x'_i(i=1,2,\cdots,44)$ 值,将经纬仪安置于椭圆中心 O 点上,瞄准 A_2(或 A_1)点。沿视线方向量取 $\pm x'_i$ 值,标定出 O 点左、右侧各 11 个截距点 $1',2',\cdots,11'$。再将经纬仪安置于 $1'$ 点,瞄准椭圆上 1 号柱中心点,即得 1 号柱的柱轴线方位,以此法确定出其余 2,3…各柱柱轴线方位。

(8) 当四周柱中心位置及矩形柱柱轴线方位确定后,即可在实地标定出每根柱子的轴线桩,并按基础大样图上的设计尺寸。测设出每根柱子柱基基坑开挖线,用灰线标明。

每根柱子的轴线桩应稳定,离基坑开挖边线要有一定距离,并妥善保护,便于检查、复核和验收。

13.5　高层建筑施工测量

▶ 13.5.1　桩基础定位

桩基础是高层建筑物常用的基础形式,是深基础的一种。桩基础分为灌注桩和预制桩两大类。建筑工程桩基础不论采用何种类型,施工前必须进行定位。目的是把设计图上的建筑物基础桩位,按设计和施工的要求,准确地测设到拟建筑场地上,为桩基础工程施工提供标志,作为按图施工、指导施工的依据。

桩位的精度要求是建筑物桩位对其主轴线的相对位置精度。因此,桩位测设时,应注意以

下几点。

① 首先在深基坑内测设出建筑物的主轴线。

② 建立与建筑物定位主轴线相互平行的假定坐标系统,一般应以建筑物西南角的主轴线交点作为坐标系的原点,南北轴线为 X 轴,东西轴线为 Y 轴,其他主轴线交点坐标由轴线尺寸得出。

③ 为避免桩点测设时的混乱,应根据桩位平面布置图对所有桩点进行统一编号,桩点编号应由建筑物的西南角开始,按照从左到右,从下而上的顺序编号。

④ 根据桩位平面图所标定的尺寸,计算出其他各轴线点和各个桩位的假定坐标,标注在图上或列表表示。

⑤ 根据主轴线交点,可用极坐标法或全站仪测设其他各轴线点和各个桩位。

最后用钢尺检查各桩位与轴线的距离,应满足规范要求。对于桩位要求精度不高或坑底比较平坦的建筑工程,可根据桩位平面图所标定桩位与轴线的距离,用钢尺由最近轴线量得。

▷ 13.5.2 轴线投测

高层建筑物层数多、重心高,因此,各层轴线精确向上投测,以控制竖向偏差是高层建筑施工测量的主要工作。

1. 经纬仪引桩投测法

(1) 选择中心轴线

如 13.3.2 所述,基坑开挖前,应在开挖区以外设置轴线控制桩,构成平面控制网。图 13 - 25 为一高层建筑物平面示意图,建筑物定位后,地面上已标出各轴线位置。选择ⓒ轴和③轴作为中心轴线。根据楼高和场地的情况,在距待建建筑物尽可能远且不受施工影响处,设置四个轴线控制桩(引桩)C、C'、3 和 $3'$。

当基础施工完工后,用经纬仪将ⓒ轴和③轴精确地投测到建筑物底部,并标定之,见图 13 - 25中的 a、a'、b 和 b'。

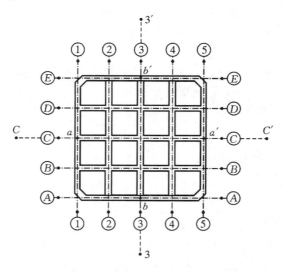

图 13 - 25 某高层建筑物平面示意图

(2) 向上投测中心轴线

随着建筑物不断升高,要逐层将轴线向上传递,可将经纬仪安置在③轴和ⓒ轴的控制桩

C、C'、3 和 $3'$ 上,瞄准底部的标志 a、a'、b 和 b',如图 13 - 26 所示。用盘左和盘右两个竖盘位置向上投测到每层楼板上,并取其中点作为该层中心轴线的投影点,如图 13 - 26 中,a_1、a'_1、b_1 和 b'_1。$a_1 a'_1$、$b_1 b'_1$ 即为该楼层的Ⓒ轴线和③轴线。然后根据设计尺寸确定其他各轴线。最后,还须检查所投轴线的间距和夹角,合格后方可进行该楼层的施工。

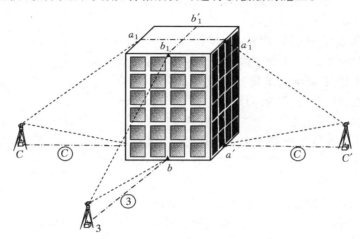

图 13 - 26　轴线投测

（3）增设轴线引桩

当建筑物增加到一定高度时,望远镜的仰角太大,操作不便,投测精度也会随仰角增大而降低。为此,需将中心轴线控制桩引测到更远或更高的地方。具体做法是将经纬仪安置在已投上去的中心轴线上,瞄准地面上原有的轴线控制桩 C、C'、3 和 $3'$,将轴线引测至远处或附近已有的建筑物上,设置新的轴线控制桩,如图 13 - 27 所示。更高的各层中心轴线可将经纬仪安置在新的引桩上,按上述方法进行向上投测。

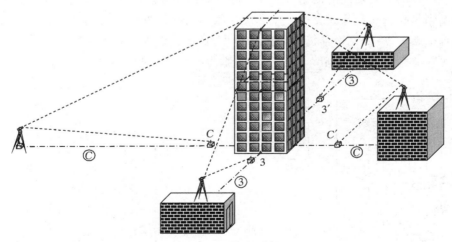

图 13 - 27　增设轴线引桩

（4）注意事项

投测前,一定要严格检校经纬仪,尤其是照准部水准管轴应严格垂直于竖轴。安置经纬仪时要仔细整平。

为了减小外界条件（如日照和大风等）的不利影响，投测工作应在阴天、无风天气进行为宜。

2. 激光铅垂仪投测法

激光铅垂仪投测法分为楼内投测和楼外投测两种。

（1）选择投测基准点

投测基准点布设于底层室内地坪，以便逐层向上投影，控制各层的细部（墙、柱、电梯井筒、楼梯等）的施工放样。投测基准点位选择应与建筑物的结构相适应。基准网的边应与建筑主轴线平行，一般为矩形。垂直向上投测时，需在各层楼板上预设垂准孔，垂准孔应避开梁、柱以及楼板的主钢筋，并且为便于恢复轴线，根据梁、柱结构尺寸，基准点一般偏轴线 $0.5 \sim 1$ 米。图 13-28 中 M、N、P、Q 为投测基准点。

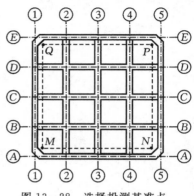

图 13-28　选择投测基准点

投测基准点选定后，在底层地面埋设一块小铁板，上面刻以十字线，交点即为控制点点位。检查平面控制点点位偏差应满足表 13-1 的要求。控制点标志在结构和外墙（包括幕墙）施工期间应加以保护。

（2）激光铅垂仪投测

每施工一层，在楼板上投测基准点正上方预留 200×200 m 的孔洞。如图 13-29 所示，垂直向上投点时，将激光铅垂仪分别安置在四个投测基准点上，精确对中和整平仪器后，激光铅垂仪垂直向上投射出一束激光。在上层预留洞处，放置激光接收靶，移动接收靶，使靶上十字交叉点对准激光束光斑，该点即为投测点。将十字线延长，在预留空洞边缘标记标志线，作为恢复点位的依据。最后，对由四个投测点组成的矩形网进行距离和角度检查，符合要求后，可依此作为测设该层其它轴线的依据。上述方法称为内控制。

外控制则是在轴线延长线上的一点上安置激光铅垂仪进行投测，如图 13-30 所示，B 点是①轴延长线上一点，激光铅垂仪安置在 B 点上，在投测楼板上向外延伸出接受靶，从接受靶上光斑 b 向内量取 B 点到①轴的距离，得到①轴与Ⓐ轴交点的投影点 a，即为待定点位置。

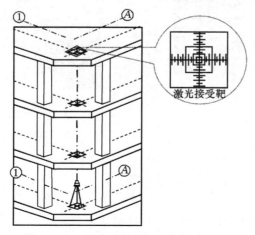

图 13-29　用激光铅垂仪内部垂直投测

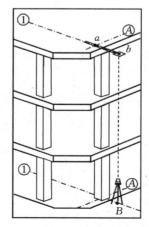

图 13-30　用激光铅垂仪外部垂直投测

激光铅垂仪投测法一般采用内、外控制投点或激光铅垂仪投点与经纬仪引桩投测法同时进行，以便互相检核，确保工程质量。

3. 吊垂球投测法

吊垂球投测方法比较简单，它是用细钢丝悬挂 10～15 kg 重的大垂球，逐层将控制基准点向上投测。为此，和激光铅垂仪投测法一样，施工时需在各层基准点处，预留传递孔洞，以便吊线投测。

13.5.3 高程传递

1. 钢尺直接测设法

当高层建筑的基础层和地下室施工完后，根据场地上的水准点，在底层的墙或柱子上用水准仪测设一条高出底层室内地坪（±0）0.5 m 的水平线，称为"50 线"，作为首层地面施工及室内装修的标高依据。以后每施工一层，由 50 线向上进行高程传递。用钢尺沿外墙、边柱或楼梯间向上直接量取两层之间设计层高，得到该层的 50 标高线，通常每幢高层建筑物至少要由三个底层 50 线向上量测。然后再在该层用水准仪检查该层 50 标高线是否在同一水平面上，其误差应满足表 13－1 的要求。并用水准仪在该层各处均测设出本层 50 标高线，作为该层的标高控制。

2. 全站仪天顶距法

高层建筑的垂直孔（或电梯井等）为全站仪提供了一条从底层至顶层的垂直通道，在底层安置全站仪，利用此通道将望远镜指向天顶，在各层的垂直通道上安置反光镜，即可测得仪器至棱镜横轴的垂直距离，加仪器高，减棱镜常数，即可算得高差，如图 13－31 所示。

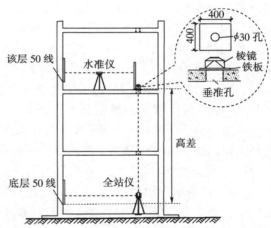

图 13－31 全站仪天顶距法高程传递

具体的测量方法是：在需要传递高程的层面垂准孔上固定一块铁板（400 mm×400 mm×2 mm，中间一个 ∅30 的孔），对准铁板上的孔，可将棱镜平放于其上，预先测定棱镜镜面至棱镜横轴的距离（棱镜常数）。在底层控制点上安置全站仪，放平望远镜（在显示屏上显示垂直角为 0°或天顶距为 90°），瞄准立于底层 50 标高线上的水准尺读数，即为仪器高。然后将望远镜指向天顶（天顶距 0°或垂直角为 90°），测量垂直距离。根据仪器高，垂直距离和棱镜常数得到底层 50 标高线至某层楼面垂准孔上铁板的高差和标高，再用水准仪测设该层 50 标高线。

13.5.4 细部测设

高层建筑各层上的建筑细部构造有外墙、承重墙、立柱、电梯井筒、梁、楼板、楼梯等及各种预埋件。施工时，均需按设计要求测设其平面位置和高程（标高）。根据各层平面控制点，用经纬仪和钢尺按极坐标法、距离交会法、直角坐标法等测设其平面位置，根据该层 50 标高线用水准仪测设其高程。

13.6　工业厂房施工测量

工业厂房的施工一般采用预制构件在现场装配的方法，其施工测量精度要求较高。工业厂房施工测量的主要工作包括：测设厂房矩形控制网、厂房柱列轴线测设、基础施工测量、厂房预制构件安装测量等。

➢ 13.6.1　厂房矩形控制网的测设

先建立厂房矩形控制网作为轴线测设的基本控制。厂房矩形控制网一般可采用直角坐标法、极坐标法、角度交会法、距离交会法等进行测设，可根据施工现场控制网形式、控制点的分布情况、地形情况、现场条件及待建厂房的测设精度要求等进行选择。下面介绍依据建筑方格网，采用直角坐标法进行定位的方法。

1. 中小型工业厂房控制网的建立

对于中小型厂房而言，测设一个简单的矩形控制网即可满足放线需要。图 13-32 中 E、F、G、H 四点是厂房外轮廓轴线的四个交点，从设计图上已知 F、H 两点的坐标，P、Q、R、S 为布置在基坑开挖范围以外的厂房矩形控制网的四个角点，称为厂房控制桩。建筑方格网的边与厂房轴线平行。测设前，先根据 F、H 建筑坐标推算 P、Q、R、S 的建筑坐标，然后以建筑方格网点 M、N 为依据，计算测设数据。根据已知数据计算出 M—J、M—K、J—P、J—Q、K—S、K—R 等各段长度。首先在

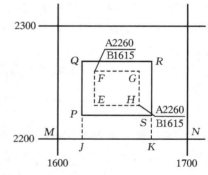

图 13-32　中小型厂房控制网

地面上定出 J、K 两点。然后，将经纬仪分别安置在 J、K 点上，后视方格网点 M，用盘左、盘右分中法向右测设 90°角。沿此方向用钢尺采用精密方法测设 J—P、J—Q、K—S、K—R 四段距离，即得厂房矩形控制网 P、Q、R、S 四点，并用木桩和小钉标定其位置。最后，检查 $\angle Q$ 和 $\angle R$ 是否等于 90°，Q—R 是否等于其设计长度。对于一般厂房来说，角度误差不应超过 $\pm 10''$、边长误差不应超过 1/10000。

对于小型厂房，也可采用民用建筑物定位的测设方法，即直接测设厂房四个角，然后将轴线投测到轴线控制桩或龙门板上。

2. 大型工业厂房控制网的建立

对于大型工业厂房、机械化传动性较高或有连续生产设备的工业厂房，需要建立有主轴线的较为复杂的矩形控制网。主轴线一般选择与厂房的柱列轴线相重合，以方便后续的细部放样。主轴线的定位点及矩形控制网的各控制点应与建筑基础的开挖线保持 2～4 米的距离，并能长期使用和保存。应先测设厂房控制网的主要轴线，再根据主轴线测设矩形控制网。如图 13-33 所示，以定位轴⑧和⑤轴作为主轴主线，P、Q、R、S 是厂房

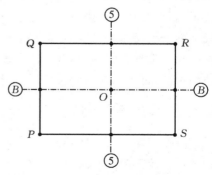

图 13-33　大型厂房控制网

矩形控制网的四个控制点。

13.6.2 工业厂房施工测量

1. 柱列轴线的测设

如图 13－34 所示，Ⓐ，Ⓑ，Ⓒ和①，②，…，⑨轴线均为柱列轴线。检查厂房矩形控制网的精度符合要求后，即可根据柱间距和跨间距用钢尺沿矩形控制网各边量出各轴线控制桩的位置，并打入木桩，钉上小钉，作为测设基坑和施工安装的依据。

2. 柱基测设

柱基测设就是根据基础平面图和基础大样图上的设计尺寸，把基坑开挖边线用白灰标定出来。安置两架经纬仪在相应的轴线控制桩（图 13－34 中的Ⓐ，Ⓑ，Ⓒ和①，②，…，⑨等点）上交会出各柱基的位置（即各定位轴线的交点）。

如图 13－35 所示，是杯形基坑大样图。按照基础大样图的尺寸，用特制的角尺，在定位轴线Ⓐ和⑤上，放出基坑开挖线，用白灰线标明开挖范围。并在坑边沿外侧一定距离处钉定位小木桩，钉上小钉，作为修坑及立模的依据。

在进行基础测设时，应注意定位轴线不一定都是基础中心线，有时一个厂房的柱基类型不一，尺寸各异，放样时应特别注意。

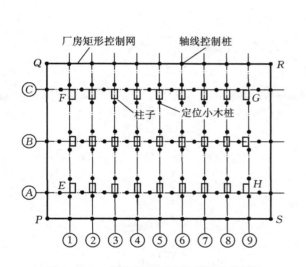

图 13－34　厂房控制网及柱列轴线控制桩

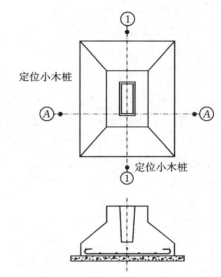

图 13－35　杯形基础大样图

3. 基础的高程测设

当基坑开挖到一定深度时，应在坑壁四周离坑底设计高程 0.3～0.5 m 处设置几个水平桩，如图 13－36 所示，作为基坑修坡和清理坑底的高程依据。

此外还应在基坑内测设垫层的高程，即在坑底设置小木桩，使桩顶面恰好等于垫层的设计高程。

图 13－36　基坑开挖断面与水平桩

4. 基础模板的定位

打好垫层之后,根据坑边定位小木桩,用拉线法吊垂球把柱基定位线投到垫层上弹出墨线,用红油漆画出标记,作为柱基立模板和布置基础钢筋网的依据。立模时,将模板底线对准定位线,并用垂球检查模板是否竖直。最后将柱基顶面设计高程测设在模板内壁。

13.7 工业厂房构件安装测量

装配式单层工业厂房主要由柱(牛腿柱)、吊车梁、屋架、天窗架和屋面板等主要构件组成。在吊装每个构件时,有绑扎、起吊、就位、临时固定、校正和最后固定等几道工序。下面着重介绍柱子、吊车梁及吊车轨道等构件在安装时的校正工作。

▷ 13.7.1 柱子安装测量

1. 柱子安装的精度要求

① 柱脚中心线应对准柱列轴线,允许偏差 3 mm。

② 牛腿面的高程与设计高程一致,其误差不应超过:

柱高在 5 m 以下:±5 mm;

柱高在 5 m 以上:±8 mm。

③ 牛腿柱垂直度偏差不应超过:

柱高在 10 m 以下:10 mm;

柱高在 10 m 以上:$H/1000$(H 为柱子高度),且≤20 mm。

2. 吊装前的准备工作

吊装前,应根据轴线控制桩,把定位轴线投测到杯形基础的顶面上,并用红油漆画上"▲"标明,如图 13-37 所示。同时还要在杯口内壁,测设一条高程线,要求从高程线起向下量取一整分米即到杯底的设计高程。

如图 13-38 所示,在柱子的三个侧面弹出中心线,每一面又须分为上、中、下三点,并画"▲"标志,以便安装校正。

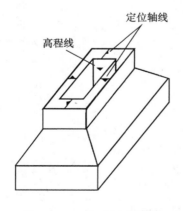

图 13-37 柱子杯形基础

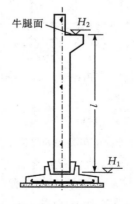

图 13-38 牛腿柱

3. 柱子的检查与杯底找平

如图 13－38 所示,通常牛腿柱的设计长度 l 加上杯底高程 H_1 应等于牛腿面的设计高程 H_2,即

$$H_2 = H_1 + l$$

但柱子在预制时,由于模板制作和模板变形等原因,柱子的实际尺寸与设计尺寸不可能一致。为了解决这个问题,往往在浇注基础时把杯形基础底面高程降低 2～5 cm,然后用钢尺从牛腿顶面沿柱边量到柱底,根据这根柱子的实际长度,用 1∶2 水泥砂浆将杯底找平,使牛腿面符合设计高程。

4. 柱子安装时的竖直校正

柱子插入杯口后,首先应使柱身竖直,再令其侧面所弹出的中心线与基础轴线重合。用木楔或钢楔初步固定,然后进行竖直校正。校正时用两架经纬仪分别安置在柱基纵横轴线附近,如图 13－39 所示,离柱的距离约为 1.5 倍柱高。先瞄准柱子中心线的底部,固定照准部,再仰视柱子中心线顶部。如重合,则柱子在这个方向上就是竖直的。如果不重合,应进行调整,直到柱子两个侧面的中心线竖直为止。

由于纵轴方向上柱距很小,通常把仪器安置在纵轴的一侧,在此方向上,安置一次仪器可校正数根柱子,如图 13－40 所示。

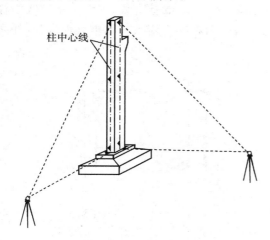

图 13－39　柱子竖直校正

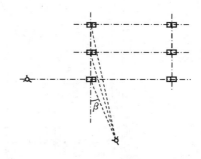

图 13－40　纵轴方向同时校正三个柱子

5. 柱子校正的注意事项

① 由于柱子竖直校正时,往往仅用盘左或盘右观测,仪器误差影响很大,因此所用经纬仪必须经过严格检校。操作时还应注意使照准部水准管气泡严格居中。

② 柱子在两个垂直方向的垂直度都校正好后,应再复查柱子平面位置,看柱子下部的中线是否仍对准基础的轴线。

③ 当校正变截面的柱子时,经纬仪必须放在轴线上校正,避免产生差错。

④ 在逆光照射下校正柱子垂直度时,要考虑温度影响,因为柱子受太阳辐射后,柱子向阴面弯曲;太阳的照射也使经纬仪的水准器偏向阳光一侧。为此应在早晨或阴天时校正。

⑤ 当安置一次仪器校正几根柱子时,仪器偏离轴线的角度 β 最好不超过 15°(如图13－40

所示)。

13.7.2 吊车梁安装测量

吊车梁、吊车轨道的安装测量的主要目的是使吊车梁中心线、轨道中心线及牛腿面的中心线在同一竖直面内,梁面、轨道面均在设计的高程位置上,同时使轨距和轮距满足设计要求,如图 13-41所示。安装前先弹出吊车梁顶面中心线和吊车梁两端中心线,将吊车轨道中心线投到牛腿面上。其步骤是:如图 13-42(a)所示,利用厂房中心线 A_1A_1,根据设计轨距在地面上投测出吊车轨道中心线 $A'A'$ 和 $B'B'$。再分别安置经纬仪于吊车轨道中心线的一个端点 A' 上,瞄准另一端点 A',仰起望远镜,即可将吊车轨道中心线投测到每根柱子的牛腿面上,并弹出墨线。然后根据牛腿面上的中心线和梁端中心线,将吊车梁安置在牛腿面上,如图 13-43 所示。吊车梁安装完后,应检查吊车

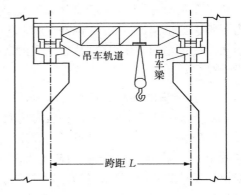

图 13-41 牛腿柱、吊和吊车轨道构造

梁的高程,可将水准仪安置在地面上,在柱子侧面测设+50 cm 标高线,用钢尺从该线沿柱子侧面向上量至梁面的高度,检查梁面标高是否正确,然后在梁下用铁板调整梁面高程,使之符合设计要求。

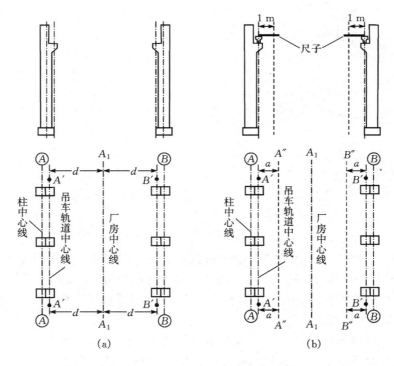

图 13-42 吊车梁、吊车轨道安装测量

▶ 13.7.3 吊车轨道安装测量

安装吊车轨道之前,须对吊车梁上的中心线进行检测,此项检测多用平行线法。如图13-42(b)所示,首先在地面上从吊车轨道中心线向厂房中心线方向量出距离为a(如1 m)的平行线$A''A''$和$B''B''$。然后安置经纬仪于平行线一端A''上,瞄准另一端点A'',固定照准部,上仰望远镜投测。此时另一人在梁上左右移动横放的尺子,当视线对准尺上a刻划时,尺子的零点应与梁面上的中线重合。若不重合应予以改正,可用撬杠移动吊车梁,使吊车梁中线至$A''A''$(或$B''B''$)的间距等于a为止。

吊车轨道按中心线安装就位后,可将水准仪安置在吊车梁上,水准尺直接放在轨道顶面上进行检测,每隔3 m测一点高程,与设计高程相比,误差应在±3 mm以内。还要用钢尺检查两吊车轨道间跨距,与设计跨距相比,误差不超过±5 mm。

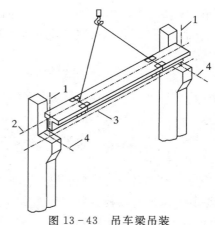

图13-43 吊车梁吊装
1—吊车梁端面中心线;
2—吊车梁顶面中心线;
3—吊车梁对位中心线;
4—吊车梁顶面对位中心线(牛腿面中心线)

13.8 竣工总图的编绘

竣工总图是综合反映建设区域工程竣工后主体工程及其附属设施(包括地上下和架空设施)实地情况的平面图。在施工过程中可能由于设计时未考虑到的问题而需要进行设计变更,这种临时变更设计的情况,使得施工后的实际情况与设计总平面图有些差别,为此,必须通过测量将设计变更情况反映到竣工总图上。编绘竣工总图的目的还在于:一是便于日后进行各种设施的维修工作,特别是地下管线等隐蔽工程的检查和维修工作。二是为今后的扩建提供已有建(构)筑物、地上和地下各种管线及交通线路的坐标和高程等资料。

竣工总图的编绘尽可能随着工程的陆续竣工相继进行编绘。某单项工程竣工,即利用其竣工测量成果编绘竣工总图,对于一些隐蔽工程的位置,发现问题可及时到现场查对,使竣工总图能真实反映实际情况。这种边竣工边编绘图的方法优点是:当企业建设工程全部竣工时,竣工总图也大部分编制完成,既可以作为竣工验收,又可以大大减少实测工作量。

竣工总图应根据设计和施工资料进行编绘,当资料不全无法编绘时,应进行实测,即竣工测量。竣工总图编绘完成后,应经原设计及施工单位技术负责人审核、会签后方可提交。

▶ 13.8.1 竣工测量

在每个单项工程完成后,由施工单位根据施工控制点进行竣工测量。提交工程竣工测量成果。其内容包括以下几个方面。

1. 厂房及一般建(构)筑物

矩形建(构)筑物,应标明两个以上点的坐标;主要建筑物的室内地坪高程;圆形建(构)筑物,应标明中心坐标及接地处半径;各种管线进、出建筑物的位置和高程;并附建筑物的名称或编号、结构层数、面积和竣工时间。

2. 道路

包括道路的起终点、交叉点的坐标和高程;弯道处,应注明交角、半径及交点坐标;路面宽度及铺装材料。

对于铁路,还要注明曲线交点坐标和其他曲线元素,铁路的起终点、变坡点及曲线的内轨轨面的高程。桥、涵等构筑物的位置。

3. 给、排水管道

给水管道的起终点、交叉点、分支点的坐标,变坡处的高程和管径及材料,不同型号的检查井应绘出详图。

排水管道的污水处理构筑物,如水泵站、检查井、跌水井、水封井、雨水口、排出水口、化粪池及明渠、暗渠等。检查井应注明中心坐标出入水口管底高程、井底高程、井台高程,对于不同类型的检查井,应绘出详图。管道应注明管径、材质、坡度。

4. 动力、工艺管道

管道的起终点、交叉点的坐标、高程、管径和材质。对于沟道内敷设的管道,应在适当处绘制沟道断面图,并标注沟道的尺寸及各种管道的位置。

5. 电力及通讯线路

电力线路包括总变电所、配电站、车间降压变电所、室内外变电装置、柱上变压器、铁塔、电杆、地下电缆检查井等,并注明线径、送电导线数、电压及送变电设备的型号、容量。

通讯线路的中继站、交接箱、分线盒(箱)、电杆、地下通讯电缆入孔等。

各种线路的起终点、分支点、交叉点电杆应注明坐标,线路与道路交叉处应注明净空高。地下电缆还应注明埋深或电缆沟的沟底高程。

6. 其他

竣工测量完成后,应提交完整的资料,包括工程名称、施工依据、施工成果,作为编绘竣工总图的依据。

▷ 13.8.2　竣工总图的编绘

1. 图幅

对于如冶金企业的炼钢厂、炼铁厂、轧钢厂等一个生产流程系统,应尽量放在一个图幅内,如果面积过大,也可以分幅,但分幅时应尽量避免主要生产车间被分割。

2. 比例尺

竣工总图既要表示地面建(构)筑物、地下和架空管线的平面位置,还要表示其细部点的坐标、高程和各种元素数据。因此,比例尺的选择以能够在图面上清楚地表示出这些要素,便于识读为原则。一般选用 1∶1000 比例尺,对于特别复杂的厂区可选用 1∶500 的比例尺。

3. 总图和分图

对于设施复杂的大型企业,地面建(构)筑物、道路、地下和架空管线的平面位置及其细部点的坐标、高程和各种元素数据都绘制于一幅图内,图面线条过于密集而难以分辨时,则可采用分专业编图,如综合竣工总图、给排水管道专业总图、动力和工艺管道总图、电力及通讯线路专业总图等。

4. 应收集的资料

① 总平面布置图；

② 施工设计图；

③ 设计变更文件；

④ 施工检测记录；

⑤ 竣工测量资料；

⑥ 其他相关资料。

5. 编绘

竣工总图上应包括建筑方格网点、水准点、建（构）筑物细部点的坐标和高程，厂区内空地、树木和绿化地以及未建区的地形情况。有关建（构）筑物的符号与设计图图例相同，有关地形图的图例应使用国家地形图图式符号。

思考与练习

1. 图 13-44 中已给出新建建筑物与原有建筑物的相对位置关系（新建建筑物墙厚37 cm，轴线偏里），试述测设新建建筑物的方法和步骤。

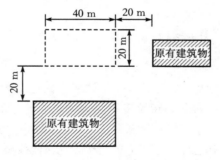

图 13-44

2. 在房屋放线中，设置轴线控制桩的作用是什么？如何测设？

3. 试述圆弧形平面形状的建筑物放线方法。

4. 试述高层建筑物施工测量中轴线投测和高程传递的方法。

5. 试述工业厂房控制网的测设方法。

6. 试述工业厂房柱基的放样方法。

7. 如何进行柱子安装的垂直校正？并应注意哪些问题？

8. 试述吊车梁的安装测量方法。

9. 为什么要进行竣工总图编绘？它主要包括哪些内容？

第 14 章 道路工程测量

学习要点

1. 道路中线测量
2. 圆曲线元素的计算及主点测设
3. 圆曲线详细测设方法
4. 缓和曲线主点测设及详细测设
5. 道路纵、横断面测量
6. 道路、桥梁和隧道施工测量

14.1 道路工程测量概述

道路是国家重要的基础设施,在整个国民经济和人民生活中起着重要作用。测量工作贯穿于道路从设计到施工整个全过程。道路工程测量为道路的工程设计、地面定位、施工与监理等方面提供服务。

道路工程测量的主要工作包括:勘测选线、中线测量、曲线测量、带状地形图测绘,纵、横断面测量,施工放线与土方量计算等。在道路工程建设的不同阶段,测量工作有着不同的内容。

▷ 14.1.1 道路勘测设计阶段

道路设计不仅需要道路沿线地区的地形资料,还需要顾及工程地质、水文以及经济等方面的因素,因此道路设计一般分阶段进行。勘测阶段的主要任务是为道路设计收集相关资料,其测量工作分为草测、初测和定测三个阶段。

1. 草测

草测是在道路给定的起、终点之间,收集必要的地理环境、经济技术现状等方面的有关资料。如各种比例尺地形图、航测或遥感图像、农田水利、水文地质、交通运输、城市建设规划等资料,为设计人员进行线路方案制定提供必要的技术、经济依据。草测通常采用一些比较简单的测量仪器和方法,如用罗盘仪定向、步测或车测距离、气压计测高程等,收集一些地形资料。

2. 初测

线路方案一般是根据小比例尺地形图上确定的,由于地形图比例尺较小,图上表示的地物、地貌较粗略,还需沿小比例尺地形图上选定的线路测绘大比例尺带状地形图。根据带状地形图进行精确选定线路。带状地形图的比例尺一般为 1∶5000 或 1∶2000,测绘宽度山区为 100 m,较平坦地区为 250 m。

3. 定测

定测是对初步确定的线路方案,利用带状地形图上初测和图上设计线路的几何关系,将选定的线路测设于实地。定测的主要工作包括中线测量、曲线测设及局部地形图测绘。

14.1.2 道路施工阶段

道路施工阶段的测量工作主要有恢复中线、中桩加密、测设施工控制桩、测设边桩、竖曲线测设和土石方量计算等。

14.2 中线测量

道路中线即道路的中心线,用于标志道路的平面位置。无论公路还是城市道路,平面线形均受到地形、地物、水文、地质等因素的影响和制约。为了满足交通功能的需要和发展,经常需要改变路线方向。在直线转向处需用曲线连接起来,这种曲线称为平曲线。平曲线包括圆曲线和缓和曲线两种,如图 14 - 1 所示。圆曲线是具有一定曲率半径的曲线;缓和曲线是在直线和圆曲线之间加设的,曲率半径由无穷大逐渐变化到曲线半径的曲线。

图 14 - 1　平曲线

中线测量就是通过直线和曲线测设,将图纸上设计的道路中心线标定到实地的工作。中线测量一般包括中线各交点和转点的测设、转向角测量、里程桩设置和曲线测设等工作。

14.2.1 交点的测设

平面线形是由直线和曲线组成。如图 14 - 1 所示,A 为道路中线的起点,D 为终点,B、C 为转折点,即相邻两直线的交点。中线测设时,应先选定线路的交点,它们是中线测量的控制点。交点的测设通常采用穿线定点法、拨角放线法、交会法和全站仪测设等。

1. 穿线法

穿线法是在带状图上量测测图导线点与图上标定的道路中线之间的距离、角度关系,以此作为测设数据,将道路中线测设于实地。该方法适用于在带状图上标定线路时进行的实地放线,地形不太复杂,且设计线路距导线较近的情况,具体步骤如下:

（1）图解数据

如图 14-2 所示，从导线点 A、B、C…向设计的道路中线作垂直于导线的垂线，分别交中线于 1、2、3…量取垂线长度 l_1，l_2，l_3…乘以地形图比例尺分母得实际距离。导线与线路直线相交的 5 点，直接量取 l_5 的长度即可。对于控制中线位置的任意点 6，可量取角度 β 和 l_6 的长度。

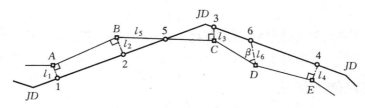

图 14-2　图解数据

（2）测设

用经纬仪或方向架在相应的导线点 A、B、C、E 上，定出垂线方向，分别沿垂线方向量取 l_1、l_2、l_3、l_4 的实地距离，即得道路中线上 1、2、3、4 点。对于任意点 6，可将经纬仪安置于导线点 D 上，用极坐标法进行测设。

（3）穿线

由于图解数据和实际测设均存在误差，图上同一直线上的点测设于地面后，不可能准确的位于同一直线上，往往需要利用穿线法进行调整，使之位于一条直线上。

穿线时，选择位于各临时点平均位置的两个点，用经纬仪或目估定出直线方向，调整其他使之位于直线上。如果大多数点偏差较大，也可调整选择的两个点的位置。最后定出两个以上直线转点桩。

（4）定交点

当相邻两直线在地面上标定后，即可延长直线交会出交点。如图 14-3 所示，将经纬仪安置于转点 ZD_1 上，瞄准转点 ZD_2，用正倒镜分中法定出"骑马桩"a、b。将经纬仪安置于转点 ZD_4 上，瞄准转点 ZD_3，同法定出另两个"骑马桩"c、d。直线 ab 和直线 cd 相交即为交点 JD 位置。

穿线法操作简单，不会出现误差积累。适用于地形不太复杂，中线位于导线距离较近的地方。

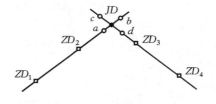

图 14-3　定交点

2. 拨角放线法

首先在带状地形图上图解出各交点坐标，反算出相邻交点的水平距离、坐标方位角及直线的转向角。然后将经纬仪安置于道路中线起点或已测设的交点上，拨直线转角，沿视线方向测设直线的水平距离，依次定出各交点的位置。

由于图解坐标的误差和连续拨角的误差积累，因此，每测设几个交点后应与导线连测一次，进行检核。若满足精度（与图根导线精度要求相同）要求，则按具体情况进行调整。否则，应查找问题予以纠正，使交点位置符合图上定线要求。

3. 角度交会法

当地形比较复杂，不便于量距时，可根据在带状地形图上图解出的各交点坐标和导线点的坐标,分别求出两导线点与交点的连线和导线边的两个夹角,用经纬仪分别测设水平角,交会出交点的位置。

4. 用全站仪测设

将全站仪安置于导线点上,按在带状地形图上图解出的交点坐标和导线点的坐标,直接测设出交点的位置。

对于高等级公路,平曲线的长度很长,曲线的外距往往很大,有时受地形影响,相邻交点间不通视,因此可根据中线上各中桩坐标,用全站仪直接测设出中桩位置,而不测设交点。

14.2.2 转点的设置

交点是中线测量的主要控制点,但有时相邻交点互不通视或距离较远,需要在其连线或延长线上增设一些点,供测角、量距使用,这些增设的点称为转点。

1. 两交点间设置转点

如图 14-4 所示,JD_3 和 JD_4 为两相邻交点,两点之间由于地形起伏较大,互不通视,现欲在两交点的连线上测设一转点 ZD,其具体步骤如下。

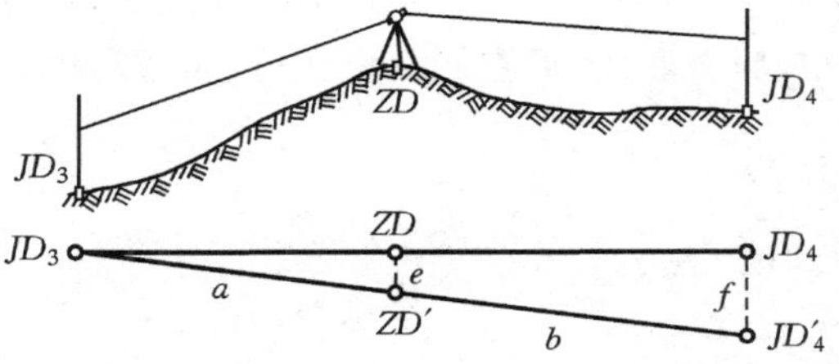

(1)目测定点

在两交点 JD_3 和 JD_4 之间,用目测在 JD_3 和 JD_4 的连线上定出一点 ZD'。

(2)检查

将经纬仪安置于 ZD' 点,瞄准 JD_3,固定照准部,倒转望远镜投测出 JD_4' 点,由于目测偏差,JD_4' 和 JD_4 并不重合,测定其偏差值 f。

(3)测量距离

测量 ZD' 到 JD_3 和 JD_4' 的距离 a、b,则 ZD' 偏离正确点位 ZD 的距离 e 为

$$e = \frac{af}{a+b} \tag{14-1}$$

(4)点位调整

从 ZD' 点量取距离 e,定出 ZD。再将经纬仪安置于 ZD 上,按上述方法进行检查,逐步调整,直至偏差值 f 在容许范围内为止。

图 14-4 两交点间设置转点

2. 两交点的延长线上设置转点

如图 14-5 所示,JD_7 和 JD_8 为两相邻交点,两点之间互不通视,现欲在两交点的延长线上测设一转点 ZD,具体做法如下。

(1)目测定点

用目测在两交点 JD_7 和 JD_8 的延长线上定出一点 ZD'。

(2)检查

将经纬仪安置于 ZD' 点,瞄准 JD_7,固定照准部,

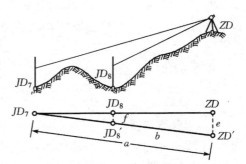
图 14-5 两交点延长线上设置转点

下俯望远镜投测出 JD'_8 点,由于目测偏差,JD'_8 和 JD_8 并不重合,测定其偏差值 f。

（3）测量距离

测量 ZD' 到 JD_7 和 JD'_8 的距离 a、b,则 ZD' 偏离正确点位 ZD 的距离 e 为

$$e = \frac{af}{a-b} \tag{14-2}$$

（4）点位调整

从 ZD' 点量取距离 e,定出 ZD。再将经纬仪安置于 ZD 上,按上述方法再进行检查,逐步调整,直至偏差值 f 在容许范围内为止。

▶ 14.2.3 转向角的测定

道路转向角即转角,是指道路方向改变后与原道路方向之间的夹角,它是决定道路方向的元素,一般用 α 表示。转向角有左、右角之分,沿道路前进方向,道路向左转向其转向角为左转角,反之为右转角。如图 14-6 所示,道路沿 JD_1—JD_2—JD_3—JD_4 方向前进,α_1 为左转角,α_2 为右转角,β 为道路方向的夹角。道路测量时,如测夹角,应沿道路一侧测量。沿右侧测夹角,叫做右角;沿左侧测量夹角,叫做左角。图中 β_1、β_2 为右角。

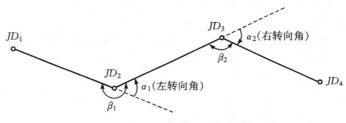

图 14-6　道路的转向角与夹角

道路转角测定的方法如下。

1. 左转角测量

如图 14-5 所示,测左转角 α_1,经纬仪安置于 JD_2 点,盘左位置瞄准 JD_3 点,读水平度盘读数 $a_左$;倒镜呈盘右位置,瞄准 JD_1 点,固定照准部,倒镜呈盘左位置,读水平度盘读数 $b_左$。则盘左测得转角为

$$\alpha_{1左} = b_左 - a_左$$

盘左位置,瞄准 JD_1 点,固定照准部,倒镜读水平度盘读数 $b_右$;旋转照准部瞄准 JD_3 点,读水平度盘读数 $a_右$。则盘右测得转角为

$$\alpha_{1右} = b_右 - a_右$$

取平均角值

$$\alpha_1 = \frac{\alpha_{1左} + \alpha_{1右}}{2}$$

2. 右转角测量

如图 14-5 所示,测右转角 α_2,经纬仪安置于 JD_3 点,盘右位置瞄准 JD_2 点,固定照准部,倒镜呈盘左位置,读水平度盘读数 $a_左$;旋转照准部瞄准 JD_4 点,读水平度盘读数 $b_左$。则盘左测得转角为

$$\alpha_{2左} = b_左 - a_左$$

盘右位置，瞄准前视 JD_4 点，读水平度盘读数 $b_右$；倒镜呈盘左位置，瞄准 JD_2 点，倒镜呈盘右位置，读水平度盘读数 $a_右$。则盘右测得转角为

$$\alpha_{2右} = b_右 - a_右$$

取平均角值

$$\alpha_2 = \frac{\alpha_{2左} + \alpha_{2右}}{2}$$

3. 测量夹角β，计算转向角α

夹角测量应确定测右角还是左角，一经确定，应全线一致。用测回法测量夹角 β，再按下式换算转向角 α

左转时 $\qquad\qquad\qquad\qquad\qquad\alpha = 180° - \beta$ $\qquad\qquad\qquad\qquad$ (14-3)

右转时 $\qquad\qquad\qquad\qquad\qquad\alpha = \beta - 180°$ $\qquad\qquad\qquad\qquad$ (14-4)

▷ 14.2.4 距离测量及中线里程桩的设置

为了便于计算道路的长度、绘制断面图和计算土（石）方量等需要，在道路交点、转点及转向角测定后，应沿道路中线量距，同时设置里程桩，标定中线位置。里程桩上写有桩号，表示该桩至道路起点的水平距离，即里程数，故称为里程桩，亦称为中线桩（中桩）。

里程桩分为整里程桩（即整桩）和加桩两类。按规定每隔 20 m 或 50 m，桩号为整数设置的里程桩称为整桩。百米桩和公里桩均属于整桩，一般情况下均应设置。

加桩分为地形加桩、地物加桩、曲线加桩和关系加桩。地形加桩是在地面坡度变化较大处增设的桩；在中线上桥梁、涵洞等人工构筑物，以及与公路、铁路交叉处设置的桩为地物加桩；曲线加桩是在曲线的起点、中点和终点等设置的桩；在转点或交点上设置的桩属于关系加桩。

里程桩编号从道路起点起按里程标记。起点桩编号为 0+000，"＋"号前为公里数，"＋"号后为米数，如某整桩距起点为 1350 m，则其桩号为 K1+350。某加桩距起点为 834.26 m，则桩号为 K0+834.26。桩号应面向道路起点方向，以方便沿线巡查。

里程桩既表示道路中线位置，又标注从起点至该桩处的里程。距离测量应从起点桩开始，用钢尺或光电测距仪逐一测量各里程桩之间的距离，以校核或恢复各里程桩的位置。中桩桩位的测设误差应满足表 14-1 要求。

表 14-1 中桩桩位的测设限差要求

公路等级	纵向误差/m	横向误差/m
高速、一级公路	$S/2000 + (0.05 \sim 0.1)$	$5 \sim 10$
二级及以下公路	$S/1000 + 0.1$	$10 \sim 15$

注：S 为两线路控制桩之间的距离，或中桩之间的距离。

道路上起控制作用的交点桩、转点桩、曲线主点以及一些重要地物加桩（如桥位桩、隧道定位桩）均应设方桩和扁桩（标志桩），方桩钉至与地面平齐，顶面钉一小钉，表示点位。道路里程标记用扁桩表示，钉设在道路一侧（曲线标志应在外侧），距方桩 20～30 cm，面向方桩。里程桩的一面书写桩号，另一面则书写序号。为了防止在断面测量中出现里程桩漏测，里程桩序号

从 0 到 9 循环不间断。在书写曲线加桩和关系加桩时,应在桩号之前加写其缩写名称,方便辨认。目前,我国公路采用汉语拼音的缩写名称,如表 14 - 2 所示。

表 14 - 2　曲线加桩缩写名称

名　　称	简　称	汉语拼音缩写	英语缩写
交点		JD	IP
转点		ZD	TP
圆曲线起点	直圆点	ZY	BC
圆曲线中点	曲中点	QZ	MC
圆曲线终点	圆直点	YZ	EC
公切点		GQ	CP
第一缓和曲线起点	直缓点	ZH	TS
第一缓和曲线终点	缓圆点	HY	SC
第二缓和曲线起点	圆缓点	YH	CS
第二缓和曲线终点	缓直点	HZ	ST

➤ 14.2.5　控制桩的保护

道路施工无论是机械还是人工作业,沿线的中线桩均有可能被破坏。如不及时给予恢复,将影响施工的正常进行。因此,道路施工前应对道路控制桩设置护桩。护桩设置形式和条件应因地制宜,如图 14 - 7 所示,图(a)和图(b)为两个方向交会定点;图(c)为三个距离交会定点;图(d)为一个方向(由三个护桩构成)和一段距离定点。角度交会时,交会角最好在 90°左

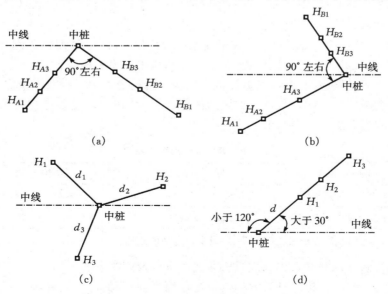

图 14 - 7　控制桩的保护

右,困难情况下也应大于 30°,小于 120°。

护桩设置时,应在控制点上安置经纬仪,盘左位置选好设置护桩方向,固定照准部,由远及近钉设三个护桩,并在桩顶上标记该方向的临时标记。然后再以盘右位置重新检查(仍由远及近)一次,当确认无误后,在标记处钉一小钉,作为方向标志。

护桩埋设要坚实、可靠,不易被碰动或毁坏,且要方便观测。护桩间距应大于经纬仪的明视距离,便于清晰照准。设置护桩时,点位必须标志明确,可以在附近的地物上作出方向标志,并且除在护桩上标记编号外,还应用草图和文字对每一组护桩加以记载,便于准确寻找。

14.3 圆曲线主点测设

▷ 14.3.1 圆曲线构成

如图 14 - 8 所示,线路在交点 JD 处改变方向,为使道路圆顺通过,在此加设圆曲线。当线路方向确定后(转角 α 确定),圆曲线半径 R 的大小,由设计人员根据地形及地物分布状况,按设计规范加以选择。

圆曲线主点如下:

① 圆曲线起点 ZY。即由直线进入圆曲线的分界点,又称为直圆点。

② 圆曲线中点 QZ,又称为曲中点。

③ 圆曲线终点 YZ。即由圆曲线进入直线的分界点,又称圆直点。

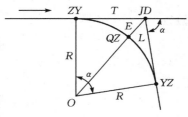

图 14 - 8 圆曲线主点和元素

圆曲线元素构成如下:

① 切线长 T。即交点至直圆点或圆直点的长度。

② 曲线长 L。即圆曲线的全长(由直圆点,经曲中点至圆直点的弧长)。

③ 外矢距 E。即交点至圆曲线中点 QZ 的距离。

▷ 14.3.2 圆曲线元素的计算

由图 14 - 8 圆曲线几何关系,可得

$$\left. \begin{array}{ll} \text{切线长} & T = R \cdot \tan \dfrac{\alpha}{2} \\[2mm] \text{曲线长} & L = R \cdot \alpha \cdot \dfrac{\pi}{180°} \\[2mm] \text{外矢距} & E = R \cdot \sec \dfrac{\alpha}{2} - R \\[2mm] \text{切曲差} & D = 2T - L \end{array} \right\} \qquad (14-5)$$

例 14.1 设转角 $\alpha = 33°47'24''$,选择半径 $R = 1000$ (m),则圆曲线各元素为

切线长 $T = 1000 \times \tan(33°47'24''/2) = 303.728$ (m)

曲线长 $L = 1000 \times 33°47'24'' \times \dfrac{\pi}{180°} = 589.746$ (m)

外矢距 $E = 1000 \times \sec(33°47'24''/2) - 1000 = 45.108$ (m)

切曲差　$D = 2 \times 303.728 - 589.746 = 17.710$ (m)

例 14.2　设转角为 $\alpha = 55°44'32''$，选择半径 $R = 50$ (m)，则圆曲线各元素为

切线长　$T = 50 \times \tan(55°44'32''/2) = 26.441$ (m)

曲线长　$L = 50 \times 55°44'32'' \times \dfrac{\pi}{180°} = 48.644$ (m)

外矢距　$E = 50 \times \sec(55°44'32''/2) - 50 = 6.561$ (m)

切曲差　$D = 2 \times 26.441 - 48.644 = 4.238$ (m)

▷ 14.3.3　圆曲线主点里程计算

圆曲线主点应标志里程。计算时有两种情况：一是已知交点 JD 的里程；二是已知圆曲线起点 ZY 的里程。计算方法如下。

（1）已知交点里程的计算

$$ZY \text{ 里程} = JD \text{ 里程} - \text{切线长 } T$$
$$QZ \text{ 里程} = ZY \text{ 里程} + L/2$$
$$YZ \text{ 里程} = QZ \text{ 里程} + L/2$$

检核

$$YZ \text{ 里程} = ZY \text{ 里程} + 2T - D$$

以例 14.1 为例，当交点里程为：$K2+553.244$ 时，则
圆曲线起点里程为

$$
\begin{array}{ll}
JD & K2+553.244 \\
-T & -303.728 \\
\hline
ZY & K2+249.516
\end{array}
$$

圆曲线中点里程为

$$
\begin{array}{ll}
ZY & K2+249.516 \\
+\dfrac{L}{2} & +\dfrac{589.746}{2} \\
\hline
QZ & K2+544.389
\end{array}
$$

圆曲线终点里程为

$$
\begin{array}{ll}
QZ & K2+544.389 \\
+\dfrac{L}{2} & +\dfrac{589.746}{2} \\
\hline
YZ & K2+839.262
\end{array}
$$

检核：圆曲线终点里程为

$$
\begin{array}{ll}
ZY & K2+249.516 \\
+2T & +(2 \times 303.728) \\
-D & -17.710 \\
\hline
YZ & K2+839.262
\end{array}
$$

检核结果正确无误。

（2）已知圆曲线起点里程的计算

$$QZ \text{ 里程} = ZY \text{ 里程} + L/2$$
$$YZ \text{ 里程} = QZ \text{ 里程} + L/2$$

检核

$$YZ \text{ 里程} = ZY \text{ 里程} + 2T - D$$

以前述例 14.2 为例，当起点里程为：K5+148.794 时，则圆曲线中点里程为

$$
\begin{array}{rr}
ZY & K5+148.794 \\
+\dfrac{L}{2} & +\dfrac{48.644}{2} \\
\hline
QZ & K5+173.116
\end{array}
$$

圆曲线终点里程为

$$
\begin{array}{rr}
QZ & K5+173.116 \\
+\dfrac{L}{2} & +\dfrac{48.644}{2} \\
\hline
YZ & K5+197.438
\end{array}
$$

检核：圆曲线终点里程为

$$
\begin{array}{rr}
ZY & K5+148.794 \\
+2T & +(2\times26.441) \\
-D & -4.238 \\
\hline
YZ & K5+197.438
\end{array}
$$

检核结果正确无误。

▷ 14.3.4 圆曲线主点测设

圆曲线的测设元素和主点里程计算之后，如图 14-8 所示，按以下步骤测设圆曲线主点。

① 测设曲线起点（ZY） 在交点 JD 处安置经纬仪，盘左位置瞄准后视（线路起始方向），由交点 JD 起沿视线方向丈量切线长 T，得圆曲线起点（ZY）。

② 测设曲线终点（YZ） 望远镜瞄准前视（线路前进方向），由交点 JD 起沿视线方向丈量切线长 T，得圆曲线终点（YZ）。

③ 测设曲线中点（QZ） 圆曲线中点 QZ 位于夹角 $\beta(\beta=180°-\alpha)$ 的角平分线上，即交点 JD 与圆心 O 的连线上。测设圆曲线中点 QZ 时，先计算 $\beta/2$ 角，然后以任一切线为准（右转角时，瞄准圆直点 YZ 测设；左转角时，瞄准直圆点 ZY 测设），测设 $\beta/2$，由交点 JD 起沿视线方向丈量外矢距 E，得圆曲线中点 QZ，并用盘右位置校核。

圆曲线上三个主点均应用方桩作标志，并钉小钉表示点位。

14.4 圆曲线详细测设

圆曲线主点 ZY、QZ 和 YZ 在地面标定后，圆曲线在地面上的位置就确定了。由于圆曲线的半径一般很大，主点相距很远，不能在地面上清晰、完整的表示出圆曲线的形状和位置。为了方便施工，必须加密一些点确切表示圆曲线在地面上的位置，即圆曲线的详细测设。

圆曲线详细测设的精度要求如表 14-3 所示。

表 14-3　圆曲线测设的限差要求

公路等级	纵向误差/m	横向误差/m
高速、一级公路	1/2000～1/1000	10
二级及以下公路	1/1000～1/500	10～15

圆曲线详细测设的桩间距与施工方法和曲线半径有关。对于机械化施工,桩间距可大一些,而人力施工则桩间距应小一些。公路施工一般规定:

$$圆曲线半径 R \geqslant 100 \text{ m 时}\quad 桩间距 l = 20 \text{ m}$$
$$25 \text{ m} < R < 100 \text{ m 时}\quad 桩间距 l = 10 \text{ m}$$
$$R \leqslant 25 \text{ m 时}\quad 桩间距 l = 5 \text{ m}$$

按桩间距详细测设圆曲线有以下两种方法。

（1）整桩号法

整桩号法详细测设圆曲线是使各中线桩均为整数里程(除圆曲线的三个主点)。为此,由圆曲线起点和终点测设时,第一个桩间距和最后一个桩间距可能为零数。

以例 14.1 为例,

圆曲线起点里程:　　　　ZY　$K2+249.516$
中点里程:　　　QZ　$K2+544.389$
终点里程:　　　YZ　$K2+839.262$

该圆曲线长 $L = 589.746$ m,详细测设桩间距 $l = 20$ m。现从圆曲线起点和终点分别测设,每边各测设圆曲线的一半,该例即为

$$L/2 = 589.746 \text{ m}/2 = 294.873 \text{（m）}$$

按整桩号测设,由圆曲线起点 ZY 起,首桩里程应为 $2+260.000$,距圆曲线起点的桩间距为 10.484 m;末桩里程应为 $2+540.000$,距圆曲线中点的桩间距为 4.389 m,中间各桩均为 20 m 的整倍数里程。

由圆曲线终点 YZ 起,首桩里程应为 $2+820.000$ 距圆曲线终点的桩间距为 19.262 m;末桩里程应为 $2+560.000$,距圆曲线中点的桩间距为 15.611 m;中间各桩均为 20 m 的整倍数里程。

（2）整桩距法

整桩距法详细测设圆曲线就是只考虑桩间距,不考虑桩号是否为整里程数。测设时在圆曲线起点或终点,均为整桩间距(如 20 m)开始,显然,最末一段桩间距将为零数。

通常,道路中线测设时均采用整桩号法。

圆曲线详细测设的方法有偏角法、直角坐标法、弦线支距法、弦线偏角法、弦线偏距法和使用全站仪测设等多种,以下介绍常用的偏角法、直角坐标法和全站仪测设法。

▷ 14.4.1　偏角法

1. 几何原理

偏角法如图 14-9 所示,它是以偏角,即弦切角 δ 和对应弦长 C 为元素,逐一测设圆曲线上的各点位。

计算公式如下。

(1) 圆心角 φ

$$\varphi = \frac{l}{R} \cdot \frac{180°}{\pi} \qquad (14-6)$$

式中:R 为圆曲线半径;l 为分段弧长。

(2) 弦切角 δ

$$\delta = \frac{1}{2}\varphi \qquad (14-7)$$

(3) 弦长 C

$$C = 2R \cdot \sin\frac{\varphi}{2} \qquad (14-8)$$

也可以将式中 $\sin\frac{\varphi}{2}$ 用级数展开,得到弦长 C 与其对应弧长 l 之间的关系。

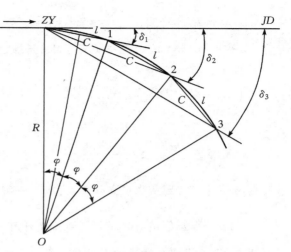

图 14-9 偏角法详细测设圆曲线

$$C = 2R \cdot \sin\frac{\varphi}{2} = 2R \cdot \left[\frac{\varphi}{2} - \frac{(\frac{\varphi}{2})^3}{3!} + \frac{(\frac{\varphi}{2})^5}{5!} - \cdots\right]$$

$$= 2R \cdot \left(\frac{l}{2R} - \frac{l^3}{48R^3} + \cdots\right)$$

以 $\varphi = \frac{l}{R}$ 代入取前两项,则

$$C = l - \frac{l^3}{24R^2} \qquad (14-9)$$

(4) 弧弦差 Δ

$$\Delta = l - C = \frac{l^3}{24R^2} \qquad (14-10)$$

2. 测设元素计算

例 14.3　已知曲线半径 $R = 1000$ m,转角 $\alpha = 33°47'24''$

　　　圆曲线长 $L = 589.746$ m

　　　圆曲线起点里程为　　ZY　$K2+249.516$

　　　中点里程为　　　　　QZ　$K2+544.389$

　　　终点里程为　　　　　YZ　$K2+839.262$

详细测设圆曲线采用整桩号法,桩间距 $l = 20$ m。

从圆曲线起点 ZY 起,第一个点凑整为 $2+260.000$,距起点距离(弧长)$l_1 = 10.484$ m。

l_1 弧长所对圆心角

$$\varphi_1 = \frac{10.484}{1000} \cdot \frac{180°}{\pi} = 0°36'02''$$

于是,偏角　　　　　　$\delta_1 = 0°18'01''$

弧弦差　$\Delta=\dfrac{10.484^3}{24\times1000^2}=0.00005$（m）

可见，以弧长 10.484 m 代替弦长 C_1，相差甚微。

当弧长 $l=20$ m 时

圆心角　　　$\varphi=\dfrac{20}{1000}\cdot\dfrac{180°}{\pi}=1°08'45''$

偏角　　　　$\delta=0°34'22''$

弧弦差　　　$\Delta=\dfrac{20^3}{24\times1000^2}=0.0003$（m）

也可忽略不计。至圆曲线中点处前，又有一段桩间距零数 $l_0=4.389$ m，圆心角 $\varphi_0=\dfrac{4.389}{1000}\cdot$ $\dfrac{180°}{\pi}=0°15'05''$，偏角 $\delta_0=0°07'32''$，弧弦差可忽略不计。

由此，计算出偏角法详细测设圆曲线的正拨、反拨测设数据，列于表 14－4。

表 14－4　偏角法详细测设圆曲线的测设数据

桩号里程	桩间距 l	正拨偏角 δ	反拨偏角 δ
$ZY\,2+249.516$	10.484	$0°18'01''$	$359°41'59''$
$2+260$	20	$0°52'23''$	$359°07'37''$
$2+280$	20	$1°26'45''$	$358°33'15''$
$2+300$	20	$2°01'07''$	$357°58'53''$
$2+320$	20	$2°35'29''$	$357°24'31''$
$2+340$	20	$3°09'51''$	$356°50'09''$
$2+360$	20	$3°44'13''$	$356°15'47''$
$2+380$	20	$4°18'35''$	$355°41'25''$
$2+400$	20	$4°52'57''$	$355°07'03''$
$2+420$	20	$5°27'19''$	$354°32'41''$
$2+440$	20	$6°01'41''$	$353°58'19''$
$2+460$	20	$6°36'03''$	$353°23'57''$
$2+480$	20	$7°10'25''$	$352°49'35''$
$2+500$	20	$7°44'47''$	$352°15'13''$
$2+520$	20	$8°19'09''$	$351°40'51''$
$2+540$	4.389	$8°26'41''$	$351°33'9''$
$QZ\,2+544.42$			

检核：最末点偏角的四倍，应等于该圆曲线的转角，本例即：$4\times8°26'41''=33°46'44''$，与转角 $\alpha=33°47'24''$ 相差 40″，属计算误差，说明计算资料可用。

3. 测设方法

如图 14－9 所示，安置经纬仪于圆曲线起点 ZY 上。盘左位置，瞄准交点 JD，将水平度盘对零。转动照准部,使水平度盘读数为 $\delta_1 = 0°18'01''$,由 ZY 点起用钢尺沿望远镜视线方向丈量 $l_1 = 10.484$ m,即得圆曲线上 1 点。继续测设。转动照准部,使水平度盘读数为 $\delta_2 = 0°52'23''$,用钢尺由 1 点起测量 $l = 20$ m,与望远镜视线方向相交,即得 2 点。依次类推,直至圆曲线中点 QZ。

曲线的另一半,在圆曲线终点 YZ 上测设,测设方法同上。

▶ 14.4.2 直角坐标法

直角坐标法又称切线支距法。

1. 几何原理

由图 14-10 可知,切线与半径构成假定直角坐标系。

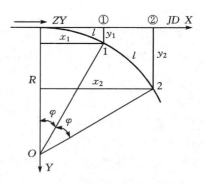

$$\varphi = \frac{l}{R} \cdot \frac{180°}{\pi}$$

$$\begin{cases} x_1 = R \cdot \sin\varphi \\ y_1 = R - R \cdot \cos\varphi \end{cases} \quad (14-11)$$

$$\begin{cases} x_2 = R \cdot \sin2\varphi \\ y_2 = R - R \cdot \cos2\varphi \end{cases} \quad (14-12)$$

$$\vdots$$

图 14-10 直角坐标法详细测设圆曲线

2. 测设元素计算

例 14.4 已知圆曲线半径 $R = 50$ m,圆曲线长 $L = 48.644$ m,详细测设圆曲线采用整桩距法,$l = 5$ m。由圆曲线两端测设,$L/2 = 24.332$ m。$l = 5$ m 所对圆心角

$$\varphi = \frac{5}{50} \cdot \frac{180°}{\pi} = 5°43'46''$$

$$\begin{cases} x_1 = 50 \times \sin5°43'46'' = 4.992 \ (\text{m}) \\ y_1 = 50 - 50 \times \cos5°43'46'' = 0.250 \ (\text{m}) \end{cases}$$

$$\begin{cases} x_2 = 50 \times \sin(2 \times 5°43'46'') = 9.933 \ (\text{m}) \\ y_2 = 50 - 50 \times \cos(2 \times 5°43'46'') \\ \quad = 50 - 48.956 = 1.044 \ (\text{m}) \end{cases}$$

$$\vdots$$

最后一段弧长 $l_0 = 4.322$ m,所对圆心角

$$\varphi_0 = \frac{4.322}{50} \cdot \frac{180°}{\pi} = 4°57'10''$$

$$\begin{cases} x_5 = 50 \times \sin(4 \times 5°43'46'' + 4°57'10'') \\ \quad = 50 \times \sin 27°52'14'' = 23.374 \ (\text{m}) \\ y_5 = 50 - 50 \times \cos(4 \times 5°43'46'' + 4°57'10'') \\ \quad = 50 - 50 \times \cos 27°52'14'' = 5.800 \ (\text{m}) \end{cases}$$

计算结果如表 14-5 所列

表 14 - 5　直角坐标法详细测设圆曲线的测设数据

点　　号	x/m	y/m
1	4.992	0.250
2	9.933	1.044
3	14.776	2.233
4	19.470	3.946
5	23.374	5.800

检核：

$(4×5°43′46″+4°57′10″)×2＝27°52′14″×2＝55°44′28″$

与圆曲线转角 $α＝55°44′32″$ 相差 $4″$，属计算误差，说明计算资料可用。

3. 测设方法

如图 14 - 10 所示，安置经纬仪于圆曲线起点 ZY 上，瞄准交点 JD，用钢尺沿视线方向从 ZY 点分别丈量距离 x_1、x_2…并标志出相应的点位①、②…各点。然后，在①、②…各点上分别作切线的垂线，并分别丈量相应距离 y_1、y_2… 即可得到曲线上各点 1、2…直至曲线中点 QZ。曲线另一半，用曲线终点 YZ 点同法测设。

用该法测设圆曲线时，应注意以下几点。

①测设 y 时，首先要判别圆曲线在切线的哪一边，以免把线路方向弄反。

②必须使 y 方向垂直于切线方向（x），如 y 值较大，应用经纬仪测设直角。

③圆曲线上各点测设完毕之后，应量取相邻各桩之间的距离，用桩间距 l 进行检核。

➤ 14.4.3　全站仪测设法

用全站仪进行道路中线测量时，可以按中桩的坐标测设中线（包括直线和曲线）上各点。测设前应按桩间距和曲线元素计算出各点的坐标，测设时逐点输入全站仪进行测设。用全站仪还可以按偏角法测设圆曲线上各点。

14.5　复曲线及缓和曲线测设

➤ 14.5.1　复曲线

复曲线是由两个或两个以上不同半径，转向相同的圆曲线径相连接、通过直线连接或插入缓和曲线相连接而成的平曲线，用于道路急转弯处。如图 14 - 11 所示，O_1、O_2 两个不同半径（R_1,R_2）的圆同向连接，其中 O_1 为主圆，O_2 为副圆。

1. 复曲线的测设

复曲线的测设需分两步进行，先测设主圆，再测设副圆。

① 根据第一转角 $α_1$ 和主圆设计半径 R_1，计算其切线长 T_1、曲线长 L_1、外矢距 E_1 以及切曲差 D_1。

② 在现场将主圆曲线的主点（起点 ZY，中点 QZ 和两圆曲线的公切点 GQ）测设于地面。

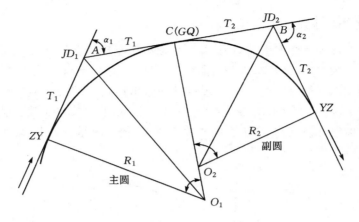

图 14-11 复曲线

③ 根据切基线 $AB(JD_1—JD_2)$ 的长度和主圆切线 T_1，计算副圆切线 T_2。

$$T_2 = AB - T_1 \qquad (14-13)$$

在现场实际丈量 CB 长度（$CB=T_2$），进行校核。

④ 根据第二转角 α_2 和切线长 T_2，计算副圆曲线半径 R_2

$$R_2 = \frac{T_2}{\tan\dfrac{\alpha_2}{2}} \qquad (14-14)$$

⑤ 根据第二转角 α_2 和副圆半径 R_2，计算曲线长 L_2、外矢距 E_2 和切曲差 D_2。

⑥ 在现场实际测设副圆曲线各主点。

2. 复曲线计算实例

已知：第一转角 $\alpha_1=76°48'38''$，第二转角 $\alpha_2=68°51'22''$

   切基线 $AB=201.372$ m

   主圆曲线半径 $R_1=150$ m

(1) 计算主圆曲线各元素

  切线长 $T_1=150\times\tan(76°48'38''/2)=118.911$ (m)

  曲线长 $L_1=150\times76°48'38''\times\dfrac{\pi}{180°}=201.090$ (m)

  外矢距 $E_1=150\times\sec(76°48'38''/2)-150=41.415$ (m)

  切曲差 $D_1=2\times118.911-201.090=36.732$ (m)

(2) 计算副圆曲线各元素

  切线长 $T_2=AB-T_1=201.372-118.911=82.461$ (m)

  曲线半径 $R_2=82.461/\tan(68°51'22''/2)=120.305$ (m)

  曲线长 $L_2=120.305\times68°51'22''\times\dfrac{\pi}{180°}=144.578$ (m)

  外矢距 $E_2=120.305\times\sec(68°51'22''/2)-120.305=25.548$ (m)

  切曲差 $D_2=2\times82.461-144.578=20.344$ (m)

➤ 14.5.2 缓和曲线

车辆在曲线上行驶时会产生离心力,其大小取决于车辆的重量、运行速度和圆曲线的半径大小。由于离心力的作用,运行车辆会向曲线外侧倾斜,这样不仅影响乘坐车辆的舒适度,而且严重影响车辆的安全行驶。当离心力超过某一限度时,会导致车辆倾覆。如图 14 - 12 所示,由(a)图可看出,当离心力出现,离心力与重力的合力,就形成一个使车辆向曲线外侧倾覆的力矩,(b)图将曲线外侧加高,合力方向与路面垂直,使车辆呈稳定状态,而不会出现倾覆的危险。

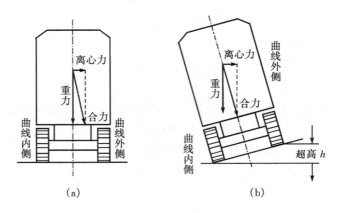

图 14 - 12　车辆在曲线上运行时的受力状态

将圆曲线外侧加高,称之为"超高"。"超高"解决了车辆在圆曲线段运行时的向心力与离心力的平衡,但在道路从直线向圆曲线过渡时要面临一个"超高"的台阶。因此,要在直线与圆曲线之间加设一段曲率半径由无穷大逐渐变化到圆曲线半径的过渡性曲线,相应地使线路一侧"超高"从 0 渐变到 h。这样的曲线就称为缓和曲线。

缓和曲线可采用回旋线(也称螺旋曲线)、三次抛物线、双扭线等曲线,目前我国公路和铁路建设中,多采用回旋线作为缓和曲线。

1. 基本公式

缓和曲线上任一点的曲率半径 ρ 与曲线的长度 L 成反比,如图 14 - 13 所示,即

$$\rho \propto \frac{1}{L} \quad 或 \quad \rho L = C \quad (14-15)$$

式中:C 为曲线半径变化率,是一个与车速有关的常数。当 l 恰好等于所采用的缓和曲线总长度 L_s 时,缓和曲线的半径就等于圆曲线的半径 R,故有

$$c = RL_s \quad (14-16)$$

目前我国公路采用 $C = 0.035v^3$,v 为计算行车速度,以"km/h"为单位。

由此,缓和曲线全长为

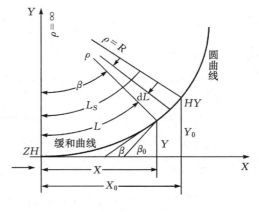

图 14 - 13　缓和曲线

$$L_s = 0.035 \frac{v^3}{R} \tag{14-17}$$

交通部颁发的《公路工程技术标准》(JTJ01—88)中规定:缓和曲线采用回旋曲线。缓和曲线的长度应根据相应等级公路的计算行车速度求算,并应大于表 14-6 的要求。

表 14-6 缓和曲线长度规定

公路等级	汽车专用公路						
	高速公路			一级公路		二级公路	
地形	平原微丘	重丘	山岭	平原微丘	山岭重丘	平原微丘	山岭重丘
缓和曲线最小长度/m	100	85	70	50	85	50	70	35

公路等级	一般公路					
	二级		三级		四级	
地形	平原微丘	山岭重丘	平原微丘	山岭重丘	平原微丘	山岭重丘
缓和曲线最小长度/m	70	35	50	25	35	20

2. 参数方程

如图 14-13 所示,以缓和曲线起点(直缓点 ZH 或缓直点 HZ)为直角坐标原点,切线方向为 x 轴,半径方向为 y 轴。在缓和曲线上任取一点 p,其坐标为 x、y,微分弧段 $\mathrm{d}L$ 在坐标轴上的投影为

$$\left. \begin{array}{l} \mathrm{d}x = \mathrm{d}L \cdot \cos\beta \\ \mathrm{d}y = \mathrm{d}L \cdot \sin\beta \end{array} \right\} \tag{14-18}$$

将上式中的 $\cos\beta$,$\sin\beta$ 按级数展开,代入上式积分,即得

$$\left. \begin{array}{l} x = L - \dfrac{L^5}{40C^2} + \dfrac{L^9}{3456C^4} + \cdots \\ y = \dfrac{L^3}{6C} - \dfrac{L^7}{336C^3} + \dfrac{L^{11}}{42240C^5} + \cdots \end{array} \right\}$$

舍去高次项,代入 $C = R \cdot L_s$ 得

$$\left. \begin{array}{l} x = L - \dfrac{L^5}{40R^2 L_s^2} \\ y = \dfrac{L^3}{6R L_s} \end{array} \right\} \tag{14-19}$$

该式称为缓和曲线参数方程。

当 $L = L_s$ 时,缓和曲线终点坐标为

$$\left. \begin{array}{l} x_0 = L_s - \dfrac{L_s^3}{40R^2} \\ y_0 = \dfrac{L_s^2}{6R} \end{array} \right\} \tag{14-20}$$

3. 常数计算

如图 14-14 所示,在圆曲线两端加设等长的缓和曲线 L_s 以后,曲线主点为直缓点 ZH,

缓圆点 HY,曲中点 QZ,圆缓点 YH,缓直点 HZ。

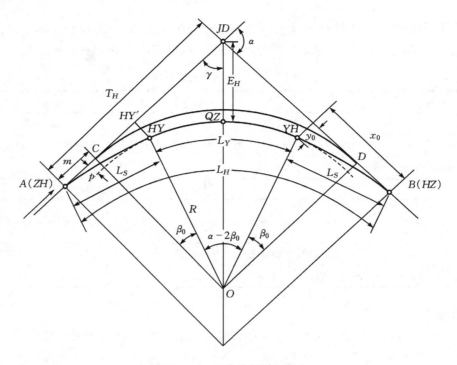

图 14-14　圆曲线与缓和曲线

图中 β_0 为缓和曲线的切线角,即缓和曲线全长 L_S 所对的中心角,或为缓圆点 HY(或圆缓点 YH)的切线与直缓点 ZH(或缓直点 HZ)的切线的交角。

δ_0 为缓圆点 HY(或圆缓点 YH)的缓和曲线偏角。

自圆心向过直缓点 ZH 或缓直点 HZ 的切线作垂线 OC 和 OD,并将圆曲线两端延长至垂线,则 m 为直缓点 ZH(或缓直点 HZ)至垂足的距离,称为切垂距;p 为垂线长 OC(或 OD)与圆曲线半径 R 之差,称为圆曲线内移量;x_0、y_0 为 HY 点(或 YH)点的坐标。

β_0、δ_0、m、p 以及 x_0、y_0 等称为缓和曲线常数。各量的计算式如下

$$\left.\begin{aligned}
\beta_0 &= \frac{L_S}{2R} \cdot \frac{180°}{\pi} \\
p &= \frac{L_S^2}{24R} \\
m &= \frac{L_S}{2} - \frac{L_S^3}{240R} \\
\delta_0 &= \frac{\beta_0}{3} = \frac{L_S}{6R} \cdot \frac{180°}{\pi}
\end{aligned}\right\} \tag{14-21}$$

例 14.5　圆曲线半径 $R=500$ m,缓和曲线长 $L_S=100$ m,求各常数。

$$\beta_0 = \frac{100}{2 \times 500} \cdot \frac{180°}{\pi} = 5°43'46''$$

$$p = \frac{100^2}{24 \times 500} = 0.833 \text{ (m)}$$

$$m = \frac{100}{2} - \frac{100^3}{240 \times 500^2} = 50 - 0.017 = 49.983 \text{ (m)}$$

$$\delta_0 = \frac{100}{6 \times 500} \cdot \frac{180°}{\pi} = 1°54'35''$$

缓圆点坐标(以 ZH 为原点,以过该点的切线为 x 轴)为

$$x_0 = 100 - \frac{100^3}{40 \times 500^2} = 100 - 0.1 = 99.9 \text{ (m)}$$

$$y_0 = \frac{100^2}{6 \times 500} = 3.333 \text{ (m)}$$

4. 测设元素计算

当测得线路转角 α,选定圆曲线半径 R 和缓和曲线长 L_s 之后,先计算上述各常数,即可计算出下列各测设元素。

切线长 $\qquad T_H = (R + p) \cdot \tan\frac{\alpha}{2} + m$

曲线长 $\qquad L_H = R(\alpha - 2\beta_0) \cdot \frac{\pi}{180°} + 2L_s$

或 $\qquad L_H = R\alpha \cdot \frac{\pi}{180°} + L_s$ $\hspace{3cm}$ (14-22)

其中圆曲线长 $\qquad L_Y = R(\alpha - 2\beta_0) \cdot \frac{\pi}{180°}$

外矢距 $\qquad E_H = (R + p) \cdot \sec\frac{\alpha}{2} - R$

切曲差 $\qquad D_H = 2T_H - L_H$

例 14.6 接例 14.5 计算,当转角 $\alpha = 31°42'18''$ 时,切线长

$$\begin{aligned} T_H &= (500 + 0.833) \cdot \tan(31°42'18''/2) + 49.983 \\ &= 500.833 \times 0.283961403 + 49.983 \\ &= 142.217 + 49.983 \\ &= 192.200 \text{ (m)} \end{aligned}$$

曲线长

$$\begin{aligned} L_H &= 500 \times [31°42'18'' - 2 \times (5°43'46'')] \cdot \frac{\pi}{180°} + 2 \times 100 \\ &= 500 \times (20°14'46'') \cdot \frac{\pi}{180°} + 200 \\ &= 176.681 + 200 \\ &= 376.681 \text{ (m)} \end{aligned}$$

其中圆曲线

$$L = 176.681 \text{ (m)}$$

外矢矩

$$\begin{aligned} E_H &= (500 + 0.833) \cdot \sec(31°42'18''/2) - 500 \\ &= 500.833 \times \sec(15°51'09'') - 500 \end{aligned}$$

$$= 520.634 - 500$$
$$= 20.634 \ (\text{m})$$

切曲差

$$D_H = 2 \times 192.200 - 376.681$$
$$= 384.400 - 376.681$$
$$= 7.719 \ (\text{m})$$

▷ 14.5.3　缓和曲线的主点测设

1. 主点里程计算

已知桩号里程和曲线元素,先计算各主点桩的里程,按下式计算

直缓点里程	$ZH = JD - T$	
缓圆点里程	$YH = ZH + L_s$	
曲中点里程	$QZ = ZH + L/2$	
缓圆点里程	$YH = HY + L_Y = ZH + L_Y + L_s$	(14-23)
缓直点里程	$HZ = YH + L$	
交点里程	$JD = QZ + q/2 (\text{计算检核})$	

2. 主点测设

(1) 如图 14-14 所示,在交点 JD 上安置经纬仪,后视前一交点,沿视线方向量取距离 T_H,即得直缓点 ZH。同理可得缓直点 HZ。

(2) 以前一交点方向为起始方向,反拨角度 γ,视线方向量取距离 E_H,即得曲中点 QZ。

(3) 由 JD 向 ZH 方向量取距离 $T - x_0$,得点 HY',再由 HY' 沿切线的垂线方向,向内量取距离 y_0,与曲线相交所得的点即为缓圆点 HY,同法可得圆缓点 YH。$(x_0, y_0$ 为缓圆点坐标)。

▷ 14.5.4　缓和曲线的详细测设

圆曲线加缓和曲线的详细测设方法一般有切线支距法、偏角法和极坐标法三种。

1. 切线支距法

如图 14-15 所示,切线支距法是以直缓点 ZH 为坐标原点(下半曲线以缓圆点 HZ 为坐标原点),以切线方向 x 为轴,过直缓点 ZH 法线方向为 y 轴建立直角坐标系。

缓和曲线上各点的坐标,按缓和曲线参数方程计算,即式(14-19)。

圆曲线上各点的坐标按下式计算

$$\left. \begin{array}{l} x = R \cdot \sin\varphi + m \\ y = R(1 - \cos\varphi) + p \end{array} \right\} \qquad (14-24)$$

式中

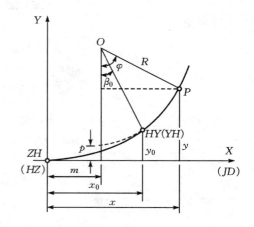

图 14-15　切线支距法测设缓和曲线

$$\varphi = \frac{l}{R} \cdot \frac{180°}{\pi} + \beta_0$$

l 为该点至缓圆点(或圆缓点)的圆曲线长。

例 14.7 接例 14.6 计算:

(1) 在缓和曲线上(缓和曲线长 $L_s = 100$ m)用上述公式,按桩间距 $l = 20$ m 测设,计算结果如表 14-7 所列。

表 14-7 缓和曲线测设数据

点号	曲线长/m	x/m	y/m
1(ZH)	20	20	0.027
2	40	39.999	0.213
3	60	59.992	0.720
4	80	79.967	1.707
5(HY)	100	99.900	3.333

(2) 在圆曲线上(圆曲线长 $L = 176.690$ m)用上述公式,按桩间距 $l = 20$ m 测设,计算各圆心角(由例 14.6 已知 $\beta_0 = 5°43'46''$)如表 14-8 所列。

表 14-8 圆曲线上弧长所对圆心角值

编号	弧长/m	圆心角	圆心角+β_0
1	20	2°17'31''	8°01'17''
2	40	4°35'02''	10°18'48''
3	60	6°52'33''	12°36'19''
4	80	9°10'04''	14°53'50''
5	88.340	10°07'24''	15°51'10''

$$L/2 = 176.681/2 = 88.340 \text{ (m)}$$

20 m 弧长所对圆心角

$$\varphi = \frac{20}{500} \cdot \frac{180°}{\pi} = 2°17'31''$$

8.345 m 弧长所对圆心角

$$\varphi_0 = \frac{8.340}{500} \cdot \frac{180°}{\pi} = 0°57'20''$$

检核:$2 \times 15°51'10'' = 31°42'20''$ 与转角 α 相差 $2''$,属计算误差。

圆曲线上各点的坐标计算

$$x_1 = 500 \times \sin 8°01'17'' + 49.983 = 119.754 \text{ (m)}$$

$$y_1 = 500 \times (1 - \cos 8°01'17'') + 0.833 = 5.725 \text{ (m)}$$

同理,其他各点坐标计算结果如表 14-9 所列。

表 14 - 9　圆曲线上各点坐标

点号	弧长/m	x/m	y/m
1(HY)	20	119.754	5.725
2	40	139.499	8.911
3	60	159.100	12.885
4	80	178.526	17.639
5(QZ)	88.345	186.566	19.850

　　计算出缓和曲线和圆曲线上各点的坐标后,即可按切线支距法测设圆曲线的方法,测设曲线上各点的平面位置。

2. 偏角法

　　偏角法是将经纬仪安置在直缓点 ZH 或缓直点 ZH 上,根据水平角和水平距离测设曲线上各点的方法。

　　(1) 缓和曲线上各点测设

　　如图 14 - 16 所示,设缓和曲线上任意一点 P 到起点 ZH 的曲线长为 L,偏角为 δ,其弦长 c 近似与曲线长 L 相等,由直角三角形得

$$\sin\delta = \frac{y}{L}$$

δ 很小,$\sin\delta \approx \delta$,由式(14 - 19)可知,$y = \frac{L^3}{6RL_s}$则

$$\delta = \frac{L^2}{6RL_s} \qquad (14 - 25)$$

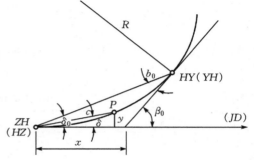

图 14 - 16　偏角法测设缓和曲线

点 HY 或 YH 的偏角为缓和曲线的总偏角 δ_0,将 $L = L_s$ 代入式(14 - 25),得

$$\delta_0 = \frac{L_s}{6R} \qquad (14 - 26)$$

因为

$$\beta_0 = \frac{L_s}{2R} \cdot \frac{180°}{\pi}$$

则有

$$\beta_0 = 3\delta_0 \qquad (14 - 27)$$

将式(14 - 25)与(14 - 26)相比,可得

$$\delta = \left(\frac{L}{L_s}\right)^2 \delta_0 \qquad (14 - 28)$$

　　由水平角数据测设 δ 后,其弦长 c 可根据点 ZH 和待测设点 P 的参数坐标,利用两点间的距离公式计算,得到弦长 c 为

$$c = L - \frac{L^5}{90R^2 L_s^2} \qquad (14 - 29)$$

　　将经纬仪安置于 ZH 点(或 HZ 点)上,测设偏角 δ 和弦长 c,即可标定出缓和曲线上任意点的点位。由于弦长 c 近似等于相应的曲线长 L,因此可用 L 代替弦长 c 的测设。

（2）圆曲线上各点测设

由图 14-16 不难看出

$$b_0 = \beta_0 - \delta_0 = 3\delta_0 - \delta_0 = 2\delta_0$$

缓和曲线测设完后,须将经纬仪安置于 HY 点上,后视 ZH 点,配置水平度盘读数 b_0（当曲线右转时,配置 $360° - b_0$）,旋转照准部使水平度盘读数为 $0°00'00''$,固定照准部,倒转望远镜,此时的视线方向即为 HY 点的切线方向。然后用上节测设圆曲线的方法测设曲线上各点。

3. 极坐标法

根据现场情况,若在直缓点 ZH 上不便设站,可采用极坐标法进行测设。

极坐标法测设时,先建立一个直角坐标系。如图 14-17 所示,以直缓点 ZH 为原点,以其切线方向为 x 轴,指向交点 JD 方向为正;以 x 轴正向顺时针旋转 $90°$ 为 y 轴正方向。则曲线上任意点 P 在该直角坐标系中的坐标 (x_P, y_P),仍可按式（14-19）和式（14-24）计算,但当曲线位于 x 轴正方向左侧时,y_P 为负值。

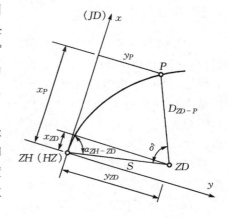

图 14-17 极坐标法测设缓和曲线

如图 14-17 所示,在曲线附近选择一转点 ZD,将经纬仪安置在直缓点 ZH 上,测定 ZH 到 ZD 的距离 S 和由 x 轴正方向顺时针旋转到 ZH 与 ZD 的连线的角度 α_{ZH-ZD}（即直线 $ZH-ZD$ 在该直角坐标系中的坐标方位角）,则转点 ZD 的坐标为

$$\left.\begin{array}{l} x_{ZD} = S \cdot \sin\alpha_{ZH-ZD} \\ y_{ZD} = S \cdot \cos\alpha_{ZH-ZD} \end{array}\right\} \qquad (14-30)$$

根据 ZH、ZD 和 P 点的坐标,反算出直线 $ZD-ZH$ 和直线 $ZD-P$ 的坐标方位角,则两直线的夹角为

$$\delta = \alpha_{ZD-P} - \alpha_{ZD-ZH} \qquad (14-31)$$

ZD 到 P 点的距离 D_{ZD-P},则可以根据 ZD 点和 P 点的坐标反算出来。

将经纬仪安置在转点 ZD 上,望远镜瞄准直缓点 ZH,测设水平角 δ。沿视线方向由 ZD 测设水平距离 D_{ZD-P},即可测设出任意点 P 来。

14.6 道路纵、横断面测量

道路纵断面测量又称为中线水准测量,它的任务是测量道路中线上各里程桩的地面高程,根据中桩的里程和高程绘制出线路的纵断面图,供道路纵断面设计之用。横断面测量是测量中线各里程桩两侧垂直于中线的地面高程,绘制路线横断面图,供路基设计,土石方量计算以及确定填、挖边界线之用。

道路施工前的纵、横断面测量是为了复测,施工中的测量是为了计算土石方量。

➤ 14.6.1 基平测量

道路纵、横断面测量是在道路沿线,带状延伸性进行的。为了保证高程测量的精度,必须遵循"从整体到局部,先控制后碎部"的测量原则,即首先沿线路方向每隔一定距离设置水准点,进行线路的高程控制测量,作为纵、横断面水准测量的依据,这项工作称为基平测量。

水准点是道路勘测和施工阶段高程测量的控制点,根据路线长短及不同的用途需要,应首先沿线路方向布设足够的临时性水准点和必要的永久性水准点。在沿线路中心一侧或两侧不受施工影响的地方,一般路线每隔 1～2 公里设置一个永久性水准点,在大桥两侧、隧道两端也应埋设永久性水准点。为了方便使用,在永久性水准点之间,沿线每隔 300～500 m 还应埋设置临时性水准点。一般基平测量按四等水准测量的技术要求进行实施。

由于道路施工现场比较杂乱且施工期较长,基平测量还应视现场情况、工期长短,对各水准点进行检测和复测,以保证水准点的可靠性。

14.6.2 中平测量

中平测量又称为纵断面水准测量,一般是以两相邻水准点为一测段,从一个水准点出发逐点测量中桩和加桩的地面高程,最后附合到另一水准点上,以资检核。如图 14 - 18 所示,中平测量一般用中桩作为转点,每一测站除要求后视、前视外,在相邻两个

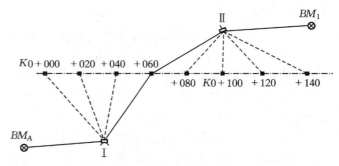

图 14 - 18 纵断面水准测量

转点间,还须观测若干个中桩,即为中间点。每测站观测时,先观测转点,再观测中间点。转点读数读至毫米,两转点间高差用高差法求得。中间点读数读至厘米,高程用每站视线高程法(仪高法)求得。纵断面水准测量的记录如表 14 - 10 所示。

表 14 - 10　纵断面水准测量记录

| 测站 | 桩号 | 水准尺读数/m | | | 高差/m | | 视线高程/m | 高程/m | 备注 |
		后视	中视	前视	+	−			
I	BM_A	1.342					419.701	418.359	
	$K0+000$		1.27					418.431	
	$+020$		1.56					418.141	
	$+040$		1.39					418.311	
	$+060$			1.487		0.145		418.214	
II	$+060$	1.692					419.906	418.214	
	$+080$		1.57					418.336	
	$K0+100$		1.48					418.426	
	$+120$		1.55					418.356	
	$+140$		1.34					418.566	
	BM_1			1.372	0.320			418.534	
⋮	⋮	⋮	⋮	⋮	⋮	⋮	⋮	⋮	

➤ 14.6.3 纵断面图的绘制

道路纵断面图反映道路沿中线方向地面的高低起伏状况,是道路纵断面设计的基础资料。纵断面图可以根据纵断面水准测量(中平水准测量)结果绘制,也可以根据道路带状地形图绘制。

图 14-19 为一道路纵断面设计图。以里程为横轴,以"km"为单位,其比例尺一般为 1∶2000 或 1∶1000,如根据地形图或带状地形图绘制,则应与地形图比例尺相同。以高程为纵轴,以"m"为单位。为了使地面起伏表示更加明显,其纵轴比例尺一般为横轴比例尺的 10 倍或 20 倍。

图的上部为道路纵断面设计图,其中细实线为原地面线,粗实线为道路设计线。

图的下部表格,从下至上分别为:

里程——道路长度按图比例,在百米和整公里处注字,表示其里程。

道路平面——表示道路的直线和曲线。圆曲线用直角折线表示,带缓和曲线的圆曲线处用锐角折线表示。上凸表示曲线右转,下凸表示曲线左转。

水平距离——标注桩间距。

地面高程——标注各里程桩处的地面高程。

设计高程——标注各里程桩处的设计高程。

坡度——按设计坡段标注设计地面坡度。从左向右,上斜直线表示上坡,下斜直线表示下坡,水平直线表示地面水平。线上数字为坡度百分数,线下数字为该坡段长度。

土壤地质——标注道路沿线土壤及地质状况和性质。

填、挖——表示设计高程与原地面高程之差,正号表示填土高度,负号表示挖土深度,填、挖尺寸可以写在表格内,也可以标注在设计道路线的上面和下面。填土尺寸注在设计路面线上,挖土尺寸注在线下,如图 14-19 所示。

设计高程按下式计算

$$H_i = H_0 + i \cdot D \tag{14-32}$$

式中:H_i 为所求点高程;H_0 为设计坡度起算点高程;i 为设计坡度,上坡为正,下坡为负;D 为起算点至所求点水平距离。

➤ 14.6.4 横断面图的测绘

横断面图是道路横断面设计及土石方工程量计算和施工的基础资料。横断面图反映了垂直于道路中线方向的地面高低起伏状况。横断面测量的主要工作有:确定横断面方向、横断面水准测量、测量地形点到中线的水平距离及绘制横断面图。横断面测量的宽度根据实际要求和地形情况而确定,一般从道路中线向两侧各测 15~20 m,距离和高差分别精确到 0.1 m 和 0.5 m。

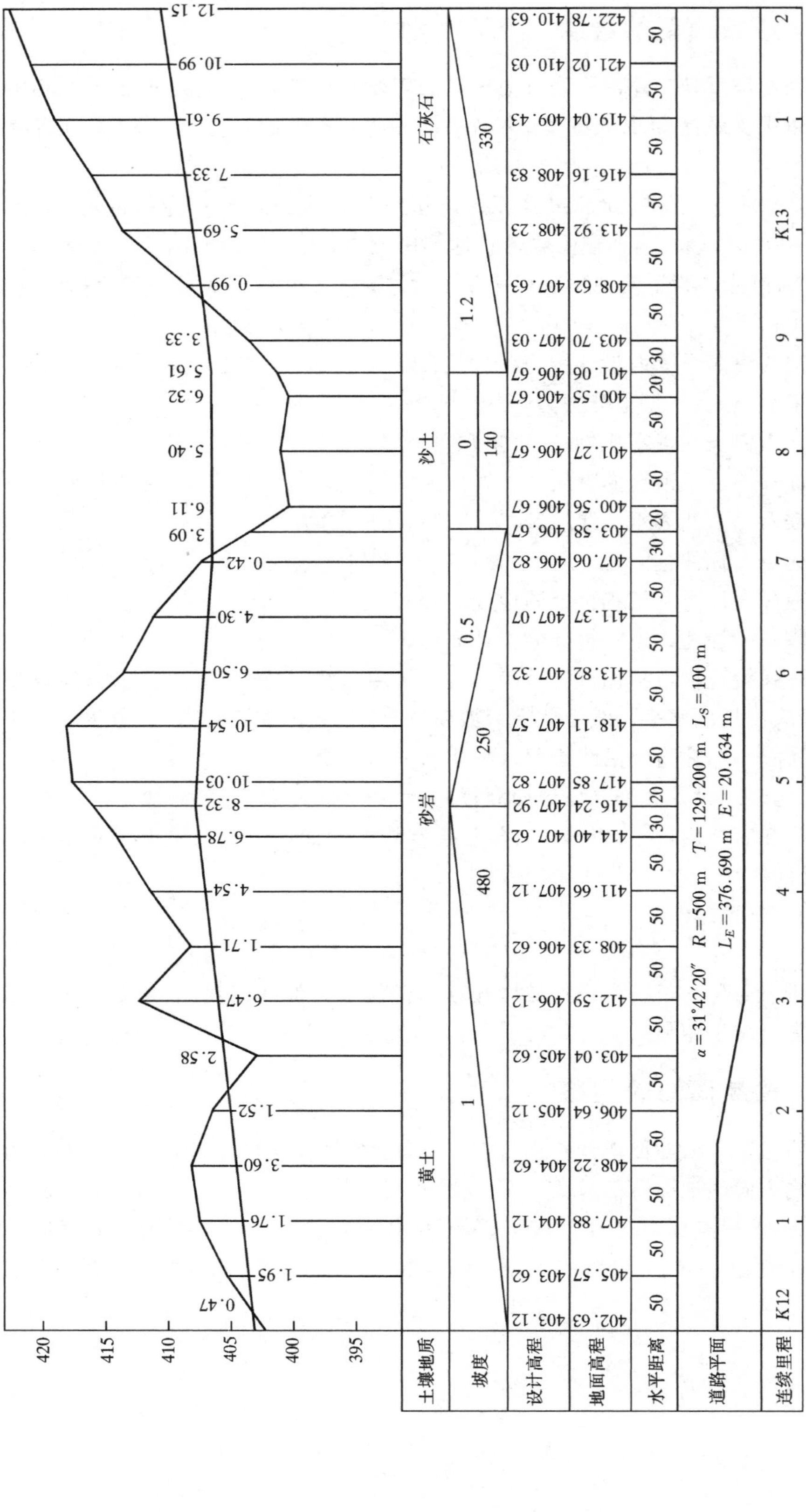

道路纵断面图（图 14-19）

高程（m）： 420　415　410　405　400　395

填挖高差（m）（自上而下）：
12.15　10.99　9.61　7.33　5.69　0.99　3.33　5.61　6.32　5.40　6.11　3.09　0.42　4.30　6.50　10.54　10.03　8.32　6.78　4.54　1.71　6.47　2.58　1.52　3.60　1.76　1.95　0.47

土壤地质	坡度	设计高程	地面高程	水平距离	道路平面	连续里程
石灰石	330 / 1.2	410.63	422.78	50		2
		410.03	421.02	50		1
		409.43	419.04	50		K13
		408.83	416.16	50		
		408.23	413.92	50		
		407.63	408.62	50		
砂土	140 / 0	407.03	403.70	30		9
		406.67	401.06	20		
		406.67	400.55	50		8
		406.67	401.27	30		
		406.67	400.56	20		
		406.67	403.58	50		7
砂岩	250 / 0.5	406.82	407.06	50		6
		407.07	411.37	50		
		407.32	413.82	50		
		407.57	418.11	50		5
		407.82	417.85	30		
		407.92	416.24	20		
		407.62	414.40	50		4
	480	407.12	411.66	50		
		406.62	408.33	50		3
		406.12	412.59	50		
黄土	1	405.62	403.04	50		2
		405.12	406.64	50		
		404.62	408.22	50		1
		404.12	407.88	50		
		403.62	405.57	50		K12
		403.12	402.63	50		

$\alpha = 31°42'20''$　$R = 500$ m　$L_S = 100$ m
$T = 129.200$ m　$L_E = 376.690$ m　$E = 20.634$ m

图 14-19　道路纵断面图

1. 确定横断面方向

横断面方向,对于直线段是与道路中线相垂直的方向。如图 14 - 20 所示,A 点、ZY 点和 YZ 点处的横断面方向分别为 aa'、zz' 和 yy'。在曲线段上横断面方向是与曲线的切线相垂直的方向,如图 14 - 20 中 P_1、P_2 点的横断面方向为 $P_1'P_1''$、$P_2'P_2''$。

测定横断面方向一般用目估法和图 14 - 21 所示的"十"字方向架法。

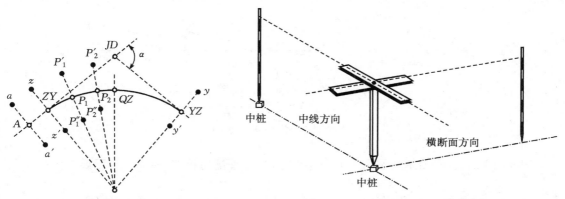

图 14 - 20 纵断面方向的确定　　　　图 14 - 21 直线段横断面方向的测定

2. 横断面水准测量

横断面水准测量是在道路里程桩处进行,精度往往要求不高。对于一般工程,只需精确到 cm 即可。横断面水准测量通常采用花杆和皮尺、水准仪或经纬仪视距测量等方法。用花杆和皮尺进行测量,就是用皮尺丈量距离,目估皮尺水平,并目估皮尺在花杆上的读数,来测量高差。此方法不够精确,仅适用于精度要求不高的观测。

用水准仪进行横断面水准测量最为精确,施测时可与纵断面水准测量同时进行,把横断面上各点作为纵断面水准测量的中间视看待,也可单独进行测量,把中桩作为后视,用仪高法测定各点的高程。因地形条件限制,该方法工作量较大。经纬仪视距法精度比较适当,操作方便,在地形困难地区使用较为方便。

经纬仪视距法是将经纬仪安置在中桩上,量取仪器高,后视另一里程桩,将水平度盘调至 $0°00'00''$,转动照准部使水平度盘读数为 $90°$,即对准与线路垂直方向。沿视线方向,在坡度变化处立尺。按视距测量和三角高程测量方法求出该点至中桩的水平距离和相对于中桩的高差。如此测出道路另一侧各坡度的变化点。

横断面水准测量记录如表 14 - 11 所示,沿前进方向,从下到上分左右侧记录。每一分式表示一个测点,分子数字表示测点相对于中桩的高差,分母数字表示测点相对于中桩的水平距离。

表 14 - 11 横断面水准测量记录

左　　侧			桩　号	右　　侧		
$\dfrac{-1.2}{10.0}$	$\dfrac{-1.4}{7.2}$	$\dfrac{-0.4}{1.5}$	K1+350	$\dfrac{+0.8}{4.0}$	$\dfrac{+1.5}{10.0}$	
	$\dfrac{-1.0}{10.0}$	$\dfrac{-0.5}{3.0}$	K1+300	$\dfrac{+1.0}{5.0}$	$\dfrac{+0.8}{7.0}$	$\dfrac{+1.5}{10.0}$
	$\dfrac{-0.8}{10.0}$	$\dfrac{-0.2}{4.0}$	K1+250	$\dfrac{+0.8}{4.0}$	$\dfrac{+1.0}{6.0}$	$\dfrac{+1.6}{10.0}$

3. 绘制横断面图

横断面图的绘制一般在毫米方格纸上进行,以横轴表示水平距离,纵轴表示高差,以中桩位置为坐标原点。为了方便计算横断面面积,纵、横轴比例尺相同,比例尺一般均为 1:200。绘图时,由中桩位置开始,根据记录中的距离和高差,将各地形点在图上逐点定出,然后用直线连接即为横断面图。图 14-22 为表 14-11 中 K1+300 处的横断面图。

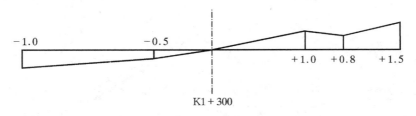

图 14-22　横断面图

横断面图的绘制,如有条件应在现场边测边绘,以便随时检查,保证测绘无误。

14.7　道路施工测量

道路工程施工测量工作主要包括:恢复道路中线测量、路基放样、竖曲线测设、路面放样和土方量计算等。

14.7.1　恢复中线测量

由于从道路勘测到开始道路施工,周期较长,一些中桩会被毁坏或丢失。为了在施工中准确地控制中线位置,需要将被毁坏或丢失的中桩恢复出来,可根据设置护桩时所记载的护桩和中桩相对位置关系,由护桩的位置用方向交会法、距离交会法或距离方向交会法标定,具体方法参见本章 14.2.5 内容。

14.7.2　路基放样

路基一般分为高于自然地面的路堤和低于自然地面的路堑两种。由于路基随着路堤的高度和路堑的深度不同以及边坡坡度不同,设计路基与地面的交线位置也不一样。因此,道路施工时,仅仅在实地测设中桩标志出中线的方向是不够的。需要将设计路基与地面的交线位置标定出来,以便于施工,这种表示设计路基与地面的交线位置的点称为边桩。

边桩测设数据可以用图解法,直接从横断面设计图上按比例量取,方法简便。如地形复杂,填、挖较大时,可采用解析法实地测量,求出边桩至中桩的水平距离。

1. 平坦地面上路基的放样

(1) 数据计算

如图 14-23 所示为路堤横断面设计图。路堤设计宽度和设计坡度分别为 B 和 $1:m$,从纵断面图上得到中桩处填土高度为 h,则路堤边桩至中桩的距离为

$$D = \frac{B}{2} + m \cdot h$$

$$(14-33)$$

图 14-24 所示为路堑横断面设计图。路堑设计宽度和设计坡度分别为 B 和 $1:m$，路堑边排水沟设计宽度为 S，从纵断面图上得到中桩处挖土深度为 h，路堑边桩至中桩的距离为

$$D = \frac{B}{2} + S + m \cdot h \tag{14-34}$$

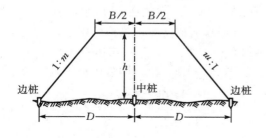

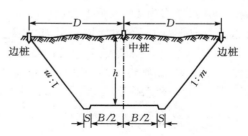

图 14-23 平坦地面路堤断面 　　　　图 14-24 平坦地面路堑断面

（2）放样

沿垂直中线方向，从中桩向两侧各量 D，得到边桩位置。再在断面上口从中桩向两侧各量 $B/2$，并测设出该处高程，得到上口边线点，连接上口边线点和边桩，即得到路基填土边界线。对于路堑，则是从中桩向两侧各量 $B/2+S$，并测设出该处高程，得到下口边线点，连接下口边线点和边桩，即得到路基挖土边界线。

2. 倾斜地面上路基的放样

（1）数据计算

如图 14-25 所示为倾斜地面上路堤横断面设计图，路堤设计宽度和设计坡度分别为 B 和 $1:m$，从纵断面图上得到斜坡上边桩与中桩的高差、中桩处的填挖高度和斜坡下边桩与中桩的高差分别为 $h_上$、$h_中$ 和 $h_下$，则路堤边桩至中桩的距离分别为

$$
\left.
\begin{aligned}
坡上 \quad D_上 &= \frac{B}{2} + m(h_中 - h_上) \\
坡下 \quad D_下 &= \frac{B}{2} + m(h_中 + h_下)
\end{aligned}
\right\} \tag{14-35}
$$

图 14-26 所示为斜地面上路堑横断面设计图。边桩至中桩的分别距离为

$$
\left.
\begin{aligned}
坡上 \quad D_上 &= \frac{B}{2} + S + m(h_中 + h_上) \\
坡下 \quad D_下 &= \frac{B}{2} + S + m(h_中 - h_下)
\end{aligned}
\right\} \tag{14-36}
$$

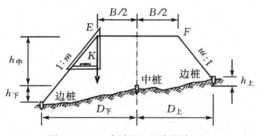

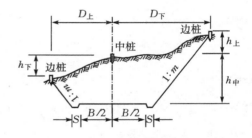

图 14-25 倾斜地面路堤断面 　　　　图 14-26 倾斜地面路堑断面

（2）放样

在倾斜地段，路基边桩至中桩的距离随地面坡度变化而变化，路基放样时可采用以下两种方法。

① 坡度尺法。如图 14-25 所示，首先根据中桩位置、$H_{中}$ 和 $B/2$ 测设出坡顶 E 和 F 的位置，将坡度尺（斜边为 $1:m$ 的直尺）上 K 点与 E（或 F）重合，当挂在 K 点上的垂球线与尺子的直边重合或平行时，将坡度尺固定，此时斜边延长与地面的交点即为边桩位置。

② 图解法。先将路堤或路堑设计断面图描绘在透明纸上，再将透明纸按中桩填土高度蒙在实测的断面图上，则设计断面图的坡脚线与实测断面图上的交点，即为边桩位置。分别量取边桩至中桩的水平距离，即得图 14-25 和图 14-26 中的 $D_{上}$ 和 $D_{下}$。

▷ 14.7.3　竖曲线的测设

在道路的竖向变坡处，由于行车的平稳和安全视距的要求，应以曲线连接，这就是竖曲线。竖曲线一般采用圆曲线，因为一般情况下，变坡处相邻坡度差都很小，而选用的竖曲线半径都很大，因此即使采用其他曲线也与选用较大半径的圆曲线结果相同。

竖曲线有凸形和凹形两种形式。竖曲线的凸、凹与变坡点前、后坡度 i 的正（上坡）、负（下坡）和大小有关。当变坡点后坡度大于前坡度（$i_{后}-i_{前}>0$）时，竖曲线为凸曲线；反之，竖曲线为凹曲线。

竖曲线的测设是根据设计给定的曲线半径 R 与变坡点前、后的坡度 i_1 和 i_2 进行的。如图 14-27 所示，道路变坡点前、后坡度分别为

$$i_1 = \tan\alpha_1 \quad i_2 = \tan\alpha_2$$

由于 α 值很小，故

$$\tan\alpha_1 \approx \alpha_1 \quad \tan\alpha_2 \approx \alpha_2$$

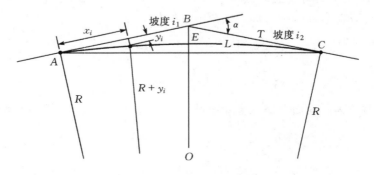

图 14-27　竖曲线测设元素

由图 14-27 中可知

$$\alpha = |\alpha_1| + |\alpha_2| = |i_1| + |i_2|$$

则

曲线长
$$L = R \cdot \alpha = R(|i_1| + |i_2|) \tag{14-37}$$

切线长
$$T = R \cdot \tan\frac{\alpha}{2} = R \cdot \frac{\alpha}{2} = \frac{1}{2}R \cdot (|i_1| + |i_2|) \tag{14-38}$$

又考虑到 α 值较小，图 14-27 中竖曲线上任一点的高程改正值 y_i 方向可近似看成与半径方向一致，则有

$$(R + y_i)^2 = x_i^2 + R^2 \qquad (14-39)$$

式中:x_i 为竖曲线上任一点至竖曲线起点或终点的水平距离。

由于 y_i 相对于 x_i 很小,所以若把 y_i^2 忽略不计,则上式变为

$$2Ry_i = x_i^2 \qquad (14-40)$$

$$y_i = \frac{x_i^2}{2R} \qquad (14-41)$$

给定一个 x_i 值,就可以求出相应的 y_i 值。当 $x_i = T$ 时,有

$$y_中 = E = \frac{T^2}{2R} \qquad (14-42)$$

由于把 y 近似看成与半径方向一致,则 y 又可以看成是切线上与竖曲线的点的高差。切线上不同 x 值的点的坡道高程 H_i 可以根据变坡点高程和坡度求得,那么竖曲线上相应点的竖曲线高程 H_i',就可以由切线上点的高程 H_i 求得。

凸曲 $H_i' = H_i - y_i$ }

凹曲线 $H_i' = H_i + y_i$ $(14-43)$

例 14.8   某变坡点处桩号为 DK4+200,高程为 250 m,坡度 $i_1 = +5\%$、$i_2 = -4\%$,竖曲线半径 $R = 1500$ m。

解   由 $i_1 - i_2 = 0.05 + 0.04 = +0.09$ 该竖曲线为凸形,得

曲线长 $L = 1500 \times 0.09 = 135 \ (m)$

切线长 $T = \frac{1}{2} \times 1500 \times 0.09 = 67.5 \ m \approx 68 \ (m)$

竖曲线起点桩号   DK4+200−68=DK4+132

竖曲线终点桩号   DK4+200+68=DK4+268

外矢距 $E = \frac{68^2}{2 \times 1500} = 1.54 \ (m)$

竖曲线中点高程 $H_0 = 250 - 1.54 = 248.46 \ (m)$

竖曲线起点高程 $H_A = 250 - 68 \times 5\% = 246.60 \ (m)$

竖曲线终点高程 $H_C = 250 - 68 \times 4\% = 247.28 \ (m)$

竖曲线上各桩号高程计算如表 14-12 所列。

表 14-12   竖曲线测设数据

桩 号	至竖曲线起点或终点的平距 x /m	高程改正值 y /m	坡道高程 /m	竖曲线高程 /m
DK4+132 竖曲线起点	0	0.00	246.60	246.60
DK4+140	8	−0.02	247.00	246.98
DK4+160	28	−0.26	248.00	247.74
DK4+180	48	−0.77	249.00	248.23
DK4+200 竖曲线中点	68	−1.54	250.00	248.46
DK4+220	48	−0.77	249.20	248.43
DK4+240	28	−0.26	248.40	248.14
DK4+260	8	−0.02	247.60	247.58
DK4+268 竖曲线终点	0	0.00	247.28	247.28

竖曲线的测设方法如下。

① 按平面圆曲线主点的测设方法测设竖曲线主点。

② 从竖曲线起点沿切线方向量取距离 x_i,并用式(14 - 41)求出 y_i。根据变坡点的高程和切线坡度,求出 x_i 处的高程 H_i 以及 x_i 对应的曲线上点的高程 H'_i。采用直角坐标法测设加密点位置。

14.7.4 土方量计算

土方量计算包括填、挖土方量的总和。计算方法是以相邻两个横断面之间为计算单元,分别求出相邻两个横断面上路基的面积和两个横断面之间的距离来计算土方量。

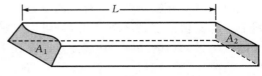

如图 14 - 28 所示,A_1、A_2 为相邻两横断面上路基的面积,L 为相邻两横断面之间的距离,则两横断面间的土方量可近似的表示为

图 14 - 28 土方量计算

$$V = \frac{1}{2}(A_1 + A_2)L \qquad (14 - 44)$$

相邻两横断面上路基的面积 A_1、A_2,可在路基横断面设计图上求出,相邻两横断面之间的距离 L,可由里程桩的里程算出。

14.8 桥梁工程测量

桥梁是指为道路跨越天然或人工障碍物而修建的建筑物。按其跨径大小和多跨总长划分,桥梁分为特大桥(多孔跨径总长≥500 m,单孔跨径≥100 m)、大桥(多孔跨径总长≥100 m,单孔跨径≥40 m)、中桥(30 m<多孔跨径总长<100 m,20 m≤单孔跨径<40 m)、小桥(8 m≤多孔跨径总长≤300 m,5 m<单孔跨径<20 m)和涵洞(多孔跨径总长<8 m,单孔跨<5 m)五个类型。在桥梁的勘测设计、施工阶段都需要进行大量的测量工作,桥梁工程测量主要内容包括桥位控制测量和桥梁施工测量。

14.8.1 桥位控制测量

桥位控制测量就是为保证桥梁轴线(即桥梁的中心线)、墩台的平面位置和高程符合设计要求而进行的控制测量工作。其具体任务是测定桥轴线的长度,从而测设桥两端墩台中心位置,在两岸设立控制点,用于测设中间桥墩的位置。对于小型桥梁可直接利用勘测设计阶段布设的控制网进行施工测设,但对于大、中型桥梁,由于跨越的河面较宽、水位较深,桥墩、桥台间的距离无法直接测量,因此桥墩、桥台的施工测设一般采用前方交会法或利用全站仪来确定。为满足其测量精度要求,一般应在施工区专门建立控制网。

1. 平面控制测量

桥位平面控制网一般是采用三角网中的测边网或边角网的平面控制形式,如图 14 - 29 所示,图(a)为双三角形,图(b)为大地四边形,图(c)为大地四边形与三角形形成,图(d)为双大地四边形。根据桥长、设计要求、仪器设备和地形等情况选择控制网形式。为使桥轴线与三角网联系起来,以便于桥墩台测设并确保测设精度,桥梁轴线应作为三角网的一条边。三角网的边长一般为河面宽度的 0.5～1.5 倍,直接测量三角网的边作为基线,基线最好两岸各设一条。基线长一般为桥台距离的 0.7 倍,并在基线上设置一些点,供交会时使用。根据测定的边长和水平角,按边角网或测边网进行平差计算,最后求出各控制点的坐标,作为桥梁轴线及桥台、桥墩施工测量的依据。桥墩的测设除了用角度交会法外,还可以使用全站仪用极坐标法或距离交会法进行。

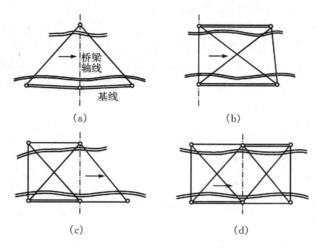

图 14-29　桥位平面控制网形式

2. 高程控制测量

桥位高程控制网一般在道路勘测中的基平测量时已经建立。桥梁施工前,一般还应根据现场情况增设施工水准点。桥位施工场地附近的所有水准点应组成一个水准网,以便定期检测,及时发现问题。高程控制测量一般采用国家高程基准。

桥梁施工要求在两岸建立统一的高程系统,因此需要进行跨河水准测量,按照《国家水准测量规范》,采用精密水准测量方法进行观测。如图 14-30所示,在河的两岸各设测站点及观测点各一个,两岸对应观测距离尽量相等。测站应选在视野开阔处,两岸仪器的水平视线距水面的高度应相等,且视线距水面高度不应小于 2 m。

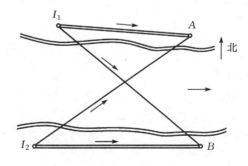

图 14-30　跨河水准测量

水准观测:在北岸,水准仪安置在 I_1,观测 A 点上水准尺,读数为 a_1,再观测对岸 B 点上水准尺,读数为 b_1,则高差 $h_1 = a_1 - b_1$。水准仪搬至南岸安置在 I_2 点,注意搬站时望远镜对光不变,两水准尺对调。先观测 A 点上水准尺,读数为 a_2,再观测 B 点上水准尺,读数为 b_2,则高差 $h_2 = a_2 - b_2$。

四等跨河水准测量规定,两次高差不符值应≤±16 mm。如满足要求,取两次高差平均值为最后结果,否则,应重新观测。

➤ 14.8.2　桥梁墩台定位

桥梁墩台定位就是把桥梁墩台中心位置在地面上测设出来,是桥梁施工中最重要的一项测量工作。桥梁轴线长度测定后,即可根据桥位桩号测设桥墩和桥台的位置。测设前,应仔细审阅和校核设计图纸和相关资料,拟订测设方案,计算测设数据。

直线桥梁的墩台中心均位于桥梁轴线上,而曲线桥梁的墩台中心则处于曲线的外侧。直线桥梁如图14-31所示,墩台中心的测设可根据现场地形条件,采用直接测距法,或交会法。在陆地、干沟或浅水河道上,可用钢尺或光电测距仪沿轴线方向量距,逐个定出墩台中心位置。如使用全站仪,应事先将各墩台中心的坐标列出,测站可设在施工控制网的任意控制点上,测设出各墩台中心位置。

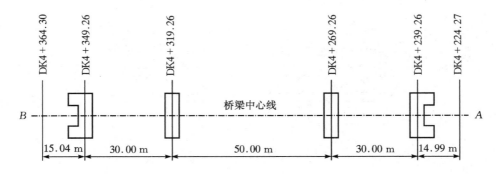

图14-31　直线桥梁

当桥墩位置处水位较深时,一般采用角度交会法测设其中心位置。如图14-32所示,1、2、3号桥墩中心可以通过在基线 AB、BC 端点上测设水平角交会出来。如对岸或河心有陆地可以标志点位,也可以将方向标定,以便随时检查。

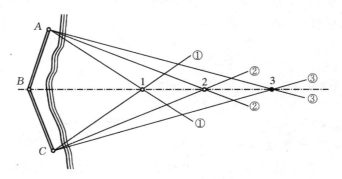

图14-32　角度交会法测设桥墩

由于直线桥梁中线(轴线)与道路中线吻合,测设比较简单。对于曲线桥,由于桥的中线是曲线,而所用的梁是直的,所以两者并不吻合。如图14-33所示,梁在曲线上布置,使各跨梁的中线联结起来,成为与道路中线基本相符的折线,这条折线称为桥梁的工作线。桥墩台中心一般位于该折线的交点上。测设曲线桥墩台位置,就是测设折线各交点的位置。

如图 14-33 所示,在桥梁设计中,梁中心线的两端并不位于道路中线上,而是向外侧偏移了一段距离 E,这段距离称为桥墩的偏距。如果偏距 E 为梁长弦线中矢值的一半,这种布梁方法称为平分中矢布置。如果偏距 E 等于中矢值,则称为切线布置。

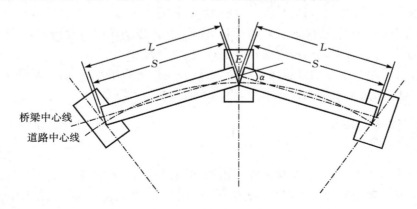

图 14-33　曲线桥梁

此外,相邻两跨梁中心线的交角 α 称为偏角。每段折线的长度 L 称为桥墩中心距。偏角 α、偏距 E 和桥墩中心距墩 L 是测设桥墩台位置的基本数据,都是由桥梁设计确定的。

明确了曲线桥梁构造特点以后,桥墩台中心的测设也和直线桥梁墩台测设一样,可以根据控制点采用直角坐标法、偏角法和全站仪坐标法来进行。

14.8.3　桥梁墩台施工测量

桥梁墩台中心定位以后,还应将墩台的轴线测设于实地,以保证墩台的施工。墩台轴线包括纵轴线和横轴线。墩台纵轴线是指过墩台中心,平行于道路方向的轴线。而墩台横轴线,是指过墩台中心,垂直于道路方向的轴线。直线桥墩台的纵轴线,即道路中心线方向,与桥轴线重合,无须另行测设和标志,墩台横轴线与纵轴线垂直。对于曲线桥梁,墩台的纵轴线在墩台中心处与曲线的切线方向平行,如图 14-34 所示,墩台的横轴线,则是过墩台中心与其纵轴线垂直的轴线。

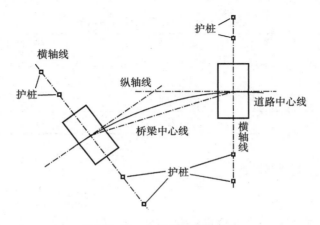

图 14-34　曲线桥梁桥墩轴线

在施工过程中,桥梁墩台纵、横轴线需要经常恢复,以满足施工要求。为此,纵、横轴线必须设置保护桩。保护桩的设置要因地制宜,方便观测。

墩台施工前,首先根据墩台纵、横轴线,将墩台基础平面测设于实地,按基础设计深度开挖。墩台台身在施工过程中,需要根据纵、横轴线控制其位置和尺寸。当墩台台身浇(砌)筑完毕后,还要根据纵、横轴线,安装墩台台帽模板、锚栓孔等,以确保墩台台帽中心、锚栓孔位置符合设计要求,并应在模板上标出墩台台帽顶面标高,以便灌注。

墩台施工过程中各部分的高程测设,是从布设在附近的施工水准点,引测到施工场地周围的临时水准点上,然后再根据临时水准点,用钢尺向上或向下测量所得。

14.9　隧道施工测量

隧道是地下通道的一种,通常用来穿越山岭、河底等障碍物,或是为地下工程施工所做的地面与地下联系的通道。按不同用途,隧道分为公路隧道、铁路隧道、城市地铁和地下水道等。按照隧道长度分为特长隧道(≥3000 m)、长隧道(1000～3000 m)、中隧道(500～1000 m)和短隧道(≤500 m)。

不同类型的隧道,施工方式也有所不同。深度浅的隧道可先开挖后覆盖,称为明挖回填式隧道。从地表通往地下施工区的竖井或山体两端,持续开挖称为钻挖式隧道。建造海底隧道可用沉管式隧道。本节介绍钻挖式隧道的施工测量工作。

隧道施工通常从两端工作面相对挖掘正洞,如果隧道较长,工程量大,为了加快施工进度,通常需要根据需要和地形情况设立辅助坑道(如横洞、平行导坑、竖井、斜井等),增加工作面对向挖掘,直到相互贯通。如果贯通时其汇合面上下、左右和中线方向上不能完全吻合,这种相互错开的偏差称为贯通误差。它包括纵向误差、横向误差和高程误差。纵向误差仅仅影响中线的长度,一般容易满足要求。而横向误差和高程误差过大,将会给工程带来重大经济损失。因此在隧道施工过程中,需要有测量工作密切配合,指导施工,以控制贯通误差。为此,首先要在隧道外进行控制测量,然后根据隧道掘进的进展情况,不断在隧道的挖掘巷道中建立隧道内控制点,进行洞内控制测量,测设隧道中线位置和隧道高程,检测隧道挖掘的质量。隧道工程的相向施工中线在贯通面上的贯通误差,不应大于表 14 - 13 中规定的限差。

表 14 - 13　隧道工程的贯通限差

类　型	两开挖洞口间长度/km	贯通误差限差/mm
横向	$L<4$	100
	$4{\leqslant}L<8$	150
	$8{\leqslant}L<10$	200
高程	不限	70

▷ 14.9.1　隧道外控制测量

1. 平面控制测量

隧道洞外平面控制测量是指在隧道经过的区域地面以上进行平面控制测量,其目的是测定各洞口控制点的平面位置,以便根据洞口控制点按设计方向开挖,并能以规定精度贯通。平面控制测量常用的方法有中线定向法、导线测量法、三角测量法和GPS法等。

（1）中线定向法

中线定向法就是在直线隧道地面直线方向上确定控制隧道中线的控制点。如图14-35所示，A、B为线路在直线隧道口的位置，C、D、E是直线AB方向上的待定隧道方向的控制点。中线定向法确定隧道方向控制点的步骤如下。

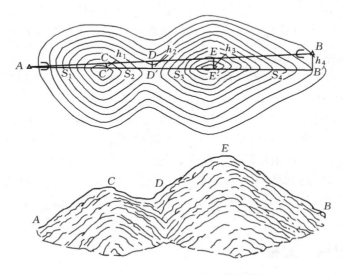

图14-35　中线定向法洞外平面控制测量

① 在A点估计并初步确定直线AB上C点的位置C'，测量AC'的距离S_1；

② 在C'点用经纬仪正倒镜分中法确定D'点的位置，测量$C'D'$的距离S_2，同法逐一定出E'、B'点，测量距离S_3、S_4；

③ 测量B'点偏离B点的距离h_4，根据相似三角形原理求出C、D、E各点偏离直线AB的距离h_1、h_2、h_3；

④ 根据h_1、h_2、h_3的值，在实地分别标定出C、D、E各点。

中线定向法是一种比较简单、方便确定洞外平面控制点的方法，虽然定点精度不高，但其量距误差主要影响隧道的长度，对横向贯通误差影响较小，所以多用于短隧道的洞外平面控制测量。

（2）导线测量法

由于光电测距仪和全站仪在工程中的普及，使得导线测量法在隧道洞外平面控制测量中被广泛使用。导线的布设形状需按隧道建设要求来确定。直线隧道的导线应尽量沿隧道洞口连线方向，布设成直线形式。对于曲线隧道，当两端洞口附近为曲线时，两端应沿切线方向布设导线点；隧道中部为直线时，中部应沿中线布设导线点。当隧道各段均为曲线时，则尽量沿两端洞口的连线方向布设导线点。导线应尽可能通过隧道两端洞口及辅助坑道的进洞点，要求每个洞口有不少于三个控制点，且应能相互联系，以便检测和补测。

（3）三角测量法

对于隧道较长、地形复杂的山区，可采用三角测量法。隧道三角网应布设成与线路相同方向延伸的三角点，尽可能垂直于贯通面。用于直线隧道时，三角点应尽量靠近中线，以减小横向误差的影响。布设三角点时,三角网的边长应尽量长,以减少三角形的个数,使图形简单。每个工作面洞口最好要有三个方便引测进隧道的控制点,以提高精度。

(4) GPS 法

全球定位系统(GPS)技术是一种精度很高的三维定位方法,操作方便、快捷,且不受地形、天气的影响。用 GPS 进行隧道洞外平面控制测量时,只需要隧道洞口控制点与洞内定向点相互通视,便于施工定向。不同工作面洞口的控制点之间、与高等级控制点之间均不需要相互通视。因此,地面控制点的布设比较灵活,且定位精度也高于其他控制测量方法。

2. 高程控制测量

洞外高程控制测量的任务是按照规定的精度,测定隧道各工作面洞口(包括隧道进出口、竖井口、斜井口和辅助坑道口)附近水准点的高程,作为引测高程进洞的依据。一般情况下,4 km 以上的特长隧道应采用三等水准测量施测,4 km 以下的隧道应采用四等水准测量。每个洞口至少埋设两个水准点,当两洞口之间的距离大于 1 km 时,应在中间增设临时水准点,两水准点之间以能安置一次水准仪即可联测为宜。

如果隧道较短,高程控制测量等级在四等以下时,也可采用光电测距三角高程测量的方法进行观测。观测时,测距最大边长不应超过 600 m,且每条边应进行对向观测。高差计算时,应加入球气差改正。

➤ **14.9.2 隧道施工测量**

隧道洞外控制测量结束之后,可根据洞外控制点来确定掘进方向,进行施工,这一阶段的测量工作称为隧道施工测量。主要内容包括隧道中线测设、洞内中线和腰线测设和洞内高程测量。

1. 隧道中线测设

隧道贯通测量的横向误差主要是由隧道中线方向的测设精度决定的,而进洞时的初始方向尤为重要,因此需要在隧道洞口埋设若干个固定点,将中线方向标定于地面,作为开始掘进和以后洞内控制点联测的依据。如图 14-36 所示,用 1、2、3、4 桩标定出中线方向(掘进方向),再在过洞口控制点 A 与中线垂直方向上设置 5、6、7、8 桩,并测定 A 点到 2、3、6、7 桩的距离,这样在施工中,就可以随时恢复洞口控制点的位置和进洞中线的方向及里程了。

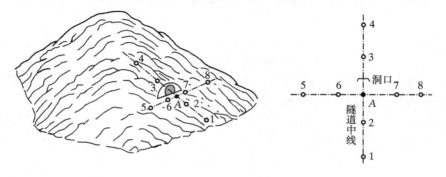

图 14-36 隧道中线测设

施工时,将经纬仪安置于 A 点,根据洞外掘进方向桩向洞内引测中线,指导开挖方向。一般隧道每掘进 20 m 左右就要在底部和顶部埋设中线桩,顶部中线桩可设置三个间隔约 1.5 m 的桩,并悬挂垂球,以便目测掘进方向,如图 14 - 37 所示。

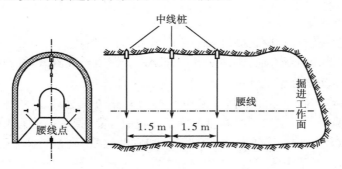

图 14 - 37　隧道掘进中线桩

曲线隧道的中线测设一般采用弦线法,如图 14 - 38 所示,AB 弧为曲线隧道中线,是一段半径为 R 的圆曲线,转角为 α。现以此例说明曲线隧道中线测设方法。

(1)计算弦 AP_1 的方向 β_A

AP_1 的弦长

$$l = 2\sqrt{R^2 - (R-S)^2} \quad (14-45)$$

式中:S 是弓弦高。由图 14 - 39 可知,为使弦线 l 不受隧道内测影响,必须使 S 小于隧道净宽的一半。

弦 l 所对的圆心角

$$\alpha' = 2\arcsin\left(\frac{l}{2R}\right) \quad (14-46)$$

则

$$\beta_A = 180° + \frac{\alpha'}{2} \quad (14-47)$$

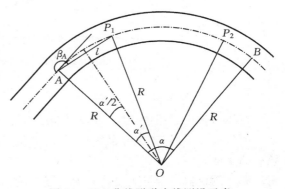

图 14 - 38　曲线隧道中线测设元素

(2)测设

如图 14 - 38,在 A 点上安置经纬仪瞄准后面直线段的一中线点,拨水平角 β_A 给出隧道掘进方向 AP_1,沿视线方向测量掘进长度,直至长度为 l 时,在隧道内标定中线点 P_1。

按测设点的方法,随着隧道掘进进度,向前依次测设中线点 P_1、P_2…进行中线定向、定位,指导隧道掘进。

2. 隧道高程和腰线测设

为了控制隧道内高程,一般在隧道内每隔 10~

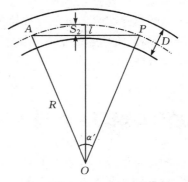

图 14 - 39　曲线弓弦高与隧道宽的关系

50 m 设置一个施工水准点。施工水准点设在隧道内壁上或顶部,也可将中线点兼做水准点。施工水准点高程由洞外水准点,按四等水准测量的精度要求往返观测引入。

根据洞内施工水准点的高程,通常沿中线方向每隔 5～10 m 在两侧洞壁上测设出高出洞底设计高程 1 m 的腰线点,以控制隧道洞底高程。在同一坡度段内,腰线点的连线是一条与洞底设计地坪线平行的坡度线,称为腰线,如图 14-37 所示。

3. 隧道内控制测量导线测量

当隧道较长或有转折时,隧道掘进到一定距离后,为了限制误差积累,防止定向、定位偏差过大导致掘进偏离设计中线方向,必须从洞口开始进行洞内导线测量,根据导线点坐标来检查和改正中线桩位置,使之位于设计中线上,确保贯通精度。

如图 14-40 所示,洞内导线测量一般分为两级。隧道掘进超过 30 m,应设立二级导线点,进行二级导线测量。以二级导线测量的成果检查中线点,指示掘进的正确方向。隧道内二级导线长度超过 300 m,应设一级导线点,进行一级导线测量,检查二级导线点,为隧道掘进建立高级平面控制网。通常中线点也可兼做一、二级导线点,一级导线点必须稳固,且要长期保存。洞内导线随着隧道的不断掘进而向前延伸,所以只能逐段敷设支导线,为了进行检核,支导线必须进行重复观测。

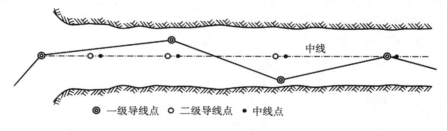

◎ 一级导线点 ○ 二级导线点 • 中线点

图 14-40　隧道洞内导线

在隧道施工过程中,除了通过平洞和斜井外,还可以用开挖竖井的办法增加工作面,将整个隧道分成若干段,实施分段挖掘,同步施工,以加快工程进度。但是各段控制测量,必须采用统一的坐标系统,由洞外控制点引入洞内。对于有平洞和斜井的施工段,洞外导线点可以由平洞和斜井用仪器直接导入洞内。而有竖井的施工段,则需要采用一定的方法把井上和井下联系起来,这种方法称为联系测量。

联系测量的任务,一是通过井上控制点的坐标和控制边的坐标方位角,确定出井下一导线点的坐标和一条包含该点的导线边的坐标方位角,以此测算出其他导线点的坐标;二是通过井上水准点高程,确定出井下一水准点的高程。联系测量可采用一井定向、两井定向和陀螺经纬仪定向等方法。

思考与练习

1. 道路的中线测量有哪些内容?

2. 圆曲线的主点和元素有哪些?

3. 什么是道路交点?如何确定道路交点?

4. 用经纬仪测得交点 JD_{12} 的右转角 $\beta_{12} = 120°56'18''$,交点 JD_{13} 的右转角 $\beta_{13} =$

$241°11'36''$,试计算 JD_{12} 与 JD_{13} 的路线转角,并说明是左转角还是右转角。

5. 已知圆曲线处的转角 $\alpha = 41°37'42''$,现选取半径 $R = 80$ m 的圆曲线,试计算该圆曲线的各元素。

6. 已知拟设圆曲线半径 $R = 80$ m,圆曲线长 $L = 58.122$ m,圆曲线转角 $\alpha = 41°37'42''$。试用偏角法从圆曲线起、终点测设,桩间距 $l = 5$ m,按整桩间距法,计算测设数据并作计算校核。

7. 已知圆曲线半径 $R = 80$ m,圆曲线长 $L = 58.122$ m,圆曲线转角 $\alpha = 41°37'42''$,试用直角坐标法从圆曲线起、终点测设。桩间距 $l = 5$ m,按整桩间距法,计算测设数据,并作计算校核。

8. 已知线路有连续两个同方向转折,其转折角为 $\alpha_1 = 82°46'36''$,$\alpha_2 = 66°22'16''$;两交点间距离 $AB = 195.408$ m。现拟设置复曲线,设 $R_1 = 100$ m,试计算主圆和副圆各元素。

9. 已知转折角 $\alpha = 35°10'54''$,圆曲线半径 $R = 1000$ m,缓和曲线长 $l_S = 100$ m,试计算缓和曲线各常数及主点测设元素。

10. 什么是基平测量和中平测量?

11. 桥位控制网的作用是什么?

12. 何为隧道贯通误差? 它对隧道贯通有何影响?

13. 什么是腰线? 它在隧道施工中起什么作用?

第 15 章　管道工程测量

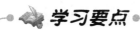

学习要点

1. 管道中线测量
2. 管道纵、横断面图的测绘
3. 地下管道施工测量
4. 顶管施工测量
5. 管道竣工测量

15.1　管道工程测量概述

　　管道是工业生产和城市基础设施的重要组成部分。随着生产的发展扩大和城市化进程的加快,在城镇和工矿企业中敷设的各种管道越来越多。管道已从原来单纯用于输水(给水和排水),扩大到用以输送多种介质的载体,如:蒸气、燃气、热水、油料、电力、电信以及各种化学液体等。从输送的条件看,有承压输送和常压输送。从设置状况看,有架空敷设、沿地表敷设和地下敷设;有单独敷设,也有集中于管沟敷设等。

　　管道工程测量是为各种管道的设计和施工服务的,其任务一是为管道工程设计提供现状图,即地形图或带状地形图以及纵横断面图和相关测量数据资料;二是按设计要求进行管道施工测量。

　　管道工程测量的主要内容如下。

　　① 测绘或收集地形图。测绘管线区域地形图或沿管线方向测绘带状地形图。如已有可利用的地形图,可结合实际情况进行检查核对,必要时修测或补测。

　　② 管道中线测量。根据设计要求,在实地测设标定出管道中心线位置(中线桩)。

　　③ 纵断面测量。测绘管道中心线方向的地面高低起伏情况。

　　④ 横断面测量。沿管线方向每隔一定距离,测绘垂直于管道中心线方向一定宽度范围内的地面高低起伏情况。

　　⑤ 管道施工测量。根据设计要求和施工进程在实地测设施工标志。

　　⑥ 管道竣工测量。测绘竣工后管道的位置,用以反映施工结果,作为使用期间管理、维修及改、扩建的依据。

管道工程测量,同样也应遵守"从整体到局部,先控制后碎部"的测量工作原则,按设计要求进行测量并做到"步步有校核",为管道工程提供合格的测量服务及技术成果。

15.2　管道中线测量

管道中线即管道(或多管并行的管沟)的设计中心线。中心线由起点、转折点及终点等主点顺次连接而成。中线测量就是将管道设计中心线用若干桩位标定在实地的工作。桩位包括主点桩和按一定距离间隔所设置的整桩(也称里程桩)以及需要标志的重要地物、典型地貌处的加桩。整桩和加桩统称为中线桩,简称为中桩。

管道中线测量的内容包括:主点的测设、中线桩的测设和转向角的测量等工作。

▷ 15.2.1　管道主点的测设

管道主点的测设和建筑物定位一样,即进行点的平面位置测设。如第 12 章所述,可以根据精度要求、现场条件以及现有仪器设备情况,选择不同的方法进行测设。所需的测设数据可以根据设计图,用图解法或解析法获得。

1. 图解法

当管道设计图的比例尺较大,且管道主点附近有控制点或明显参照物时,可用图解法来采集测设数据。如图 15-1 所示,原管线上编号为J263、J264 的两点是检查井位置,A、B、C 是设计管线上的主点。要测设 A、B、C 三个主点,可以从图上量取 a、b、c、d、e 的长度,并按设计图的比例尺求出相应实地水平距离,即为测设数据。

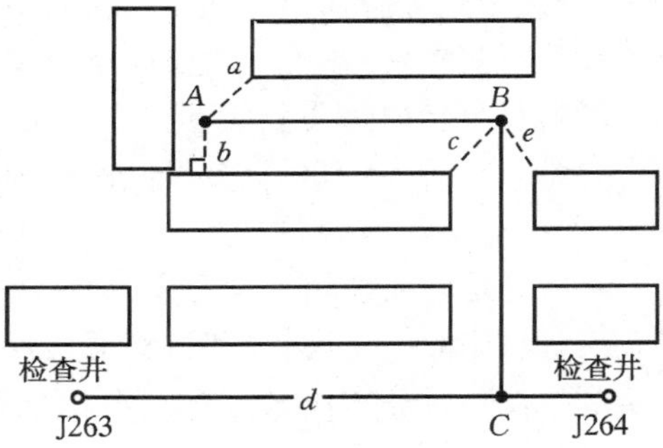

图 15-1　图解法测设主点

测设时,沿原管线从检查井 J263 中心向 J264方向量距离 d 得到 C 点,用距离交会法从两建筑物墙角分别量距 a、b 交会出 A 点,量距 c、e 交会出 B 点。最后用管线 AB 及 BC 的设计长度 D_{AB}、D_{BC} 对 A、B、C 点进行校核。

由于图解法受到所用设计图的精度及图解精度的限制,仅在精度要求不高的管道工程中采用。

2. 解析法

如已建立了管道施工控制网,且管道主点的坐标已知,管道主点测设可按第 12 章所述,根据附近的控制点用解析法计算数据。实际测设时用全站仪进行施测,也可用经纬仪、钢尺按极坐标法测设。测设完成后,需要对标定出的主点进行校核。

该方法施测精度较高,是管道主点测设的常用方法。

▷ 15.2.2　中线桩的测设

管道主点在实地标定后,相邻主点的连线即为管道中线。为了进行管道纵、横断面设计和便于管道施工,还需在管道中线方向上每隔一定距离设置中线桩,称为中桩测设(也称里程桩测设)。根据不同类型的管道,桩间距也有所不同,一般为 20 m、50 m 及 100 m 间距等。按固定桩间距设置的中线桩,称为整桩或里程桩。当管道穿越重要地物及地面坡度变化处时也要设置加桩。

管道中桩按照从管道起点至该桩的里程进行编号,并以"整千米数+米数"的形式表达,如桩号"1+200"表示此桩距起点 1200 m,"+"号前为整千米数 1,后为 200 m 整桩。又如桩号"2+228"表示此桩距起点 2228 m,表示加桩。

测设中桩时要注意控制精度,未用全站仪定位时,一般要用钢尺丈量两次,精度应达到1/1000。当施工精度要求不高时,可用皮尺丈量。设置桩时,需将桩号标注在木桩的侧面。

15.2.3   转向角测量

管道在方向改变处,原方向与前进方向间的夹角称为转向角或偏角,用 α 表示,如图 15-2 所示。转向角有左、右之分,即管道向右偏离原方向时,其转向角(偏角)称为右转向角(右偏角),管道向左偏离原方向时,转向角则称为左转向角(左偏角)。

如图 15-2 所示,管道方向改变的角度也可以用转折角表示,即管道前、后方向间的夹角,用 β 表示。该角同样有左、右之分,即沿管道转向前进方向右侧为右转折角(右角);左侧为左转折角(左角)。测角时应沿线一致,以免发生错误。转向角和转折角测定,一般用全站仪或经纬仪观测一测回。

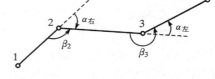

图 15-2   转向角与转折角

转折角与转向角关系如下

$$\alpha_{右} = 180° - \beta_{右} = \beta_{左} - 180°$$

$$\alpha_{左} = 180° - \beta_{左} = \beta_{右} - 180°$$

有些管道转向使用定型弯头,如 90°、45°、22.5°、11.5°等。当管道主点间距离较短时,管道设计的转向角与定型弯头的转向角之差不应超过 2°。在排水管道设计和施工中,为防止阻水现象,其转向角不应大于 90°。

15.3   管道纵、横断面图的测绘

15.3.1   管道纵断面图的测绘

管道纵断面即管道沿中线方向的剖面,反映该剖面的图形,称为管道纵断面图。管道纵断面图表示了管道中线方向上的地面高低起伏状况,是管道纵向设计、桥涵设计、土方计算的主要依据。纵断面测绘的工作内容包括以下几个方面。

1. 水准点的布设

纵断面水准测量前,为保证全线的高程测量精度,应先在沿线按一定密度设置若干水准点,一般每隔 1~2 km 设置一点,按四等水准测量要求施测,测定各水准点的高程,作为管道纵断面测量和管道施工时引测高程的依据。水准点应选在管线施工场地附近使用方便、不受施工影响、地基稳固且不易受破坏的地方。有条件的要尽量设置永久性水准点。

2. 纵断面水准测量

纵断面水准测量一般以相邻两水准点之间为一测段,从一个水准点出发,逐点测量管道中

桩的高程,再附合到另一水准点上,以作校核。

纵断面水准测量的视线长度可适当放长一些。转点可选在中线桩上,也可另选。每测站除观测后视点、前视点,还要观测两转点之间的各桩(中间点),称为中间视。中间点的高程一般采用仪高法进行测定,如图 15 - 3 所示。后视、前视读数读至毫米;中间视读数可读至厘米。

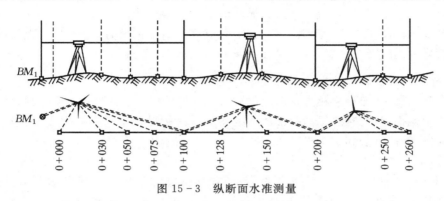

图 15 - 3　纵断面水准测量

表 15 - 1 是纵断面水准测量记录。整理记录计算观测成果,首先按照附合(闭合)水准路线要求,用各测站后、前视读数计算闭合差。如高差闭合差在容许值 $\pm 40 \sqrt{L}$ 毫米(L 为水准路线长度,以千米为单位)或 $\pm 12 \sqrt{N}$ 毫米(N 为测站数)范围以内,则观测成果可用,闭合差也无需调整。若高差闭合差大于容许值,则应检查原因,重新进行测量。

表 15 - 1　纵断面水准测量记录

测站	桩号	水准尺读数/m			高差/m		视线高程 /m	高程 /m	备注
		后视	中间视	前视	＋	－			
①	BM_1	1.258					419.258	418.000	
	0＋000		1.13					418.128	
	0＋030		1.18					418.078	
	0＋050		1.28					417.978	
	0＋075		1.41					417.848	
	0＋100			1.689		0.431		417.569	
②	0＋100	1.341					418.910	417.569	
	0＋128		1.32					417.590	
	0＋150		1.16					417.750	
	0＋200			1.092	0.249			417.818	
③	0＋200	1.216					418.034	417.818	
	0＋250		1.36					417.674	
	0＋260			1.701		0.485		417.333	
⋯	⋯	⋯	⋯	⋯	⋯	⋯	⋯	⋯	

各中线桩高程的计算按如下方法进行。首先计算测站视线高程。如表中第一测站,已知水准点 BM_1 的高程 $H_1 = 418.000$ m,后视读数为 1.258 m,则视线高程 $H_{i1} = 418.000 + 1.258 = 419.258$(m)。

中间视各点高程,等于视线高程分别减去各中间视读数,各桩高程为

$$0+000 \quad 419.258 - 1.13 = 418.128 \ (m)$$
$$0+030 \quad 419.258 - 1.18 = 418.028 \ (m)$$

由此求出管道中线上各桩点高程,为纵断面图的绘制提供数据。

在纵断面水准测量中,应特别注意与其他管道交叉情况的调查,记录管道交叉点的桩号,测量原有管道的高程及管径等数据,并在纵断面图上标出其位置,以供设计时参考。

3. 纵断面图的绘制

绘制纵断面图,一般在坐标方格纸上绘制,以管道的里程为横坐标,高程为纵坐标。为了更明显地表示地面起伏情况,纵断面图的高程比例尺一般是水平比例尺大 10 倍或 20 倍。以图 15 - 4 为例,绘制方法如下。

（1）制表

在坐标方格纸适当位置,绘出水平线,线下绘出表格,其内容有:现场测量情况,桩号、距离、地面高程以及管线平面示意图;表格关于设计的相关信息栏,管底高程(设计值)、坡度、埋深、管径等。

（2）绘地面线

先选定起始高程在图上的位置,使绘出的地面线处于图上适当位置(要考虑给埋设设计线在水平线上留出空位)。然后根据各中桩的里程和高程,在图上按纵横比例尺依次标出各中桩的位置点,用直线将相邻点连接起来,即可绘出地面纵断面图。

纵断面图绘制后,可由设计人员在其图上进行管道设计,内容如下。

① 根据设计要求,在纵断面图上绘出管道的设计线,在坡度栏中标注坡度方向,用"／、＼、—"分别表示上、下坡和平坡。坡度线之上注记坡度值,以百分数或千分数表示,线下注记该段坡度的距离。

② 计算管底高程。管底高程是根据管道起点的管底高程、设计坡度以及各桩间的距离,逐点计算出来的。例如 $0+000$ 的管底设计高程为 416.93 m(一般由设计给出)管道坡度为 $-5‰$(一号表示下坡),求得 $0+200$ 的管底高程为 $416.93 - 5‰ \times 200 = 415.93 \ (m)$。

③ 根据同一桩号的地面高程和管底设计高程,计算挖深或填高。地面高程减去管底设计高程即为管道挖深或填高。

以上计算结果,填入表格管底高程、坡度、埋深或填高的相应栏内。

▷ 15.3.2　管道横断面图测绘

管道横断面即垂直于管道中线方向的剖面。反映该剖面方向上地面起伏情况的图形,称为管道横断面图。在中线各桩处,作垂直于中线的方向线,测出该方向线上各特征点的高程和距中线的距离,根据这些数据绘制横断面图。横断面图是设计时土方计算和施工时确定开挖边界线的依据。

当管道直径不大、管道两侧地势平坦时,通常可不测管道横断面图,在管道横断面设计及土方量计算时,可视为地面高程与中桩处高程相同。横断面图施测的宽度,取决于管道的直径和埋深,一般情况下每侧施测 20 m。管道横断面图测绘,可参阅第 14 章 14.6 节中道路横断面图测量方法进行。

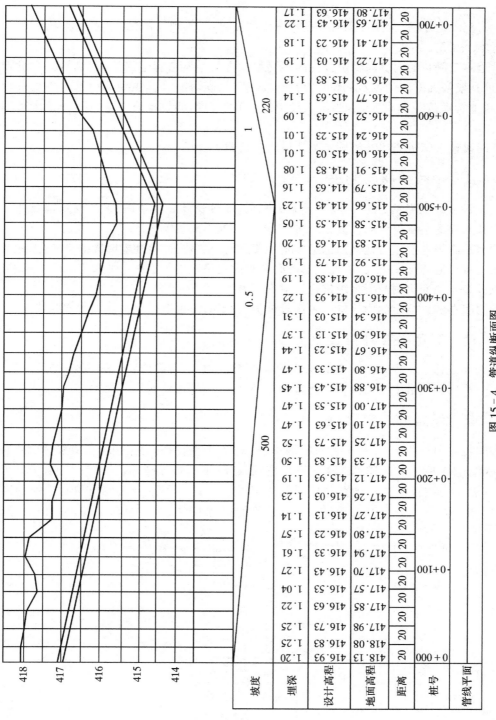

图 15-4 管道纵断面图

15.4 地下管道施工测量

管道施工测量前,应先熟悉有关设计图纸和资料,了解现场情况,对有关数据进行核对,然后进行施工测量。

管道施工测量的内容与管道设置的不同状态有关。架空管道施工测量时,要测设管道中线、管道支架基础平面位置及标高等;地面敷设管道施工测量时,主要测设管道中线及管道坡度等;地下管道施工测量时,需要做测设中线、测设坡度、测设检查井位以及开挖沟槽测量等工作。

下面以地下管道全线开挖施工为例说明管道施工测量。

▷ 15.4.1 中线检核与测设

地下管道施工测量之前,应先熟悉有关图纸、资料及设计示意图,了解现场情况并对必要的数据和已知的主点位置应认真核对,然后再进行施工测量工作。

管道勘测设计阶段时在地面已经标定了管道的中线位置,但随着时间的推移,原地面中线位置的主点可能移位或丢失,因此施工时必须对中线位置进行检核。如果实地主点标志破坏、丢失或设计发生变更则需要重新进行管道主点测设。

勘测时在实地标定的中线桩一般比较稀疏,施工时应根据需要适当加密中线桩。

▷ 15.4.2 标定检查井位置

检查井是管道工程中的一个组成部分,需要独立施工,所以应实地逐一标定其位置。标定井位时一般用钢尺沿中线逐个进行测量标定,并用大木桩在地面加以标志。

▷ 15.4.3 设置施工控制桩

在管道施工过程中,中线上各木桩将随施工进行而被挖掉,为了便于恢复管道中线和检查井的位置,应在施工前选择管道沟槽开挖范围以外,不受施工破坏、引测方便、易于保存的地方,设置施工中线控制桩和检查井控制桩。如图 15-5 所示,主点控制桩可在中线的延长线

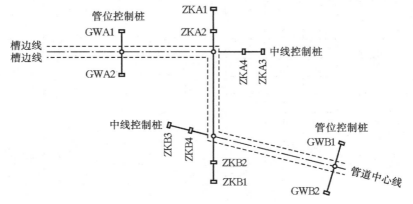

图 15-5 主点控制桩布设

上,设置两个控制桩。检查井控制桩可在垂直于中线方向两侧各设置一个控制桩或建立与周围固定地物特征点之间的距离关系,使井位可以随时恢复。

15.4.4 槽口放线

管道施工时,槽口的宽度与管道管径、埋深以及土质情况有关。如图 15 - 6 所示,沟槽口宽度首先决定槽底宽度 b,该值大小主要取决于管径、挖掘方式和敷设容许偏差等因素。保持边坡稳定应主要考虑土质情况。埋深则由设计图上取得。如图 15 - 6(a)所示,当地面横断面

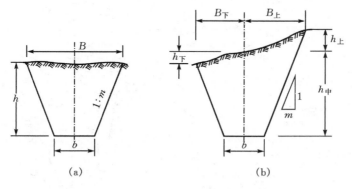

图 15 - 6 槽口放线

坡度比较平缓时,开挖槽口宽度可按下列公式计算

$$B = b + 2mh \tag{15 - 1}$$

式中:b 为槽底宽度;h 为中线上的挖土深度;$1/m$ 为管槽边坡的坡度。

如图 15 - 6(b)所示,当地面横断面坡度较大时,开挖槽口宽度为

$$\left.\begin{array}{ll} 斜坡上侧 & B_上 = b/2 + m \cdot (h_中 + h_上) \\ 斜坡下侧 & B_下 = b/2 + m \cdot (h_中 - h_下) \\ & B = B_上 + B_下 \end{array}\right\} \tag{15 - 2}$$

沟槽口宽度 B 计算出来后,可以中线为准,向两侧各测设开挖边界,即为沟槽开挖边线。

15.4.5 设置施工测量标志

管道施工时,为了配合工程进度要求,随时恢复管道中线及检查施工标高,一般在管线上需要设置施工测量标志,常用方法有以下几种。

1. 平行轴线桩法

当施工管道管径较小,埋深较浅时,在管线一侧设置一排平行于管道中线的轴线桩,如图 15 - 7 所示,其间距 a 与管道中心线 b 的大小与管径和埋深有关,以不受施工影响和方便测设为原则。轴线桩之间间距以 10～20 m 为宜。

管道施工剖面如图 15 - 8 所示,施工时可用小钢尺随时测量间距 a,恢复和检查中线位置。

高程位置检查,浅埋管道,如图 15 - 8(a)所示,平行轴线桩同时可以作为高程测设的依据。若属深埋管道,如图 15 - 8(b)所示,则可在沟槽一侧设置腰桩,测出腰桩高程作为高程测

设的依据。

平行轴线桩法也适用于机械施工。

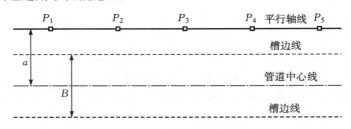

图 15－7　平行轴线桩布设

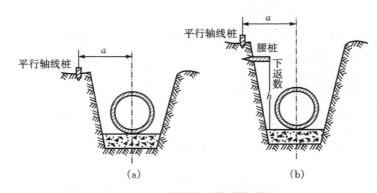

图 15－8　平行轴线桩控制管道施工

2. 坡度板、坡度钉法

当施工管道管径较大，管沟较深时，沿管线每隔 10～20 m 设置跨槽坡度板，如图 15－9 所示，坡度板应埋设牢固，板顶面水平。根据中线控制桩，用经纬仪将中线投测到坡度板上，并钉上小钉，作为中线钉。在坡度板侧面注上该中线钉的里程桩号。相邻中线钉的连线，即为管道中线方向，在其上悬挂垂线，即可将中线位置投侧到槽底，用于控制沟槽开挖和管道安装。

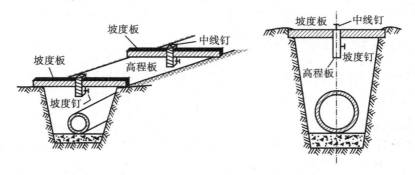

图 15－9　坡度板、高程板控制管道施工

为了控制管沟开挖深度，在坡度板上铅垂钉设高程板，然后根据附近水准点，测出各坡度板顶端高程。坡度板顶端高程与管底高程之差，就是开挖深度。由于各处挖深不同，不便记忆，在坡度板上设置高程板，用于调节各处高程板，使之与挖深一致或为一整数，然后在高程板

上钉设坡度钉,由坡度钉向下称为下返数。

排水管道接头一般为承插口,施工精度要求较高,为了保证工程质量,在管道接口前应复测管顶高程(即管底高程加管径和管壁厚度),高程误差不得超过±1 cm,如在限差之内,方可接口。接口后,需进行竣工测量方可回填土。

15.5 顶管施工测量

当管道穿越铁路、公路或重要建筑时,为了避免开挖沟槽进行管道施工而导致对正常交通运输的影响或拆迁建筑物,大多采用顶管施工的方法。随着机械化施工程度的提高,这种施工方法已被广泛采用。

采用顶管施工时,应先挖好工作坑,在工作坑内安放好导轨,并将管材放在导轨上,用顶镐的办法,将管材沿着所要求的方向顶进土中,然后将管中土方挖出。为此,需要有相应的测量方法配合顶管施工。顶管施工测量的主要任务是,给定管道中线的方向、高程和坡度,以便及时调整管材的位置。

15.5.1 准备工作

1. 设置顶管中线桩

如图 15 - 10 所示,首先根据设计图上管线的要求,在工作坑的前后各设置一个木桩,称为轴线控制桩,然后确定开挖边界。开挖到设计高程后,将中线引到坑壁上,并用大钉或木桩标定,称为顶管中线桩,以标定顶管的中线位置。

2. 设置临时水准点

为了控制管道按设计高程和坡度顶进,需要在工作坑内设置两个临时水准点,以便相互检查。

3. 安装导轨

导轨一般安装在方木或混凝土垫层上,垫层面的高程及纵向坡度都应符合设计要求。为了便于排水和防止摩擦管壁,中线高程应稍低一些。根据导轨的宽度安装导轨,根据顶管中线桩及临时水准点检查中线位置和高程,检查无误后将导轨固定。

15.5.2 中线测量

顶管工作坑开挖前,应将管道中线桩设置在工作坑两端,然后以此进行工作坑长、宽的测设并开挖。随着工作坑开挖深度的增加,在地面中线桩上无法进行坑底中线测设时,可使用全站仪或经纬仪进行中线投测,在两端坑壁上打桩,如图 15 - 10 所示,设立坑壁中线桩。

进行顶管导轨安装以及顶管施工导向时,用细绳连接两坑壁上的中线桩,并在细绳靠近两端各悬挂一个垂球,由此即将管道中线投测到坑底,用以控制导轨安装。顶管施工导向是在两垂球线同一侧再水平拉紧一条细绳,紧靠垂球线并直指顶管工作面。这时在管道前端内,用水准器放置安平一个中线木尺。木尺长度等于或略小于管径,木尺上的分划是以尺的中央为零点向两端增加的,如果紧靠两垂球线的水平连线通过木尺零点,则表示顶管处在中线上,如不与零点重合,则有偏差。若左右偏差超过±1.5 cm,则需要对管道进行中线校正。

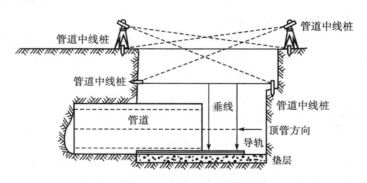

图 15-10　顶管施工测量

15.5.3　高程测量

当工作坑开挖至设计标高后,为了方便控制管道按设计高程及坡度进行顶管施工,需要在坑底或坑壁上设置 2～3 个临时水准点(以便于相互检核)。

顶管时的高程和坡度测设是将水准仪安置于工作坑内,以临时水准点所立标尺为后视,在管道内待测点竖立一根小于管径的标尺作为前视,将测得的高程与设计高程进行比较,其偏差超过±1 cm 时,需要对管子进行校正。当施工要求不高或工作坑内仪器工作不便,在条件允许时,也可采用塑料软管用静力水准的方法对顶进端高程与设置高程进行比较测高。

在顶管过程中,为保证施工质量,每顶进 0.5 m 就需要对管子进行一次中线测量和高程测量,其限差为横向移位误差不大于±1.5 cm;高程误差不大于±1.0 cm。

顶管施工距离小于 50 m 时,一端施工即可。当距离较长时,应两端相向施工,或每隔 100 m 设置一个工作坑,采用分段对向顶管施工方法,贯通误差不得大于±3 cm。

对于采用套管的顶管施工,施工精度可适当放宽。

当顶管距离较长,管径较大,并采用机械化施工时,可采用激光指向仪进行导向。

15.6　管道竣工测量

管道竣工测量的目的,就是客观地反映管道施工后的实际位置和尺寸,以便查明与原设计的符合程度,是检验管道施工质量的重要内容,并为建成后的使用、管理、维修和扩建提供重要的依据。它也是建设区域规划的必要依据和城市基础地理信息系统的重要组成部分。

管道竣工测量的主要工作是测绘注记有管道种类、管径、管道相关高程及地面高程的管道竣工平面图,有时还需要测绘管道竣工纵断面图。

由于城市及厂区建设中,管线种类很多,往往无法将各种管线全都绘制在同一张平面图上,所以需要对各种管道进行分类,绘制不同分类的管道竣工平面图。如需绘制带状竣工平面图,其平面图宽度可根据需要确定。竣工平面图比例尺一般采用 1:500、1:1000 或 1:2000。

竣工平面图主要测绘管道的主点、检查井位置以及附属构筑物施工后的实际位置和高程。竣工图上应注明检查井编号、检查井井口高程、给(排)水的管顶(底)高程以及管径等相关数据。对于管道中的阀门、消火栓、排气装置和预留口等,应按统一符号标注。对一张图上有两种及以上正管线时,应使用规定符号标注管线种类及名称。

竣工平面图的测绘,可充分利用施工原有控制点,如不能满足测图要求时,可根据需要重新布设控制点。当已有竣工区域近期实测的大比例尺地形图时,可以利用其永久建筑物用图解法量测绘制出管道及其构筑物的位置。

当管线竣工测量的精度要求较高时,需测定管线的各主点坐标及准确高程,并注记于图上,其点位中误差应满足相应的测绘规范要求(一般不大于±5 cm)。

由于管道工程大多属地下隐蔽工程,竣工测量的时效性很强,所以竣工测量应在回填之前及时进行,以保证测量的准确有效。

对于没有竣工图的原有地下管线需测绘时,应尽量收集原有管道的资料,再实地核对,对有检查井的管线应逐井打开并用塔尺等工具量取管径、管顶或管底的比高等数据并详细记录。一井中有多方向管道时,要逐一量取并测量其方向,以便连线弄清楚线路走向。必要时需开挖进行测量,也可借助探地雷达、金属探管仪等设备进行管道探测调查测量。调查清楚后,逐点测量并绘制成图。对确实无法核实的直埋管道,可在图上画虚线示意。

如需进行下井调查应特别注意人身安全。需先了解有关管线的安全知识,并严格遵守用火、用电、防爆等作业要求,防止有毒、易燃、易爆气体及腐蚀液体等的危害。特殊管线的调查应办理相应手续并在相关部门的配合下调查、施测。

思考与练习

1. 已知设计管道上主点1、2及地面控制点A、B的坐标,试计算用极坐标主点1、2的测设数据,并给出校核方法及数据。

$$x_A = 6130.652 \text{ m}, \quad y_A = 13002.500 \text{ m}$$
$$x_B = 6130.728 \text{ m}, \quad y_B = 13103.618 \text{ m}$$
$$x_1 = 6250.800 \text{ m}, \quad y_1 = 13130.500 \text{ m}$$
$$x_2 = 6190.800 \text{ m}, \quad y_2 = 13130.500 \text{ m}$$

2. 已知龙门板各板顶高程、板号及设计坡度如表15-2所示,按表中有关数据,选定下返数计算板顶调整数及坡度钉高程。

表 15-2

板号	距离/m	坡度	管底高程/m	板顶高程/m	板管间高差/m	预定下返数/m	板顶高程调整数/m	坡度钉高程/m
1+120			410.232	412.814				
1+140		−3‰		412.757				
1+160				412.687				
1+180				412.620				
1+200				412.583				
1+220				412.500				
1+240				412.465				
1+260				412.403				

3. 整理表 15-3 纵断面水准测量记录,并绘制出纵断图(水平比例尺 1:1000,高程比例尺 1:100)

表 15-3

测站	桩号	水准尺读数/mm			高差/m		视线高程	高程	备注
		后视	中间视	前视	+	—	/m	/m	
①	BM_3	1516							$BM_3 =$
	1+120		1602						416.526 m
	1+140		1513						
	1+151		1462						
	1+160		1411						
	1+180			1325					
②	1+180	1781							
	1+195		1701						
	1+200		1665						
	1+220		1600						
	1+240		1523						
	1+260			1408					
③	1+260	1800							
	1+280		1795						
	1+286		1700						
	1+300		1686						
	1+309		1652						
	1+320			1525					

第 16 章　建筑变形测量

学习要点

1. 建筑变形测量的目的、内容
2. 建筑变形测量的基本规定
3. 建筑沉降观测的方法和要求
4. 建筑水平位移观测的方法
5. 建筑倾斜观测

16.1　建筑变形测量概述

▷ 16.1.1　建筑变形测量的目的

建筑变形是指建筑的地基、基础、上部结构及其场地受各种作用力而产生的形状或位置变化的现象。

建筑都是建在其基础之上的,在施工和使用过程中建筑及其基础之上的荷载会发生变化,由于建筑场地土层和土质的复杂性和压缩性以及地基处理上的差异及荷载差异等诸多因素的影响,或建筑及基础受到外力的影响等(如地震、爆破、地下水位大幅变化、地下采空及周邻塌陷、地裂缝、大面积堆载等)都会使建筑物发生变形,当这种变形在一定限度以内时属正常,但超过了一定的限度,则会影响其正常使用并危及建筑结构及人身财产安全。因此,在建筑的施工和使用过程中,需要对建筑进行变形测量,以掌握其变化情况。

建筑变形测量是指对建筑的地基、基础、上部结构及其场地,受上述各种作用力而产生的形状或位置变化进行观测,并对观测结果进行处理和分析的工作。利用建筑变形观测数据可以分析建筑变形发展的趋势和规律,供专业技术人员分析研究产生变形的原因,采取相关措施阻止其有害变形以及采取工程措施恢复建筑至安全状态。

通过建筑变形测量可以达到以下目的。

① 有效监督新建建筑在施工过程及使用运营期间的安全,以便及时发现有害变形,采取相应安全措施。

② 为验证有关建筑地基基础设计、工程结构设计的理论及设计参数,为今后设计提供可靠的建筑及基础变形数据。

③ 有效监测已建成建筑以及建筑场地的稳定性,为建筑的维修、保护、特殊性场地区域选址以及建筑场地治理提供依据。

④ 通过大量的观测开展建筑变形规律与变形的预报以及变形理论与测量方法的研究工作,根据对大量系统、可信的观测数据资料的综合分析获取建筑变形的系统性结论。

16.1.2 建筑变形测量的内容

建筑变形测量主要是对建筑的平面位置和高程变化进行测量。建筑变形测量的内容可分为沉降观测、位移观测和特殊变形观测等三类。

1. 沉降观测

包括建筑沉降观测、基坑回弹观测、建筑场地沉降观测、地基土分层沉降观测等。

2. 位移观测

包括建筑主体倾斜观测、建筑水平位移观测、基坑壁侧向位移观测、建筑场地滑坡观测、挠度观测等。

3. 特殊变形观测

包括动态变形测量、日照变形观测、风振观测、裂缝观测等。

16.1.3 建筑变形测量的特点

与一般的工程测量工作相比,建筑变形测量具有以下特点。

1. 观测精度要求较高

短时间内建筑变形量往往较小,要测量出建筑物微小的变形量,就要求观测精度较高。测量精度要求取决于建筑物的类型、大小、重要程度、地基基础情况等因素。

2. 观测时间长,需要重复观测

由于建筑变形通常是一个缓慢的渐变过程,需要对建筑物进行长期的连续观测。通过观测,获得大量的观测数据,从而分析建筑物的变形情况和变形规律。

3. 数据处理方法严密

由于建筑变形测量要求观测精度较高,为了科学合理地处理观测过程中出现的误差,需要对观测数据进行细致分析和严密平差处理,以获得建筑物真实的变形量和准确掌握其变形规律。

16.1.4 建筑变形测量标志点的分类

建筑变形测量标志点根据用途分为以下几种。

1. 变形观测标志点

变形观测点是设置在变形体上用于照准的标志点,也称为变形点、观测点。点位应设立在能准确反映变形体变形特征的位置上。

2. 基准点

基准点即变形体外确认固定不动的基准标志点,作为测定工作基点和变形观测点的基准点位,其点位应设立在变形区域以外、不受外力影响的地区,每个工程应至少设置三个基准点。其高程值可采用假定高程系统,坐标可采用假定坐标系统。

3. 工作基点

工作基点是作为直接测定变形观测点的相对位置的标志点,也称为工作点。对于通视条件较好或观测工作量较少的小型工程,可不设工作基点,而直接利用基准点测定变形观测点。

▶ 16.1.5 建筑变形测量的要求

建筑变形测量工作必须按照国家有关测量规范进行,如《国家一、二等水准测量规范》(GB 12897—1991)、《工程测量规范》(GB 50026—2007)及《建筑变形测量规范》(JGJ 8—2007)。

对有一些在其施工和使用期间是要求强制性进行变形测量的建筑,如地基基础设计等级为甲级的建筑、复合地基或软弱地基上设计等级为乙级的建筑、加层、扩建的建筑、受邻近深基坑开挖施工影响或受场地地下水等环境因素变化影响的建筑以及需要积累经验或进行设计反分析的建筑等。

1. 建筑变形测量的基本要求

① 变形测量应能确切地反映建筑地基、基础、上部结构及其场地在静荷载或动荷载及环境等因素影响下的变形程度或变形趋势,并以此作为确定作业方法和检验成果质量的基本要求。

② 变形测量工作开始前,应根据建筑地基基础设计的等级和要求、变形类型、测量目的、任务要求以及测区条件进行施测方案设计,确定变形测量的内容、精度级别、基准点与变形点布设方案、观测周期、仪器设备及检定要求、观测方案与数据处理方法、提交成果内容等,编写技术设计书或实施测量方案。

2. 建筑变形测量的等级划分及精度要求

建筑变形测量的级别、精度指标及其适用范围要符合表16-1的规定。

3. 变形观测基准点与变形观测点布设要求

① 建筑沉降观测应设置高程基准点。建筑及基坑位移和特殊变形观测应设置平面基准点,必要时应设置高程基准点。

② 当基准点离所观测建筑距离较远致使变形测量作业不方便时,应设置工作基点。

③ 变形测量的基准点应设置在变形区域以外、位置稳定、易于长期保存的地方,并应定期复测。复测周期应视基准点所在位置的稳定情况确定,在建筑施工过程中宜1~2月复测一次,点位稳定后每季度或每半年复测一次。当观测点变形测量成果出现异常,或当测区受到地震、洪水、爆破等外界因素影响时,应及时进行基准点复测,并对其进行稳定性分析。

④ 当有工作基点时,每期变形观测时均应将工作点与基准点进行联测,然后再对变形点进行观测。

⑤ 变形观测点应选设在建筑地基、基础、场地及上部结构的敏感位置上(即能反映变形特征的位置),可从工作基点或邻近的基准点对其进行观测。

4. 建筑变形测量的周期要求

① 建筑变形测量应按技术设计确定的观测周期与总次数进行观测。变形观测周期的确

表 16-1   建筑变形测量的级别、精度指标及其适用范围

变形测量级别	沉降观测	位移观测	主要适用范围
	观测点测站高差中误差/mm	观测点坐标中误差/mm	
特级	±0.05	±0.3	特高精度要求的特种精密工程的变形测量
一级	±0.15	±1.0	地基基础设计为甲级的建筑的变形测量,重要的古建筑和特大型市政桥梁等变形测量等
二级	±0.5	±3.0	地基基础设计为甲、乙级的建筑的变形测量,场地滑坡测量,重要管线的变形测量,地下工程施工及运营中变形测量,大型市政桥梁变形测量等
三级	±1.5	±10.0	地基基础设计为乙、丙级的建筑的变形测量,地表、道路及一般管线的变形测量,中小型市政桥梁变形测量等

注:①观测点测站高差中误差,指水准测量的测站高差中误差或静力水准测量、电磁波测距三角高程测量中相邻观测点相应测段间等价的相对高差中误差;

②观测点坐标中误差,指观测点相对测站点(如工作基点)的坐标中误差、坐标差中误差以及等价的观测点相对基准线的偏差值中误差、建筑或构件相对底部固定点的水平位移分量中误差;

③观测点点位中误差为观测点坐标中误差的$\sqrt{2}$倍;

④按规范以中误差作为衡量精度的标准,并以二倍中误差作为极限误差。

定应该以能够系统地反映所观测建筑变形的变化过程、且不遗漏其变化时刻为原则,并要综合考虑单位时间内变形量的大小、变形特征、观测精度要求以及外界因素影响情况。

② 建筑变形测量的首次(即零周期)观测应连续进行两次独立观测,并取观测结果的中数作为变形测量初始值。

③ 一个周期的观测应在短的时间内完成。不同周期观测时,宜采用相同的观测网形、观测路线和观测方法,并使用同一测量仪器和设备。对于特级和一级变形观测,宜固定观测人员、选择最佳观测时段、在相同的环境和条件下实施观测。

5. 建筑变形测量的其他要求

当建筑变形测量过程中发生下列情况之一时,必须立即报告委托方,同时应及时增加观测次数或调整变形测量方案。

① 变形量或变形速率出现异常变化。

② 变形量达到或超出预警值。

③ 周边或开挖面出现塌陷、滑坡。

④ 建筑本身、周边建筑及地表出现异常。

⑤ 由于地震、暴雨、冻融等自然灾害引起的其他变形异常情况。

16.2 建筑沉降观测

建筑沉降是指建筑物及其地基在荷载作用下产生的竖向移动(亦称垂直位移)。建筑沉降观测就是测定建筑物上选设的观测点(即变形点)相对于高程基准点随时间变化的高差变化量(即沉降量)、沉降差(亦称差异沉降)及沉降速度,并根据需要计算基础倾斜、局部倾斜、相对弯曲及构件倾斜。建筑沉降观测一般采用精密水准测量方法,也有某些建筑内部沉降观测采用液体静力水准测量的方法。

➤ 16.2.1 沉降观测基准点、观测点的埋设

1. 沉降观测基准点的埋设

建筑沉降是依据埋设在建筑物附近的高程观测基准点(水准点)进行的,为了相互校核并考虑基准点的稳定、观测的方便及保证高程基准精度,沉降观测的基准点一般最少布设三个。基准点应埋设在建筑变形影响范围以外的基岩层或原状土层上,尽量埋设于被测建筑四周。在建筑区内,基准点点位与邻近建筑的距离应大于建筑基础最大宽度的 2 倍,其标石埋深应大于邻近建筑基础的深度。基准点也可选择在基础深且稳定的原有建筑上。选埋基准点应避开交通干道、地下管线、仓库堆栈、水源地、河岸、松软填土、滑坡地段、地裂缝,机器振动区以及其它可能使标石、标志易遭腐蚀和破坏的地方。

基准点标石的选型及埋设可根据预埋点位所处的不同地质条件选用相应的埋标石类型。标石埋设后,应达到稳定后才开始观测,稳定期根据观测要求与测区的地质条件确定,一般不少于 15 天。

2. 沉降观测点的标志与埋设

沉降观测点的布设应能全面反映建筑及地基变形特征,并顾及建筑基础的地质情况、建筑结构特点、内部应力的分布情况,还要考虑方便观测。其布设一般由设计单位负责确定。如观测点的布设不便于测量时,测量人员应与设计单位协商,重新选择合理的布置方案。

沉降观测点的标志形式,可根据不同的建筑结构类型和建筑材料采用墙(柱)标志、基础标志和隐蔽式标志等形式。

① 墙(柱)标志。它是埋设在墙(柱)上直径为 20 mm 的圆钢,见图 16 - 1(a)。

② 基础标志。它是埋设在基础上的直径为 20 mm,长 80 mm 的铆钉,见图 16 - 1(b)。

③ 隐蔽式标志。对于高级建(构)筑物,为了不影响墙面的美观,采用不锈钢材质的隐蔽式标志,见图 16 - 1(c)。观测时将球形标志旋入孔洞内,观测完毕即将标志旋下,换上罩盖。制作球形标志时一定要注意加工的精度,否则会影响观测的准确性。

沉降观测标志的埋设应使观测点与建筑牢固联结,使观测点的变化能真正反映建筑沉降情况。各类标志与立尺接触部位应加工成半球形或要有明显的突出点,并要有防锈防腐措施。标志的埋设位置应避开雨水管、窗台线、散热器、暖水管、电气开关等妨碍设标与妨碍标尺竖立观测的障碍物,并应视立尺需要离开墙(柱)面和地面一定距离。

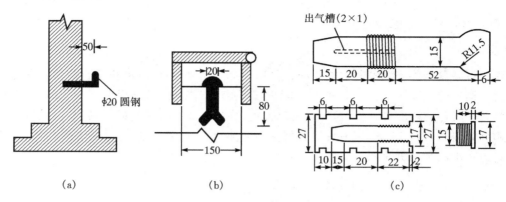

图 16-1　沉降观测点标志

16.2.2　沉降观测的实施

沉降观测是建立在高程控制网的基础上,一般采用精密水准测量的方法进行的。根据设计要求或具体的建筑荷载加载情况,每隔一定周期观测基准点与观测点之间的高差,据此计算和分析建筑的沉降变形规律。

1. 沉降观测的技术要求

① 沉降观测的测量精度。沉降观测的精度,主要取决于被观测对象设计的变形允许值的大小和进行观测的目的,一般意义的沉降观测是为了确保建筑的安全,其观测值中误差不应超过变形允许值的 1/20~1/10,或者 ±1~±2 mm。

② 各等级水准观测的视线长度、前后视距差和视线高度应符合表 16-2 的规定。

表 16-2　沉降观测的技术要求一

级别	视线长度/m	前后视距差/m	前后视距差累积/m	视线高度/m
特级	≤10.0	≤0.3	≤0.5	≥0.8
一级	≤30.0	≤0.7	≤1.0	≥0.5
二级	≤50.0	≤2.0	≤3.0	≥0.3
三级	≤75.0	≤5.0	≤8.0	≥0.2

注:①表中的视线高度为下丝读数;
　　②当采用数字水准仪观测时,最短视线长度不宜小于 3 m,最低水平视线高度不宜低于 0.6 m。
　　③各等级水准观测的限差应符合表 16-3 的规定。

表 16-3 沉降观测的技术要求二

级别		基辅分划读数之差/mm	基辅分划所测高差之差/mm	往返较差及附合或环线闭合差/mm	单程双测站所测高差较差/mm	检测已测测段高差之差/mm	仪器 i 角/″
特级		0.15	0.2	$\leqslant 0.1\sqrt{n}$	$\leqslant 0.07\sqrt{n}$	$\leqslant 0.15\sqrt{n}$	$\leqslant 10″$
一级		0.3	0.5	$\leqslant 0.3\sqrt{n}$	$\leqslant 0.2\sqrt{n}$	$\leqslant 0.45\sqrt{n}$	$\leqslant 15″$
二级		0.5	0.7	$\leqslant 1.0\sqrt{n}$	$\leqslant 0.7\sqrt{n}$	$\leqslant 0.15\sqrt{n}$	$\leqslant 15″$
三级	光学测微	1.0	1.5	$\leqslant 3.0\sqrt{n}$	$\leqslant 2.0\sqrt{n}$	$\leqslant 4.5\sqrt{n}$	$\leqslant 20″$
	中丝读数	2.0	3.0				

注：①当采用数字水准仪观测时，对同一尺面的两次读数差不设限差，两次读数所测高差之差的限差执行基辅分划所测高差之差的限差；

②表中 n 为测站数。

2. 沉降观测周期与时间的确定

沉降观测周期与次数应视地基土质类型与基础加荷情况而定。民用高层建筑可每施工完一层观测一次；工业建筑可按回填基坑、安装柱子和屋架、砌筑墙体、设备安装等不同施工阶段分别进行观测，如建筑施工均匀增高，应至少在增加总荷载的 25%、50%、75%、100% 时各测一次。在施工中若暂停工，在停工时及重新开工时应各观测一次。建筑物主体竣工后的观测次数，按地基土类型和沉降速率大小而定，一般在第一年观测 3～4 次，第二年观测 2～3 次，第三年后每年观测 1 次，直至稳定为止。观测期限一般不少于：砂土地基 2 年，膨胀土地基 3 年，粘土地基 5 年，软土地基 10 年。具体到特定建筑时，其沉降观测要根据其建筑设计的要求并严格遵守相应规范。

沉降观测周期应能反映出建筑沉降变形规律。观测中当发现基础附近地面荷载突然增减、基础四周大面积积水、长时间的连续降雨等情况时，都应及时增加观测次数。观测中当建筑突然发生大量沉降、不均匀沉降或严重的裂缝等异常变形时，应立即进行逐日或每 2～3 天一次的连续观测。

建筑沉降是否进入稳定阶段，可由沉降量与时间关系曲线判定。若最后 100 天的沉降速率小于 0.01～0.04 mm/天时，可认为已进入稳定阶段。实际应用中，稳定指标的具体取值应根据不同地区地基土的压缩性能综合考虑确定。

▷ 16.2.3 沉降观测的成果整理

每周期沉降观测后，应检查外业记录手簿是否正确及精度是否满足要求。随后对水准网进行严密平差，根据观测点高程平差值计算出各观测点沉降量、沉降差以及本周期平均沉降量、沉降速率和累计沉降量。根据需要，可按式(16-1)和式(16-2)计算基础或构件的倾斜或弯曲量。

1. 基础或构件的倾斜度 α

$$\alpha = (S_i - S_j)/L \qquad (16-1)$$

式中：S_i 为基础或构件倾斜方向上 i 点的沉降量（mm）；S_j 为基础或构件倾斜方向上 j 点的沉降量（mm）；L 为 i、j 两点间的距离（mm）。

2. 基础相对弯曲度 f_c

$$f_c = [2S_o - (S_i + S_j)]/L \qquad (16-2)$$

式中：S_o 为基础中点 O 的沉降量（mm）；S_i、S_j 为基础两个端点 i 点、j 点的沉降量（mm）；L 为基础两个端点 i、j 间的距离（mm）。

沉降观测结束后应提交主要成果，内容包括：工程平面位置图及基准点分布图；沉降观测点位分布图，见图 16-2；沉降观测成果表（见表 16-4 式样）；沉降量—时间曲线图，见图 16-3；平均沉降速率曲线图，见图 16-4；等沉降曲线图；沉降观测成果分析。

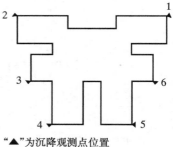

"▲"为沉降观测点位置

图 16-2　沉降观测点位分布图

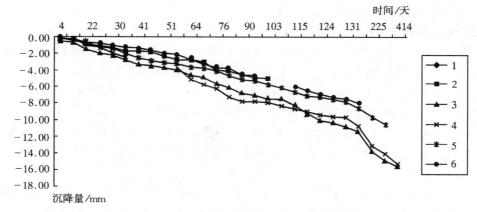

图 16-3　沉降量—时间曲线图

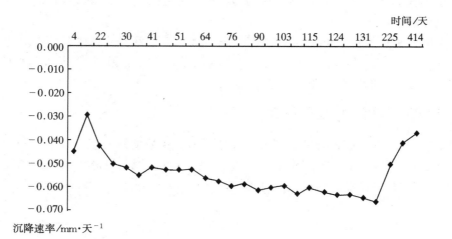

图 16-4　平均沉降速率曲线图

表16－4　沉降观测成果表

工程名称:某高层住宅楼　　仪器:Ni004　　编号:202473　　观测:×××　　计算:×××　　检查:×××　　审核:×××

观测点编号	第1次成果 观测日期:2008年10月28日			第2次成果 观测日期:2008年11月4日			第3次成果 观测日期:2008年11月12日			第4次成果 观测日期:2008年11月20日		
	高程/m	沉降量/mm	累计沉降量/mm	高程/m	沉降量/mm	累计沉降量/mm	高程/m	沉降量/mm	累计沉降量/mm	高程/m	沉降量/mm	累计沉降量/mm
1	10.48530			10.48522	-0.08	-0.08	10.48517	-0.05	-0.13	10.48405	-1.12	-1.25
2	10.48490			10.48481	-0.09	-0.09	10.48473	-0.08	-0.17	10.48385	-0.88	-1.05
3	11.09442			11.09399	-0.43	-0.43	11.09373	-0.26	-0.69	11.09295	-0.78	-1.47
4	11.05825			11.05817	-0.08	-0.08	11.05803	-0.14	-0.22	11.05757	-0.46	-0.68
5	10.49425			10.49397	-0.28	-0.28	10.49396	-0.01	-0.29	10.49373	-0.23	-0.52
6	10.44223			10.44212	-0.11	-0.11	10.44182	-0.30	-0.41	10.44153	-0.29	-0.70
工程施工情况	施工至±0			施工至一层顶板浇筑完毕			施工至二层顶板浇筑完毕			施工至三层顶板浇筑完毕		
荷载情况/t·m⁻²	3.0			5.0			7.0			9.0		

注:采用假定高程系统。

16.3　基坑回弹观测

随着经济的发展,高层建筑越来越多,相应的大型深基坑也越来越多。为了建筑基础设计需要及确保建筑安全,对大型深基坑要进行基坑回弹观测。基坑回弹是指基坑开挖时由于卸除基坑内土的自重而引起坑底层土向上隆起的现象。基坑回弹观测就是测定基坑开挖后,引起的基坑内外影响范围内相对于开挖前的回弹量。基坑回弹观测一般采用水准测量配以铅垂钢尺读数的钢尺法。对于较浅基坑,也可采用水准测量配辅助杆垫高水准尺读数的辅助杆法。基坑开挖后的回弹观测直接利用传递到坑底的临时工作点,采用水准测量方法进行。

▶ 16.3.1　基坑回弹观测点的埋设

基坑回弹观测点的布设应根据基坑形状、大小、深度及地质条件确定,以最少的点数能测量出所需各纵横断面回弹量为原则进行,可利用回弹变形的近似对称性,按下列要求布点。

① 在基坑的中央和距坑底边缘约 1/4 坑底宽度处以及其他变性特征点位置应设点。

对方形、圆形基坑,可按单向对称布点;矩形基坑,可按纵横向布点;复合矩形基坑,可多向布点。地质复杂时,应适当增加点数。

② 基坑外的观测点,应在所选坑内方向线的延长线上,距基坑深度 1.5～2 倍距离内布置。

③ 所选点位遇到旧地下管道或其他构筑物时,可将观测点移至与之对应方向线的空位上。

④ 在基坑外相对稳定且不受施工影响的地点,选设工作基点及为方便寻找标志用的定位点。

⑤ 观测路线应组成起讫于工作基点的闭合或附合路线,使之具有检核条件。

根据回弹观测点埋设与观测方法不同,可采用辅助杆压入式、钻杆送入式或直埋式标志。回弹标志应埋入基坑底面以下 20～30 cm,根据开挖深度和地层土质情况,可采用钻孔法或探井法埋设。

▶ 16.3.2　基坑回弹观测方法

1. 辅助杆法

（1）钻孔

用小口径工程地质钻机垂直钻孔,孔口与孔底中心偏差宜小于 3/1000。孔深应达到孔底设计平面以下 20～30 cm,孔底应清理干净。

（2）回弹观测标志的埋设

回弹观测标志的直径应与套管内径相适应,可采用长 20 cm 的圆钢,将一端中心加工成半径为 15～20 mm 的半球状,另一端加工成楔形。将回弹标套在保护管下端送入孔底。

（3）辅助杆

用两端封口的空心金属管制成,顶部加工成半球状,并在顶部侧面安置圆水准器,杆长以放入孔内后能够露出地面 20～40 cm 为宜。

（4）观测方法

基坑开挖前把辅助杆立于孔内的回弹标志上，使辅助杆上圆水准器气泡居中，并用保护管上的固定螺旋顶紧固定。按设定好的回弹观测水准路线，采用水准测量方法，测出辅助杆上点标志（即测标）的高程，如图 16-5 所示。观测前应对辅助杆的长度进行检定，观测时应测量孔内温度，以对辅助杆进行温度改正，以及长度改正。测毕，拔出保护管和辅助杆，将孔回填，为了开挖后寻找方便，先用白灰回填，再用素土填满。

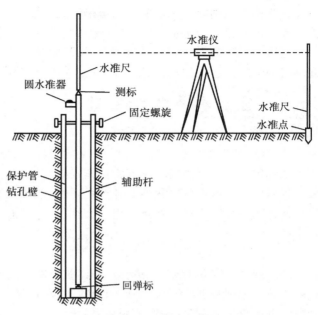

图 16-5　辅助杆法回弹观测

2. 钢尺法

对于开挖较深的基坑，回弹观测方法可借助钢尺进行观测。如图 16-6所示，钢尺在地面一端使用三脚架、滑轮、重锤或拉力计牵拉，钢尺的起端直接与回弹标志连结。按布设好的回弹观测水准路线，采用水准测量方法，直接读取钢尺的读数，测出回弹标的高程。观测时应测量钢尺尺身温度，以对钢尺进行温度改正，并对钢尺的长度进行检定，以进行长度改正。

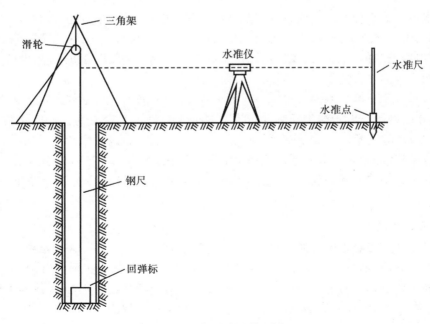

图 16-6　钢尺法回弹观测

基坑回弹观测应不少于 3 次,首次观测应在基坑开挖前,第二次观测应在基坑开挖后,第三次应在浇筑基础混凝土之前。当需要测定分段卸荷回弹时,应按分段卸荷时间增加观测次数。当基坑开挖完毕至基础施工的间隔时间较长时,亦应适当增加回弹点观测次数。

基坑开挖后的回弹观测,应在基坑开挖后观测前,小心地挖出各回弹标志,直接利用传递到坑底的临时高程工作点,采用水准测量方法测出各回弹标志的高程。

16.4   建筑水平位移观测

建筑物、构筑物的位置在水平方向上的变化称为建筑水平位移。建筑水平位移观测就是测定在规定平面上,建筑物、构筑物整体或局部随时间变化的位移量和位移速度,其应用包括位于特殊性土地区的建筑物地基基础水平位移观测、受高层建筑物基础施工影响的建筑物及工程设施水平位移观测以及挡土墙、大面积堆载等工程中所需的地基土深层侧向位移观测等。

▷ 16.4.1   水平位移观测点的设置

建筑水平位移观测点的位置,对于建筑物应布设在墙角、柱基及裂缝两边等处;对于地下管线应布设在端点、转角点及必要的中间部位;护坡工程则应按待测坡面成排布点;测定深层侧向位移的点位和数量,应按工程需要确定。

建筑水平位移观测点的标志,对于建筑物上的观测点,可采用墙上或基础标志;土体上的观测点,可采用混凝土标志;地下管线的观测点,应采用窨井式标志。各种标志的型号和埋设,应根据点位条件和观测要求设计确定。

▷ 16.4.2   建筑水平位移观测的方法

建筑水平位移观测的方法比较多,当要测定观测点在特定方向的位移时,可使用视准线、激光准直法、引张线法等方法;当要测定观测点在任意方向位移时,可采用交会法、极坐标等方法;对观测内容较多的大区域或观测点距稳定区较远的区域,可采用测角、测边、边角、GPS 与基准线法相结合的综合测量方法等。

建筑水平位移观测控制网可根据建筑的形状和大小,布设各种形式。对于大型工程,宜布设三角网、导线网等。对于测定观测点在特定方向的水平位移观测,可在垂直于特定方向上布设基准线。对单体建筑或少量建筑,可在变形影响范围以外布设少量控制点。

水平位移观测的周期,对于不良地基土地区的观测,可与同步进行的沉降观测协调确定;对于受基础施工影响的有关观测,宜按施工进度的需要确定,可逐日或每 2～3 日观测一次,直至施工结束。

1. 视准线法

测定待测物在特定方向上的位移量时,可在其垂直方向上设立一条基准线,并在待测物上预先埋设观测点,定期测量观测点偏离基准线的距离,比较同一点在不同时期的偏离距离,即可确定观测点在垂直于基准线方向的水平位移量及随时间变化的规律,这种方法称为视准线法。根据实测方法的不同,视准线法又包括小角法和活动觇牌法。

(1) 小角法

小角法是使用精密经纬仪,测出基准线与基线端点到观测点视线之间所夹的小角,来计算观测点在垂直于基准线方向的水平位移。如图 16-7 所示,AB 为基准线,P 点为水平位移观测点。在工作基点 A 上安置精密经纬仪或全站仪,在工作基点 B 和观测点 P 上设立观测标志,测量出水平角 α。由于水平角 α 较小,根据 AP 之间的水平距离 D,则 P 点垂直于基准线方向上的偏离量 d 为

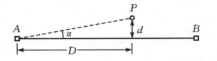

图 16-7 小角法观测水平位移

$$d = \frac{\alpha}{\rho} \times D \qquad (16-3)$$

式中:α 为偏角($''$);D 为测站点到观测点的距离(m);ρ 为常数,其值为 $206265''$。

两次观测 P 点垂直于基准线方向上的偏离量 d 值之差,即为 P 点垂直于基准线方向上的位移量。

在小角法测量中,设置观测点时,观测点偏离视准线的偏角不应超过 $30''$。角度观测通常采用精密经纬仪观测 4 个测回。距离测量精度要求不高,以 1/2000 精度往返测量一次即可。

(2) 活动觇牌法

活动觇牌法是直接利用安置在观测点上的活动觇牌作为观测标志,来测定观测点的偏离值。在视准线一端安置经纬仪或视准仪,瞄准安置在另一端的固定觇牌进行定向,当安置在观测点上的活动觇牌的照准标志正好移至视准线上时,在活动觇牌读数尺上读数,直接测定出观测点偏离基准线的距离。每个观测点应按确定的测回数进行往、返观测。

2. 激光准直法

激光准直法可分为两类:一类是激光束准直法。它是通过激光准直仪发射的可见激光束,由于该光束发散角很小,因此可代替望远镜视线作为测定水平位移的可视基准线。观测时,在各观测点上安置光电探测接收器,探测光斑能量中心,确定位移点位。这种方法常用于施工机械导向的自动化和变形观测。另一类是波带板激光准直系统。波带板是一种特殊设计的屏,它能把一束单色相干光会聚成一个亮点。波带板激光准直系统由激光器点光源、波带板装置和光电探测器或自动数码显示器三部分组成。其准直精度高于激光束准直法,精度可达 $10^{-6} \sim 10^{-7}$ 以上。

激光仪器在使用前必须进行检校,仪器射出的激光束轴线、发射系统轴线和望远镜照准轴应三者合一,观测目标与最小激光斑应重合。

3. 引张线法

引张线法是在两固定点之间用一根拉紧的金属丝作为固定的基准线,来测定观测点的偏离值。由于各观测点上的标尺与建筑物固连在一起,所以对于不同的观测周期,金属丝在标尺上的读数变化值,就是该观测点在垂直于基准线方向上的水平位移量。该方法常用在大坝变形观测中,引张线安置在坝体廊道内,不受旁折光和外界影响,故观测精度较高。

4. 角度交会法

基准线法具有速度快、精度高、计算简单的优点,但只适合于测定特定方向(一个方向)的水平位移。当测定任意方向的水平位移和方向时,特别是对观测内容较多的大测区或观测点距稳定区较远的测区,可通过测角、测边、测边角等诸多方法对变形观测点进行水平位移观测。其原理是通过周期性观测建筑水平位移观测点的坐标差,来计算变形点的水平位移量、位移方向及变形规律。

16.5 建筑主体倾斜观测

倾斜是指建筑中心线或其墙、柱等，在上部不同高度的点对其相应底部点的偏移现象。建筑主体倾斜观测通常是测定建筑顶部观测点相对于底部对应观测点或上层相对于下层观测点的倾斜度、倾斜方向及倾斜速率。当从建筑或构件的外部观测主体倾斜时，可使用全站仪、经纬仪选用投点法、测水平角法和前方交会法；当利用建筑或构件的顶部与底部之间的竖向通视条件观测主体倾斜时，可选用的方法有激光铅直仪观测法、激光位移计自动记录法、正倒垂线法、吊垂球法；当利用相对沉降量间接确定建筑整体倾斜时，可选用的方法有倾斜仪测记法、测定基础沉降差法；当建筑立面上观测点数量多或倾斜变形量大时，可采用激光扫描或数字近景摄影测量方法。

▷ 16.5.1 主体倾斜观测测站点设置、观测点的布设与观测周期

1. 观测点与测站点的设置

建筑顶部和墙体上的观测点标志可采用埋入式照准标志，当有特殊要求时应专门设计；不便埋设标志的塔形、圆形建筑以及竖直构件，可以照准视线所切同高边缘确定的位置或用高度角控制的位置作为观测点位；位于地面的测站点和定向点可根据不同的观测要求，使用带有强制对中装置的观测墩或混凝土标石；对于一次性倾斜观测项目，观测点标志可采用标记形式或直接利用符合位置与照准要求的建筑特征部位。

当从建筑外部观测时，测站点的点位应选在与倾斜方向成正交的方向线上，距照准目标水平距离为1.5～2.0倍目标高度的固定位置。当利用建筑内部竖向通道观测时，可将通道底部中心点作为测站点。对于整体倾斜，观测点及底部固定点应沿着对应测站点的建筑主体竖直线，在顶部和底部上下对应布设。对于分层倾斜，观测点应按分层部位上下对应布设。按前方交会法布设的测站点，基线端点的布设应顾及测距或长度丈量的要求。按方向线水平角法布设的测站点，应设置好定向点。

2. 观测周期

主体倾斜观测的周期可根据倾斜速度每1～3个月观测一次。当遇到基础附近因大量堆载或卸载、场地降雨长期积水等而导致倾斜速度加快时，应及时增加观测次数。施工期间的观测周期，可根据要求按照建筑沉降观测的规定确定。倾斜观测应避开强日照和风荷载影响大的时段。

▷ 16.5.2 建筑主体倾斜观测的基本方法

建筑主体倾斜观测方法很多，可根据不同的观测条件与要求，选择合适的观测方法。当从建筑或构件外部观测主体倾斜时，宜使用经纬仪选用投点法、测水平角法或前方交会法。当利用建筑或构件的顶部与底部之间的竖向通视条件进行主体倾斜观测时，宜选用激光铅垂仪观测法、激光位移计自动记录法、正倒镜垂线法或吊垂球法。

1. 投点法

观测时，应在底部观测点位置安置水平读数标尺等量测设施。在相互垂直的方向上安置

全站仪或经纬仪投影,按正倒镜法投测出每对上下观测点标志间的水平位移分量,再按矢量相加法求得水平倾斜量、倾斜度及倾斜方向。

如图 16-8 所示,在距墙面大于 1.5 倍墙高的位置的两个垂直方向分别安置经纬仪,分别采用正、倒镜瞄准建筑上部角点 M,转动望远镜,在建筑下部分别投出上部角点 M 的垂直投影点 M_1、M_2。量取 M_1、M_2 到建筑下部角点 N 的距离 Δ_1、Δ_2,即为建筑上部角点相对于下部角点的两个垂直方向的倾斜量,然后求出总倾斜量 Δ,即

$$\Delta = \sqrt{\Delta_1^2 + \Delta_2^2} \qquad (16-4)$$

根据建筑物高度 H,即可计算出建筑物的倾斜度 i 为

$$i = \frac{\Delta}{H} \qquad (16-5)$$

倾斜方向可按下式计算

$$\alpha = \arctan \frac{\Delta_1}{\Delta_2} \qquad (16-6)$$

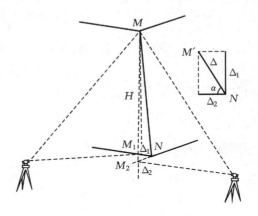

图 16-8 投点法倾斜观测

2. 测水平角法

对高层建筑或塔形、圆形建筑的倾斜测量,还可采用测水平角的方法来测定其倾斜。在建筑相互垂直的轴线方向上选两个测站点安置经纬仪,以定向点作为零方向,测出各观测点的方向值和测站点到底部中心的距离,计算顶部中心相对底部中心的偏移量,再计算倾斜度及倾斜方向。

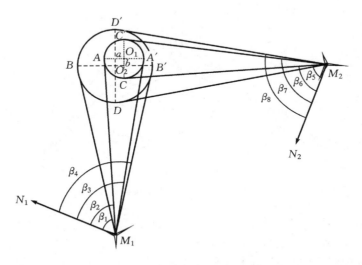

图 16-9 测水平角法倾斜观测

如图 16-9 所示为采用该法测定烟囱的倾斜。M_1、M_2 为选设的测站点,N_1、N_2 为相应的定向点方向,A、A'、B、B' 为烟囱上在 AA' 方向上,上部和下部布设的观测点,C、C'、D、D' 为烟囱上在与 AA' 垂直方向上,上部和下部布设的观测点。观测时,首先在 M_1 设站,以 N_1 为零方向,用经纬仪测出 B、A、A'、B' 的方向值分别为 β_1、β_2、β_3、β_4。则烟囱顶部中心 O_1 的方向值为

$(\beta_2 + \beta_3)/2$，底部中心 O_2 的方向值为 $(\beta_1 + \beta_4)/2$，M_1O_1 与 M_1O_2 方向间的水平夹角为 $[(\beta_2 + \beta_3)/2 - (\beta_1 + \beta_4)/2]$。若测量 M_1 至 O_2 的水平距离为 S_1，可计算出在 AA' 方向顶部中心相对底部中心的偏移量

$$a = \frac{(\beta_3 + \beta_4) - (\beta_1 + \beta_2)}{2\rho''} \times S_1 \tag{16-7}$$

同样方法在 CC' 方向上测出顶部中心偏移底部中心的距离 b。则总偏移量

$$c = \sqrt{a^2 + b^2}$$

由烟囱高度 H 计算出烟囱的倾斜度

$$i = \frac{c}{H}$$

烟囱倾斜方向

$$\alpha = \arctan\frac{b}{a}$$

3. 前方交会法

如图 16-10 所示，O、O' 分别为烟囱底部和上部的中心。为测定 O' 相对于 O 的倾斜量，用两台经纬仪分别安置在选定的基线点 A、B 上（基线应与观测点组成最佳图形，交会角宜在 $60°\sim120°$ 之间），可假定 A 点的坐标和北方向（X 方向），根据 AB 方向与假定北方向的夹角和 AB 的距离 D_{AB}，求出 B 的假定坐标。

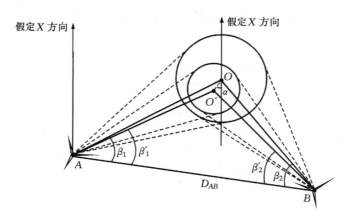

图 16-10 前方交会法倾斜观测

经纬仪安置于 A 点，瞄准底部使视线与底部左右两边缘相切，分别读取水平度盘读数，两读数的平均值，即为 AO 方向读数。瞄准 B 点读取水平度盘读数，该读数与 AO 方向读数差值即为 β_1 角值。同法瞄准上部使视线与上部左右两边缘相切，测出 AO' 方向读数和 β_1' 角值。经纬仪安置于 B 点，按上述方法测定出 β_2 和 β_2' 角。

根据 AO、BO 方向与直线 AB 的夹角 β_1 和 β_2，交会出底部中心点 O 的坐标 x_O、y_O

$$x_O = \frac{x_A\cot\beta_2 + x_B\cot\beta_1 + (y_B - y_A)}{\cot\beta_1 + \cot\beta_2}$$

$$y_O = \frac{y_A\cot\beta_2 + y_B\cot\beta_1 - (x_B - x_A)}{\cot\beta_1 + \cot\beta_2}$$

同理,根据 AO'、BO' 方向与直线 AB 的夹角 β_1' 和 β_2',交会出顶部中心点 O' 的坐标 x_{σ}、y_{σ},则上部中心 O' 相对于底部中心 O 的倾斜量为

$$OO' = \sqrt{(x_{\sigma} - x_O)^2 + (y_{\sigma} - y_O)^2}$$

由烟囱高度 H 计算出烟囱的倾斜度

$$i = OO'/H$$

烟囱倾斜方向

$$\alpha = \arctan \frac{\Delta y_{OO'}}{\Delta x_{OO'}}$$

4. 激光铅直仪观测法

激光铅直仪观测法是在建筑物顶部适当位置安置激光接收靶,在其垂线下的地面或地板上安置激光铅直仪。仪器应严格对中、整平,分别旋转 $120°$ 向上投激光点三次。在接收靶上取得其三个投影点位,取其中点得到下部向上的投影点,量出相对顶部的水平位移量,并确定位移方向,再根据建筑物高度计算倾斜度。

5. 激光位移计自动记录法

该方法利用激光位移计自动记录上部相对于下部的偏移。测量时位移计安置在建筑底层或地下室地板上,接收装置设在顶层或需要观测的楼层,激光通道可利用楼梯间隔或投点预留孔洞,测试室应选在靠近顶部的楼层内。当位移计发射激光时,从测试室的光线示波器上可直接获取位移图像及有关参数,并自动记录成果。

6. 正、倒垂线法

采用正垂线法时,垂线上端可锚固在通道顶部或所需高度处设置的支点上。采用倒垂线法时,垂线下端可固定在锚块上,上端设浮筒。用来稳定重锤、浮子的油箱中应装有阻尼液。观测时,由观测墩上安置的坐标仪、光学垂线仪、电感式垂线仪等量测设备,测出各观测点相对铅垂线的水平位移量。

7. 吊垂球法

在建筑顶部或所需高度处的观测点位置上,直接或支出一点悬吊适当重量的垂球,在垂线下的底部固定毫米格网读数板等读数设备,直接读取或量出上部观测点相对底部观测点的倾斜量和倾斜方向。

对设备基础、平台等局部小范围内的倾斜观测,可采用水管式倾斜仪、水平摆倾斜仪、气泡倾斜仪或电子倾斜仪进行观测。监测建筑上部层面倾斜时,仪器可安置在基础面上,以所测楼层或基础面的水平倾角变化值反映和分析建筑倾斜的变化程度。

计算建筑物基础倾斜时,如图 16-11 所示,也可利用所测各周期基础两端点的沉降差 $J_2 - J_1$,根据基础长度 D,计算求出建筑基础的倾斜度 α

$$\alpha = \arctan \frac{(J_2 - J_1)}{D}$$

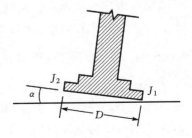

图 16-11　基础倾斜

16.6　裂缝观测

裂缝观测是测定建筑物、构筑物上裂缝发展情况的观测工作。建筑物、构筑物上裂缝产生的原因主要与建筑地基的不均匀沉降有关。因此，出现裂缝时，除了要增加沉降观测的次数外，还需对裂缝的变化进行观测，根据裂缝的走向、长度、宽度及其发展速度，来分析裂缝产生的原因和监视建筑的安全。

为了了解裂缝现状和掌握其发展情况，首先应对需要观测的裂缝进行统一编号，拍摄现场照片，并绘制裂缝位置图，然后进行裂缝观测。

▷16.6.1　裂缝观测标志及观测周期的设定

当裂缝发展时，设置在裂缝上或两侧的观测标志就能反映出相应裂缝的开裂或变化，从而正确地掌握建筑裂缝发展情况。

每条裂缝应至少布设两组观测标志，一组应在裂缝的最宽处，另一组应在裂缝的末端。每组应使用两个对应的标志，分别设置在裂缝的两侧。

裂缝观测标志应具有可供量测的明晰端面或中心。长期观测时，可采用镶嵌或埋入墙面的金属板标志（如图 16-12 所示）或金属杆标志（如图 16-13 所示）；短期观测时，可在裂缝两侧涂画油漆平行线标志或用建筑胶粘贴的金属片标志。当需要测出裂缝纵横向变化值时，可采用坐标方格网板标志。使用专用仪器设备观测的标志，可另行设计。

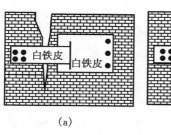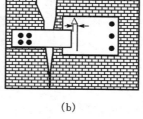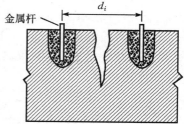

图 16-12　金属板式标志　　　　　　图 16-13　金属杆式标志

裂缝观测的周期应视裂缝变化速度而定。通常开始时可半月观测一次，以后每月观测一次。当发现裂缝加大时，应缩小观测周期并增加观测次数。

▷16.6.2　裂缝观测方法

如图 16-12 所示，在裂缝两侧固定两片白铁皮，并有部分重叠，沿上面白铁皮边沿，在下面白铁皮上刻画一条标记线，如图 16-12(a)所示。当裂缝扩展时，两片白铁皮相互错开，上面白铁皮边沿与下面白铁皮上的标记线错开的距离 Δ，即为裂缝扩展的宽度 Δ，如图 16-12 (b)所示。用小钢尺或游标卡尺，按一定周期测定两个标志点之间的距离变化量，求得裂缝变化值，以掌握裂缝宽度的发展情况。

对于大面积且不便于人工量测的众多裂缝宜采用交会测量或近景摄影测量方法。需要连续监测裂缝变化时，可采用测缝计或传感器自动测记方法观测。

思考与练习

1.什么是建筑变形测量？建筑变形测量的基本要求有哪些？

2.建筑变形测量标志点分为哪几类？

3.建筑变形测量的主要内容有哪些？

4.什么是建筑沉降观测？

5.整理表 16－5 中沉降观测数据。

6.建筑水平位移观测有哪些方法？各适用于什么情况？

7.建筑主体倾斜观测有哪些基本方法？各适用于什么情况？

表 16-5

观测点编号	第 1 期成果 观测时间:2000.9.26	第 2 期成果 观测时间:2000.10.5			第 3 期成果 观测时间:2000.10.14			第 4 期成果 观测时间:2000.10.25		
	高程 /m	高程 /m	沉降量 /mm	累计沉降量 /mm	高程 /m	沉降量 /mm	累计沉降量 /mm	高程 /m	沉降量 /mm	累计沉降量 /mm
1	0.44528	0.44491			0.44418			0.44290		
2	0.40220	0.40165			0.40092			0.39954		
3	0.45020	0.44978			0.44903			0.44784		
4	0.45550	0.45520			0.45477			0.45336		
5	0.45451	0.45416			0.45359			0.45252		
6	0.42241	0.42203			0.42149			0.42051		
7	0.42449	0.42404			0.42344			0.42246		
8	0.42515	0.42475			0.42413			0.42317		

参考文献

[1] 杨俊,赵西安.土木工程测量[M].北京:科学出版社,2003.

[2] 合肥工业大学,等.测量学[M].4版.北京:中国建筑工业出版社,2008.

[3] 河海大学《测量学》编写组.测量学[M].北京:国防工业出版社,2006.

[4] 宋建学.工程测量[M].郑州:郑州大学出版社,2006.

[5] 姚顽强.测量学[M].徐州:中国矿业大学出版社,2008.

[6] 王家贵.测绘学基础[M].北京:教育科学出版社,2000.

[7] 许娅娅,雒应,等.测量学[M].2版.北京:人民交通出版社,2003.

[8] 张剑锋,邵黎霞.测量学[M].北京:中国水利水电出版社,2009.

[9] 白会人.土木工程测量[M].武汉:华中科技大学出版社,2007.

[10] 杨松林.测量学[M].北京:中国铁道出版社,2002.

[11] 杨正尧.测量学[M].北京:化工工业出版社,2005.

[12] 张序.测量学[M].南京:东南大学出版社,2007.

[13] 南京工业大学测绘工程教研室.测量学[M].北京:国防工业出版社,2005.

[14] 赵建三,王唤良.测量学[M].北京:中国电力出版社,2008.

[15] 潘延玲.测量学[M].北京:中国建材工业出版社,2001.

[16] 高井祥,王家贵,等.工程测量[M].北京:煤炭工业出版社,2000.

[17] 工程测量规范(GB50026—2007)[S].北京:中国计划出版社,2008.

[18] 地形图图式(GB/T7929—1995)[S].北京:中国标准出版社,1996.

[19] 建筑变形测量规范(JGJ8—2007)[S].北京:中国建筑工业出版社,2007.

[20] 周嘉佑.建筑工程测量[M].北京:中国建筑工业出版社,1997.

[21] 吴俐民,吴学群,丁仁军.GPS参考站系统理论与实践[M].成都:西南交通大学出版社,2006.

[22] 张勤,李家权,等.GPS测量原理及应用[M].北京:科学出版社,2005.

[23] 宁津生,等.测绘学概论[M].武汉:武汉大学出版社,2004.

[24] 刘基余.GPS卫星导航定位原理与方法[M].北京:科学出版社,2006.

[25] 吴俐民,丁仁军,李凤霞.GPS参考站系统原理与应用[M].成都:西南交通大学出版社,2008.

[26] 黄丁发,熊永良,等.全球定位系统(GPS)——理论与实践[M].成都:西南交通大学出版社,2006.

[27] 汪荣林,罗琳.建筑工程测量[M].北京:北京理工大学出版社,2009.

[28] 吴俐民,丁仁军,等.网络RTK误差分析与质量控制[J].云南城市规划,2006(5).

普通高等教育"十二五"土建类专业系列规划教材

建筑工程制图	建筑结构
建筑构造	建筑施工技术
建筑材料	建筑工程计量与计价
工程测量	钢结构
建筑力学	建设工程概论
CAD	建筑工程概预算
技术经济学	建筑施工组织与管理
钢筋混凝土与砌体结构	高层建筑施工
房屋建筑学	建设工程监理概论
土力学与地基基础	建设工程招投标与合同管理
建筑设备	建设工程项目管理

欢迎各位老师联系投稿！

联系人：祝翠华
手机：13572026447　办公电话：029—82665375
电子邮件：zhu_cuihua@163.com　37209887@qq.com
QQ：37209887（加为好友时请注明"教材编写"等字样）